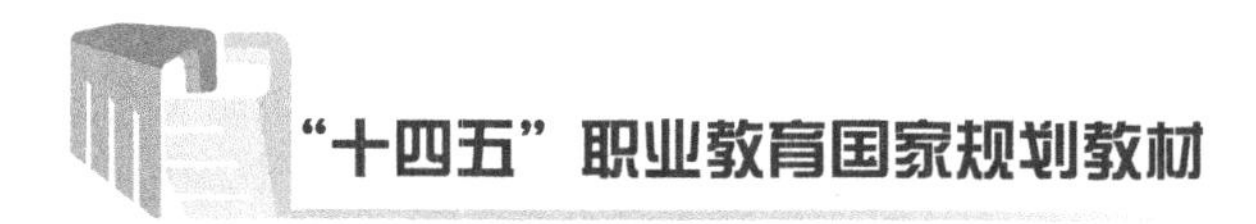

"十四五"职业教育国家规划教材

职业教育工业分析技术专业教学资源库（国家级）配套教材

涂料检测技术

陈燕舞　主编

化学工业出版社

·北京·

《涂料检测技术》全面贯彻党的教育方针，落实立德树人根本任务，在教材中有机融入党的二十大精神，以项目为载体，围绕不同类型涂料产品的质量控制检测、原材料检测等，系统设计工作任务。内容包括认识涂料行业与涂料产品、涂料检测标准体系、涂料检测实验室规划建设、涂料检测前准备、涂料产品及其原材料常规检测以及涂料成分检测等，内容深入浅出，实用性强。

本书可作为应用型本科以及高职高专院校的精细化工技术、分析检验技术、应用化工技术等专业的教材使用，也可供涂料生产企业、涂料使用单位、科研院所从事涂料有关工作的研发与质量检验人员参考。

图书在版编目（CIP）数据

涂料检测技术/陈燕舞主编. —北京：化学工业出版社，2020.8（2024.11重印）
职业教育工业分析技术专业教学资源库（国家级）配套教材
ISBN 978-7-122-36983-3

Ⅰ.①涂… Ⅱ.①陈… Ⅲ.①涂料-检测-高等职业教育-教材
Ⅳ.①TQ630.7

中国版本图书馆 CIP 数据核字（2020）第 084524 号

责任编辑：刘心怡 蔡洪伟　　文字编辑：丁海蓉
责任校对：宋 夏　　装帧设计：王晓宇

出版发行：化学工业出版社（北京市东城区青年湖南街 13 号 邮政编码 100011）
印 装：北京科印技术咨询服务有限公司数码印刷分部
787mm×1092mm 1/16 印张 12½ 字数 322 千字 2024 年 11 月北京第 1 版第 4 次印刷

购书咨询：010-64518888　　售后服务：010-64518899
网 址：http://www.cip.com.cn
凡购买本书，如有缺损质量问题，本社销售中心负责调换。

定 价：38.00 元

前言

涂料检测是指根据国家、行业、地方或企业标准及测试方法对涂料成品及其原材料进行质量检测和控制。本书以工作任务的形式设计教学项目，将涂料行业与涂料产品、涂料检测标准体系、涂料检测实验室规划建设、涂料检测前准备、涂料产品及其原材料常规检测以及涂料成分检测等几个方面的学习内容转化为教学项目，较为全面地将涂料检测技术所需要掌握的理论知识融于教学项目当中，着重于涂料检测的基本技能的训练。使用本教材组织学习训练时可根据不同的涂料产品要求选择相应的实训内容与项目。

本书由顺德职业技术学院陈燕舞教授主编，广东产品质量监督检验研究院陈纪文和沈宏林，广东华润涂料有限公司刘红，广东鸿昌涂料有限公司曾晋，广东顺德控股集团有限公司刘祥军，广东嘉宝莉化工集团股份有限公司黄炳周，顺德职业技术学院吴嘉培、梁敏仪、洪丹、林雯雯、徐健浩等参与编写。全书由华南理工大学涂伟萍教授主审。

在本书的编写过程中，参考与引用了一些参考资料及有关文献，在此对有关作者、编者（单位）致以谢忱。本书得到广东省涂料行业协会、顺德涂料商会、广东省质检院国家涂料产品监督检验中心顺德基地、标格达精密仪器（广州）有限公司、广州市盛华实业有限公司的大力支持，部分视频材料是与标格达精密仪器（广州）有限公司、广州市盛华实业有限公司共同策划、设计与制作完成，在此一并表示感谢！

本书可作为应用型本科以及高职高专院校的精细化工技术、工业分析技术、应用化工技术等专业的教材使用，也可供涂料生产企业、涂料使用单位、科研院所等从事涂料有关工作的研发与质量检验的人员参考。

由于笔者水平有限，不妥之处在所难免，恳请广大读者批评指正！

编者

2019 年 10 月

目录

项目一　认识涂料检测工作

项目二　涂料检测实验室建设与安全管理

项目三　涂料检测准备

项目四　涂料及其原材料的常规检验

项目五　涂料成分分析

项目六　未知涂料样品剖析

参考文献

项目一
认识涂料检测工作

项目引导

通过调研、访谈、资源查阅等方法，了解涂料企业及其主要涂料产品品种、特点，形成国内涂料行业产品调研报告；了解不同涂料产品及其执行质量标准，并对不同涂料产品的检验依据、检验项目及其技术指标进行归纳总结，对涂料检测质控（质量控制）工作有一个全面的了解。

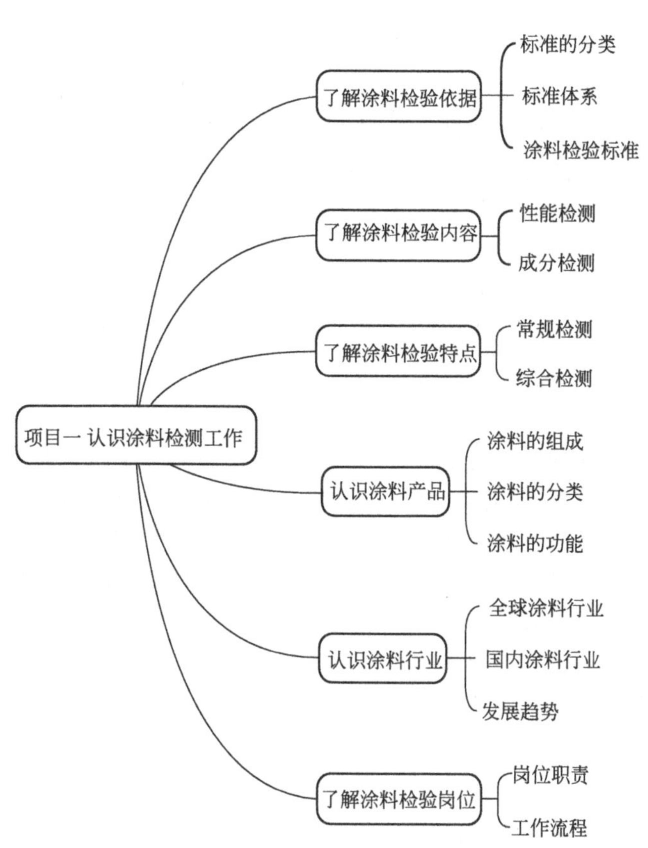

任务一　认识涂料及其行业

任务引导

请对国内外大型涂料企业开展网络与电话调研，结合企业实地调研，了解涂料行业现状，了解国内各大型涂料企业，对国内外涂料行业的产品线有较全面的认识，了解涂料企业分别有哪些类型的涂料产品，分别有什么特点。对以上问题进行归纳总结，制作成表格，并形成国内外涂料行业产品调研报告。

涂料是指能牢固附着于被涂物件表面，并能形成连续薄膜的一种高分子材料，它可通过合适的方法在物体表面涂覆形成涂层，用以改善物体表观、力学性能或附加各种新功能。这里的连续薄膜即涂膜，被涂物件统称为基材或底材。涂料虽属于精细化工产品，但按组成来分，它是由不同的化工产品组成的混合物，而不是化合物，更不是纯化工产品。

液态涂料中的清漆大多数是不同化工产品的溶液，少数是分散体；色漆则都是固体化工产品（颜料、填料）在溶液或分散液中的分散体。粉末涂料是化工产品的固-固分散体。由涂料形成的涂膜则是以具有黏弹性的无定形高聚物为主体的固态混合物。

严格地说，涂料是一种半成品，必须通过不同的施工方法，将涂料涂覆在基材表面后干燥成膜，形成连续的涂层牢固附着于被涂物件表面，才能达到改善物体光学性能、力学性能或附加其他特种功能的目的。

一、涂料的功能

1. 保护功能

涂料具有防腐、防水、防油、耐化学品、耐光、耐温等作用。物件暴露在大气之中，受到氧气、水分等的侵蚀，造成金属锈蚀、木材腐朽、水泥风化等破坏现象。在物件表面涂以涂料，形成一层保护膜，能够阻止或延迟这些破坏现象的发生和发展，使各种材料的使用寿命延长。所以，保护功能是涂料的一个主要功能。

2. 装饰功能

涂料能在颜色、光泽、图案和平整性等方面起到装饰被涂物的作用。不同材质的物件涂上涂料，可得到五光十色、绚丽多彩的外观，起到美化人类生活环境的作用，对人类的物质生活和精神生活做出不容忽视的贡献。

3. 其他功能

对现代涂料而言，这种功能与前两种功能比较，越来越显示出其重要性。现代的一些涂料品种能提供多种不同的特殊功能，如：电绝缘、导电、屏蔽电磁波、防静电产生等作用；防霉、杀菌、杀虫、防海洋生物黏附等生物化学方面的作用；耐高温、保温、示温和温度标记、防止延燃、烧蚀隔热等热能方面的作用；反射光、发光、吸收和反射红外线、吸收太阳能、屏蔽射线、标志颜色等光学性能方面的作用；防滑、自润滑、防碎裂飞溅等力学性能方面的作用；还有防噪声、减振、卫生消毒、防结露、防结冰等各种不同作用等。随着国民经济的发展和科学技术的进步，涂料将在更多方面提供和发挥各种更新的特种功能。

二、涂料的组成

涂料种类繁多、功能各异，它们主要由成膜物质、颜（填）料、溶剂和助剂四大部分组成。采用不同的工艺施工后能形成附着牢固、具有一定强度的连续薄膜，该薄膜被称为漆膜、涂膜或涂层。涂料是半成品，涂覆在物体表面上形成的涂膜才是成品。在行业内，涂料和油漆（名称）可以通用。

1. 成膜物质

成膜物质也称黏结剂或基料（即乳液），它是涂料中的连续相，也是最主要的成分，是使涂料牢固黏附于被涂物表面、黏结涂料中其他组分形成连续薄膜的主要物质，是构成涂料的基础，决定涂料的基本性能。成膜物质大体可分为三大类：一类是油脂，包括各种干性油（如桐油、亚麻油）、半干性油（如豆油、向日葵油）和不干性油（椰子油等），由于它们的分子中含有共轭双键，在空气中氧化后就可形成固体薄膜；另外两类是天然树脂（如生漆、虫胶、松香脂漆）和合成树脂（如酚醛树脂、醇酸树脂、环氧树脂、聚乙烯醇、过氧乙烯树脂、丙烯酸树脂等），树脂是高分子化合物，涂布后进一步发生交联、聚合反应形成固体薄膜，如乳胶漆的成膜物质一般有纯丙乳液、苯丙乳液、醋丙乳液、硅丙乳液、乙烯基乳液、氟炭乳液等。

一般用油脂和天然树脂共同作为成膜物质的涂料叫作油基涂料或油基漆，用合成树脂作为成膜物质的涂料叫作树脂涂料或树脂漆。过去，涂料使用天然树脂作为成膜物质，现代涂料工业则广泛使用合成树脂，如醇酸树脂、丙烯酸树脂、氯化橡胶树脂、环氧树脂等。

2. 颜（填）料

（1）作用　颜料是有色的微细颗粒状物质，不溶于分散介质中，是以其“颗粒”展现其颜色（颜料发色）为特征的一类无机或有机物质，是有颜色的涂料（色漆）的一种主要组分，一般是 0.2～10μm 的无机或有机粉末，主要起遮盖、着色、降低成本、隔热及防腐蚀等作用。填料是一类在介质中以“填充”为主要作用的微细颗粒状物质，不溶于分散介质中，其外观多为白色或浅灰色。

颜料的着色作用使涂膜绚丽多彩，使物体表面色彩鲜艳。此外，颜料还能使涂料在物体表面上形成的涂膜不透明，具有一定的遮盖力，把物体表面的缺陷遮盖起来；有些颜料的加入还能增加涂膜的厚度，提高漆膜力学性能、耐久性、耐磨性、附着力、耐腐蚀性及导电、阻燃等性能。

（2）分类　颜料按来源可以分为天然颜料和合成颜料；按化学成分分为无机颜料和有机颜料；按在涂料中的作用可分为着色颜料、防锈颜料、体质颜料和特种功能颜料。涂料中使用最多的是无机颜料，合成颜料的使用也很广泛，现在有机颜料的发展很快。

① 着色颜料。主要起显色作用，可分为白、黄、红、蓝、黑五种基本色，并通过这五种基本色调配出各种颜色。着色颜料可赋予涂层各种色彩，提高涂膜的装饰与保护性（颜色的搭配性），具有良好的遮盖性，可以提高涂层的耐日晒、耐光、耐候、耐酸、耐碱、耐溶剂、耐温等性能，也是颜料在涂料中分散性和展色性的保证。

通常使用的着色颜料见表 1-1。最常用的白色颜料有钛白粉和立德粉，如钛白粉主要有金红石型钛白粉（相对较好）和锐钛型钛白粉两种，立德粉可以代替钛白粉，但性能要比钛白粉差很多。

② 防锈颜料。根据其防锈作用机理可以分为物理防锈颜料和化学防锈颜料两类。这种颜料能防止金属表面发生化学或电化学腐蚀（有物理防锈与化学防锈），如非活性的铝粉、石墨、氧化铁红、氧化锌、锌粉、碱式铬酸铅、红丹及锌铬黄等。

物理防锈颜料的化学性质较稳定，它是借助其细微颗粒的充填，提高涂膜的致密度，从而降低涂膜的可渗透性，阻止阳光和水的透入，起到防锈作用。这类颜料有氧化铁红、云母、氧化铁、石墨、氧化锌、铝粉等。化学防锈颜料则是借助于电化学的作用，或是形成阻蚀性络合物以达到防锈的目的。这类颜料如红丹、锌铬黄、偏硼酸钡、铬酸锶、铬酸钙、磷酸锌、锌粉、铅粉等。

表 1-1 通常使用的着色颜料

基本色彩	着色颜料
白色	钛白(TiO_2)粉、锌白(ZnO)粉、锌钡白(ZnS-$BaSO_4$)粉、锑白(Sb_2O_3)粉等
黑色	炭黑、松烟墨、石墨、铁黑、苯胺黑、硫化苯胺黑等
黄色	铁黄、铬黄($PbCrO_4$)、铅铬黄($PbCrO_4+PbSO_4$)、镉黄(CdS)、锶黄($SrCrO_4$)、耐光黄等
蓝色	铁蓝、华蓝、普鲁士蓝、群青、酞青蓝、孔雀蓝等
红色	铁红、甲苯胺红、镉红、猩红、大红粉、对位红等
金色	金粉、铜粉等
银白色	银粉、铅粉、铝粉等

③ 体质颜料。又称填料，是白色或无色粉末，基本上没有遮盖力和着色力。其作用有：填充作用，提高固含量，减少树脂与溶剂用量，降低成本，增加涂膜厚度，增强体质；改善涂膜或漆料的物理和化学性质，提高涂料与涂膜的力学性能，赋予涂料好的流动性、开罐效果与施工性能；参与成膜，有部分遮盖力、耐磨性，延长涂膜使用寿命；提供特殊功能，如屏蔽紫外线、耐热；还可改善其他添加剂性能，如增稠剂、流变剂、抗静电剂等。

常用作体质颜料的是碱土金属盐、硅酸盐等，如重晶石粉（天然硫酸钡）、石膏（硫酸钙）、重质碳酸钙、轻质碳酸钙、碳酸镁、石粉（天然石灰石粉）、瓷土粉（高岭土）、石英粉（二氧化硅）、滑石粉、云母粉等。

④ 特种功能颜料。主要赋予涂层特殊功能，如：珠光颜料使涂膜具有绚丽珍珠光泽效果；金属颜料使涂膜具有闪光效果；纳米颜料使涂膜具有抗紫外线、防霉、耐水及超耐候、耐温等效果；示温颜料、夜光颜料、荧光颜料、变色颜料和耐高温颜料等均能使涂膜获得相应的效果。

（3）性能　颜料的性能包括颜色、装饰性、润湿性、分散性、着色力、消色力、遮盖力、吸油量、吸水性、耐光性、耐候性、耐酸性、耐碱性、化学组成、晶型、耐热性、密度、粒径、粒径分布、比表面积、界面张力、亲水亲油平衡性及制漆性能等。

颜料的颜色是涂料最为重要的性能指标之一，主要取决于其化学组成和结构、粒子的大小与晶型，还与光源、观测者等因素有关。

颜料的润湿性是指颜料与树脂、溶剂或其他混合物的亲和性，主要取决于颜料的表面化学特性，可以通过合理的表面处理（如包膜钝化、表面活性剂处理）有效降低其表面能，提高表面活性，获得良好的润湿性。

分散性就是颜料团粒（附聚体）在树脂和溶剂中分离成理想的原生粒子分散体的能力，并将这种分散状态尽可能稳定地维持，但事实上不可能达到原生粒子状态，往往是通过合理添加分散助剂和采用好的研磨设备与分散工艺，使颜料团粒打开，并被助剂分子充分润湿，从而形成稳定的、颜料颗粒极小的颜料分散体。颜料分散性取决于颜料粒子的粒度分布、聚集状态，也取决于粒子表面状态（亲水亲油性）和涂料介质的特性。

颜料着色力和消色力又称着色强度，表征某一种颜料与另一种基准颜料混合后所显现颜色强弱的能力，主要取决于吸收能力，吸收能力越大，其着色力越高。着色力是控制颜料质量的一个重要指标，通常以白色颜料为基准来衡量各种彩色或黑色颜料的着色能力。着色力的量度是与标准样品做比较。消色力是指一种颜色的颜料抵消另一种颜料颜色的能力。一般颜料的着色力越强，其消色力也越强。消色力通常用于评定白色颜料。一般来说，颜料有较大的折射率，就有较高的消色力。

遮盖力是指颜料加在透明基料中使之变得不透明、完全盖住测试基片的黑白格所需的最少颜料量。常以每平方米底材面积所需覆盖干颜料的质量来表示，单位 g/m^2。遮盖力是由颜料和存在于其周围的介质的折射率之差造成的。当颜料的折射率和基料的折射率相等时涂料是透明的；当颜料的折射率大于基料的折射率时就出现遮盖，两者的差越大，则表现的遮盖力越强。

吸油量指一定重量颜料的颗粒绝对表面被油完全浸湿时所需油料的数量。习惯上常用100g干粉颜料所能吸收的精制亚麻籽油的最低质量表示，单位 g/100g。吸油量反映颜料吸附油性介质的能力。对于涂料制备来说，吸油量是重要指标。一般希望颜料有较低的吸油量，吸油量越小，所消耗的油性介质和树脂的量越少，可以节省成本；反之，当吸油量大时，油性介质和树脂用量也大，而且颜料浓度很难提高，性能也比较难以调整，成本还会提升。

耐光性主要指颜料耐日光照射（特指紫外线）的能力；耐候性则指颜料耐大气环境（包括日光、雨水、湿气等）侵蚀的能力。颜料的耐光性和耐候性主要与颜料的化学组成和结构有关，还与周围的介质、颜料粒径分布及表面处理等有关。一般无机颜料的耐光性和耐候性优于有机颜料。

颜料的耐酸碱性指颜料耐酸（H^+）、耐碱（OH^-）侵蚀的能力。通常颜料耐酸性不好，就不能用于在酸性介质中着色；耐碱性不好就不能在碱性环境下使用。

3. 溶剂

涂料中的溶剂是液态涂料的重要组分，又被称为液态涂料的挥发分。在常规液态涂料中溶剂约占30%～50%（体积分数）。有些溶剂是在涂料制造时加入，有些溶剂是在涂料施工时加入。不同树脂系列只能溶于不同活性溶剂中，在同一油漆配方中，常常采用多种树脂，所以多种活性溶剂配合可达较佳效果。

（1）作用　溶剂通常用来溶解或分散成膜物质，形成便于施工的液态涂料，调节其黏度和流变性，用来改善涂料的可涂布性，使之易于涂布。另外，增加涂料的贮存稳定性；增加涂料对被涂基材的润湿性，提高附着力；组分合理的蒸发速率赋予涂料最佳的流动性和流平性；改善涂膜外观，如光泽、丰满度等。溶剂不构成涂膜，它在施工后又全部挥发至大气，而不是存留在干结的涂膜中。

（2）要求　溶剂在涂料成膜的过程中起着重要的作用，因此要求溶剂对所有成膜物质组分要有很好的溶解性，具有较强降低黏度的能力。同时，溶剂的挥发速度也是一个重要因素，它要适应涂膜的形成，太快或太慢都会影响涂膜的性能。

（3）品种　溶剂的品种很多，大多来源于石油化工产品，其主要类型有石油溶剂、苯系溶剂、酮类溶剂、酯类溶剂、醇类溶剂、醚类溶剂、萜烯类溶剂、取代烃类溶剂。现代的某些涂料中开发应用了一些既能溶解或分散成膜物质为液态，又能在施工成膜过程中与成膜物质发生化学反应形成新的物质而存留在漆膜中的化合物，被称为反应活性剂或活性稀释剂。上述有机溶剂大多为易燃易爆物，而且有一定的毒性，因此在选用溶剂时要考虑安全性、经济性和低污染性。目前，一些少溶剂和无溶剂的涂料新品种，如高固体分涂料、水乳胶涂料、粉末涂料越来越受到使用者的欢迎。

4. 助剂

在涂料的组分中，除去成膜物质、颜（填）料和溶剂外，还有一些用量虽小，但对涂料性能起重要改善作用的辅助材料组分，统称助剂。

助剂不能独立成膜，在涂料成膜后可以作为涂膜的一种组分而在涂膜中存在。助剂的用量在总配方中仅占百分之几，甚至千分之几，但它们对改善性能、延长贮存期限、扩大应用范围和便于施工等常常起很大的作用。

助剂通常按其功效来命名和区分，常用助剂有成膜助剂、乳化剂、防结皮剂、杀菌剂、防霉剂、润湿剂、分散剂、消泡剂、防冻剂、pH调节剂、增稠剂、消光剂、抗静电剂、紫外线吸收剂、流平剂、防沉淀剂、防流挂剂、催干剂、增塑剂、防霉剂等。

每种助剂都有其独特的功能和作用，有时一种助剂又能同时发挥几种作用。不同品种的涂料需要不同作用的助剂；同一类型涂料的使用目的、方法或性能要求不同时需要使用不同的助剂；一种涂料中可使用多种不同的助剂以发挥其不同作用；某种助剂对一些涂料有效，而对另一些涂料可能无效甚至有害。因此，正确地有选择性地使用助剂，才能达到最佳效果。

三、涂料的分类

涂料的品种特别繁多，分类方法也很多，目前国际上尚无一个统一的标准，世界各国的分类形式也不尽相同。同一类涂料还可按分类依据进行细分，如转化型涂料可按转化机理的不同细分为氧化聚合涂料（如醇酸漆）、热聚合涂料（如氨基漆）、化学交联涂料（如聚氨酯涂料）、辐射固化涂料（如光固化涂料）等，非转化型涂料可细分为挥发型涂料（如硝基漆）、热熔漆（如道路划线漆）、乳胶型涂料（如丙烯酸乳胶漆）等。

对于同一类涂料品种，其性能和用途也各不相同。例如，大家熟知的乳胶漆，按光泽度分有高光乳胶漆、半光乳胶漆、丝光乳胶漆、蛋壳光乳胶漆、平光乳胶漆等；按墙面不同分有内墙乳胶漆（包括平光涂料、半光涂料、有光涂料、防结露涂料、多彩涂料、喷塑涂料、仿瓷涂料、复层涂料）、外墙乳胶漆（包括平光涂料、半光涂料、复层涂料、防水涂料）；按用途分有防火型、防霉型、抗裂型、抗紫外线型等；按涂层顺序分有底漆和面漆。

涂料通常的分类方法见表1-2。

表1-2 涂料通常的分类方法

序号	分类依据	涂料种类
1	涂料形态	液体涂料(水性涂料、溶剂型涂料、水乳型涂料)、粉末涂料、高固体分涂料等
2	涂层状态	平涂涂料、砂壁状涂料、含石英砂的装饰涂料、仿石涂料等
3	施工方法	刷涂涂料、喷涂涂料、辊涂涂料、浸涂涂料、电泳涂料等
4	施工工序	腻子、底漆、中涂漆(二道底漆)、面漆、罩面漆等
5	干燥方式	常温干燥涂料、烘干涂料、湿气固化涂料、蒸汽固化涂料、辐射能固化涂料等
6	成膜物质	油性漆、脂胶漆、醇酸漆、聚氨酯漆、丙烯酸漆、环氧漆、乙烯树脂漆、氯化橡胶漆、酚醛漆、纤维素漆、氨基漆等
7	成膜机理	转化型涂料(氧化聚合涂料、热聚合涂料、化学交联涂料、辐射固化涂料等)和非转化型涂料(挥发型涂料、热熔漆、乳胶型涂料等)
8	涂料光泽	高光型或有光型涂料、丝光型或半定型涂料、无光型或亚光型涂料
9	涂刷部位	内墙涂料、外墙涂料、地坪涂料、屋顶涂料、顶棚涂料等
10	漆膜功能	装饰涂料、防腐涂料、导电涂料、防锈涂料、耐高温涂料、示温涂料、隔热涂料
11	用途	建筑涂料、罐头涂料、汽车涂料、飞机涂料、家电涂料、木器涂料、桥梁涂料、塑料涂料、金属防腐涂料、纸张涂料等

现有各种分类方法各具特点，但是无论哪一种分类方法都不能把涂料所有的特点包含进去，所以世界上还没有统一的分类方法。我国现行国家标准GB/T 2705—2003《涂料产品分类和命名》规定了涂料产品的分类和命名构成与划分的原则和方法。GB/T 2705—2003规定了两种分类方法：分类方法1是以涂料产品的用途为主线，辅以主要成膜物的分类方法，将涂料产品划分为三个主要类别，即建筑涂料、工业涂料和通用涂料及辅助材料；分类

方法 2 则在建筑涂料外，主要以涂料产品的主要成膜物为主线，适当辅以产品主要用途进行分类，将涂料产品划分为两个主要类别，即建筑涂料、其他涂料及辅助材料。

因为涂料品种众多，按国标进行分类命名时，会出现重复和雷同现象，不利于厂家品牌的确立，因此很多厂家都有各自的产品命名方法。

四、国内外涂料行业简介

1. 涂料产量与应用分布情况

涂料是国民经济的重要配套材料。据世界油漆与涂料工业协会（WPCIA）数据，2017 年全球涂料产量 7144 万吨，产值约 1929 亿美元。2017 年全球涂料应用领域分布情况为：建筑涂料产量为 2858 万吨，占比 40%；工业涂料产量为 4286 万吨，占比 39%，其他涂料占比 21%。其中，工业涂料细分领域中，防腐涂料占 19%，汽车涂料占 13%，木器涂料占 7%。

改革开放以来，随着建筑、装修、房地产行业发展的不断加速，我国工业化及城市化的进程为工业涂料、建筑涂料等快速发展提供了契机，涂料行业在我国发展迅速。涂料行业的技术水平进步较快，涂料的品种也日趋丰富和完善，涂料产销量也有了大幅的提升。据国家统计局统计数据显示，2005～2017 年，国内涂料产量保持年均 7%～10%的复合增长率，2017 年产量达 2036 万吨，产值约 640 亿美元，规模接近全球的 1/3。2017 年国内建筑、防腐、汽车和木器四种涂料占比分别为 31%、29%、10%和 9%，涂料产量增速均维持稳定。其中，建筑涂料产量 630 万吨，同比增长 8.8%；防腐涂料产量 600 万吨，同比增长 7%；汽车涂料产量 203 万吨，同比增长 8%；木器涂料产量 153 万吨，同比增长 1%。

数据显示，尽管中国已经是全球最大的涂料生产国，但由于其涂料产业起步较晚，目前全球前十大涂料生产企业仍然集中在北美、欧洲及日本，国际涂料企业携带成熟的技术、雄厚的资金、强大的品牌影响力及先进的管理能力等，纷纷在中国设立生产基地，稳稳占据着中国市场。

目前，国内涂料产业依赖传统的廉价劳动力和原材料资源等优势，一直保持着增长奇迹，逐步实现了资本积累，国内也已涌现出一些具有一定自主研发技术、可与国际涂料业巨头竞争的涂料生产企业，大中型涂料企业产品供不应求，行业总体产量呈持续上升态势。

但整体来说，中国涂料发展不均衡，在建筑涂料、家具涂料方面等已经可以自给自足，但较高档的汽车涂料、船舶涂料等则基本依赖进口。技术落后及低端产品同质化竞争导致本土涂料企业受到排挤，销售利润率较低，盈利能力不佳（5%～7%）。

近几年来，由于经济下行，房地产调控，原材料价格上涨，人工、包装、物流等成本上升，消费指数下降，银行信贷紧缩，环保压力等多种因素导致国内涂料企业产量增长缓慢，如 2018 年上半年全国规模以上企业涂料产量累计 839.49 万吨，同比增长了 0.6%，1～6 月累计产量排在前 3 位的省市分别是：广东 176.47 万吨，同比降低 4.9%；上海 98.44 万吨，同比降低 12.1%；江苏 97.27 万吨，同比降低 2.0%。

中国涂料行业目前 80%左右的涂料企业属于中小型企业，占据着大半的国内涂料市场份额。在环保压力、供给侧改革、原材料价格持续飙升等多方面因素的影响之下，这部分中小型企业中有 50%以上企业面临着倒闭的窘境。以涂料原材料价格频繁暴涨为例，钛白粉历经十几次连涨，其中，佰利联共 13 次上调了钛白粉产品价格、安纳达上调了 12 次、中核钛白上调 8 次、金浦钛业也有 10 次左右。同时，2018 年以来，中央环保督察组陆续进驻内蒙古、黑龙江、江苏、江西、湖北、广东、重庆、陕西等地进行分批环保督查。这对一些环保不达标中小型企业来说，是致命的打击。2018 年淘汰关闭的涂料企业与项目高达上千家，其中绝大多数为中小微型企业。与此同时，涂料企业明显加快了“退城入园”的脚步，全国仅500多个化工园区，但有上万家涂料企业要“入园”，竞争激烈。

2. 全面推进环保性涂料情况

传统涂料生产需要大量的有机溶剂，涂料成膜时挥发性有机化合物（VOCs）挥发造成环境污染。原环保部（现生态环境部）《“十三五”挥发性有机物污染防治工作方案》明确提出：到2020年，全国工业涂装VOCs排放量减少20%以上，重点地区减少30%。各地也相继出台了控制VOCs排放总量的明文要求，从2018年1月1日起对苯、甲苯等VOCs征收环保税，使用溶剂型涂料的额外成本大幅提升，环保涂料的优势逐渐显现。

当前，国家出重拳治理环境污染，国民环保意识提升、消费观念转变，涂料行业转型升级已迫在眉睫，势在必行，全面推进环保性涂料发展已成为不可逆转的趋势。环保型涂料发展前景良好，涂料行业正走在“水性化”“无溶剂化”“绿色化”发展的快车道上。预计到2022年，水性涂料将达到3271万吨，市场总值将达到1461亿美元。

2017年欧美等发达国家溶剂型涂料产量平均占比不到40%，美国则不到30%，德国仅20%左右。我国溶剂型涂料、水性涂料和粉末涂料占比分别约52%、35%和10%，紫外光固化和无溶剂环保型涂料占比约0.5%、2.5%。由此可见，我国环保型涂料合计不足50%。其中，我国建筑涂料约80%实现了水性化替代，全面推进建筑涂料水性化，需要解决水性多彩涂料、艺术涂料和保温、防火等高性能涂料的质量和稳定性以及推广使用等重要问题。

木器涂料水性化程度不高，目前仍以溶剂型为主。2017年国内水性木器涂料产量仅8万吨左右，占比约5%，主要原因包括底材、施工以及应用推广方面的多个因素，如：木质底材使用水性涂料存在吸水胀筋、流平和丰满度差等问题；干燥成膜时由于水干燥温度较高，水性木器涂料涂装需要配备微波、红外和紫外辐射等固化设备，以防止底材在高温下出现变形和受损等。此外，水性涂料和粉末涂料等环保型涂料需要解决高性能配方、配套施工技术以及应用推广等问题。

防腐涂料高端产品方面，环保型涂料受限于涂膜附着力和施工因素（冬季温度低，水性涂料施工难度加大）等问题，高固体分和水性涂料在防腐涂料领域均尚未得到大规模应用，主要以国外品牌涂料为主，国产化率低，尤其在高性能原材料、配方以及相应施工技术等方面存在差距。

汽车涂料方面，汽车OEM原厂漆、修补涂料、汽车零部件涂料、卡车和其他车辆用涂料等分别占比约44%、26%、18%、12%。汽车底漆几乎全部需要使用以水性为主的电泳涂料，其制备和使用技术要求高、技术壁垒高，国内汽车电泳漆市场80%以上被PPG、巴斯夫、关西等占据，国产化率较低。修补漆一般不采用电泳涂装方式，但汽车漆的涂装平整度、防腐耐磨和美观等要求均较高，水性修补漆在流平、快干和高固含量等方面存在劣势，目前溶剂型修补漆的比例超过95%。

3. 涂料企业发展情况

据中国涂料首家财经媒体《涂界》所发布的2018年世界涂料100强企业排行榜（Global Top 100 Paint Companies），前10名依次是PPG、宣伟、阿克苏诺贝尔、立邦、立帕麦、巴斯夫、艾仕得、关西涂料、亚洲涂料、马斯科。2018年，世界前10强涂料企业销售总收入达到659.079亿美元，同比增长5.592%；占全球总销售收入的34.12%（2017年为31.34%），占2018年榜单总销售收入的62.18%（2017年为61.50%），两项指标均有所上升。

中国共有5家涂料企业跻身世界前50强，25家涂料企业入围榜单，依次是湘江涂料（第25位）、东方雨虹（第31位）、嘉宝莉（第34位）、巴德士（第43位）、三棵树（第44

位）。不过，从整体实力来看，中国上榜企业却并不强。美国上榜企业数量13家，累计销售收入高达424.086亿美元，平均每家企业销售收入为32.622亿美元，约为中国的13倍。

思考习题

1. 涂料产品有哪些类型？分别有什么特点？
2. 涂料行业发展现状如何？

任务二　了解涂料检测工作流程

任务引导

请调研企业质检人员、研发人员等，了解涂料开发过程中产品检验项目有哪些，日常涂料产品质检（质量检测）项目有哪些，涂料用原材料一般检验哪些项目，涂料产品质量控制的一般工作流程是什么。对以上内容制作海报图片。请学习下面的内容，并到自己所服务的涂料企业质检部或品管部工作，在企业观察学习，以及向你的企业指导教师请教，熟悉企业质检工作流程与检验项目。涂料企业质检以怎样的流程开展？将你们工作笔记中的涂料检验工作流程表提交到微知库《涂料分析与检测》课程“课程作业”中。

一、涂料检测工作的流程

涂料检测工作分为三部分，即进货检验、过程检验以及最终检验。

（1）进货检验　它是ISO 9001标准中规定的重要的质量检验活动之一，应确保未检验或检验不合格的产品不投入使用或加工。进货检验是产品检验的一部分，企业有责任向顾客履行其保证质量的义务，并根据验收准则接收或拒收产品。如因生产急需来不及检验而放行时，应对该产品做出明确标识，并做好记录，以便一旦发现不符合规定要求时立即追回和更换。

（2）过程检验　其目的就是尽早发现过程（工序）中的不合格产品，不让不合格品转到下一道工序中，造成最终成品的质量不合格。在涂料行业中，过程检验显得尤为重要，车间生产的每一批半成品、成品，我们都要取样检测其重点控制项目及其他一些控制指标，使得检测结果控制在合格范围内，例如调整黏度、固体分、流挂、颜色、涂膜外观，并尽我们最大可能在不影响涂料其他质量性能的前提下，降低生产成本，增加公司利润。同时，做好准确的、详尽的检验记录，保证生产的每一批次涂料都有可追溯性。

（3）最终检验　最终检验是对成品能否满足质量要求的最终判定，它关系着将要出厂的产品是否合格的关键问题，是产品质量的最后一个关口。可以认为这一道关的影响和后果最为重要，是检验活动中的重中之重。如果不合格的产品流入市场及用户中，将给公司造成严重的负面影响。

关于让步接收问题，是指对不合格品的让步接收，只适用于过程检验。对进货检验和最终检验来说，只有对出现的不合格品如何处置的问题，根本就谈不上让步接收。但是，在公司实际工作中，尤其是前一段产量大、任务重、时间短的条件下，确有因生产急需而经过“评审”被让步接收的情况。一般说来，对于进货检验中发现的不合格品，应该退货，不能让步接收。另外，对经最终检验发现的不合格成品，无论是谁批准，将其让步作为合格品出厂，都是极其错误的。

二、涂料检验员的工作职责与要求

涂料检验员岗位一般分为原材料检验岗、中间体检验岗、成品检验岗等，其工作职责一般包括：按检测设备操作规程进行作业，并参照《检验手册》执行检验，真实、及时、完整地记录检验数据，认真填写原始记录本和材料检验报告并交质检部部长（经理）作出检验结果判定；检验完成后，及时通知仓库或者相关方检验结果；保持检验设备清洁并定期保养，发现异常及时停机，通知质检经理处理；对各种试剂和样品进行管理和使用，防止泄漏、过期等异常情况的出现；完成上级安排的其他工作。

原材料检验一般由公司仓库管理员通知（电话）质检部原材料检测组，并告知来料型号和编号；来料检验后分析人员要及时、准确地填妥原始记录本及报告单，并电话通知仓库管理员检验情况（收货与否）。

中间体检验工作主要针对树脂和固化剂生产，根据工艺投料原始记录，由当班分析人员在规定时间点取样并按检验规程认真检测各项指标，如黏度、酸值及固含量等，并填好原始记录本和报告单。

成品检验工作按产品型号、批次认真检验各项技术指标，并认真做好原始记录和填写产品合格报告单，如不合格要告之相关项目组（工程师），分析原因重新调配直到合格为止。

涂料检验员要求理论知识较丰富，具有敬业、认真、细致、爱岗的工作态度，善于观察、分析试验过程的现象，善于利用各种工具分析、整理各种试验数据，判断结果，工作中善于总结各种试验方法，提炼、创新分析检验方法。

检验时，每次做完试验都要认真如实地填好原始记录本，记录真实数据和情况，并根据相关《检验手册》中各项技术指标判别合格与否（原则上要有质检部长审核签名），及时且准确地填写报告单，并加盖质检专用印章。

对不合格原材料的处理，按照公司有关退货处理程序，分析确定在哪种情况下一定退货，在哪种情况下做让步接收。一般来说，来料与指标相差较大（如有害物质严重超标、有效成分含量太低等），做退货处理，并出具相关不合格报告（加盖质检专用章）；来料与指标相差较小而车间又急需生产，或供应商与采购部协商适当降低价格，在这种情况下可做让步接收，有必要的话需相关工程师在报告单上注明“让步接收”并签名。

三、涂料常规检测项目

（1）细度　细度是表达涂料中颜料分散程度的指标，它的检验是将涂料铺展成厚度不同的薄膜，观察在何种厚度下显现出粒子，此时的厚度即为该涂料细度，单位为微米。细度有几种不同的测量表示方法，读数时间不宜过长，否则不宜读数。在过程检验与最终检验中，一般应至少检验三次，当检验涂料细度不合格时，最好再多检验几次，看平均效果怎样，遇到环氧系列涂料产品可以稍微多加一点稀料后重新检验。

（2）黏度　黏度是表示流体流变特性的一个指标，是对流体抗拒流动的内部阻力的量度，也称为摩擦力系数。斯托默黏度由砝码重量换算得出，以 KU 表示。这种黏度计较适合在使用次数频繁的实验室使用，易于清洗。另一个大类是用秒数计的，当杯内涂料从下端口流出时开始计时，到杯内涂料呈线状流出断开时计下终止时间。测量仪器主要有涂 4 杯（涂-4 黏度杯）、福特杯、ISO 流出杯等，它们之间的区别是杯的容量及杯的孔径不一样。要特别注意的是温度对黏度有较大的影响，一般规定是在 23℃下测量黏度。用涂 4 杯等测量时，如果力求精确，杯子要在 23℃的恒温水中浸泡 15min 以上才能使用。

（3）不挥发物含量　不挥发物是指涂料组分中经过施工后留下来成为涂膜的部分。不挥发物含量也是对原料或成品是否在规定范围内的检验。测试时，将一定量试料置于敞口容器内，放入 105～110℃烘箱内烘烤 3h 后取出，求出剩余量。另外，在过程检验中固体分的测定一般都是150℃下烘烤1h。在实际生产中，环氧类涂料150℃下烘烤1h的固体分比105℃下烘烤3h的要低0.4%左右。固化剂表现尤为明显。经验上是温度每升高或降低14℃烘烤时间就相应缩短或延长0.5h。

GB/T 1725—2007《色漆、清漆和塑料 不挥发物含量的测定》规定了测定色漆、清漆、色漆与清漆用漆基、聚合物分散和缩聚树脂如酚醛树脂（可熔酚醛树脂、线性酚醛树脂等）的不挥发物含量的方法，也适用于含有颜料、填料和其他助剂（如增稠助剂和成膜助剂）的分散体。

（4）密度 测定涂料密度的目的主要是控制产品包装容器中固定容积的质量。密度这个检测项目能够在一定程度上反映出生产工艺执行的情况，尤其在锌粉涂料中表现比较明显。如果在投放中少了一定量的锌粉，那么密度就会小许多。

（5）干燥性、流挂、容器中状态和贮存稳定性 涂料涂于物体表面从流体层变为固体涂膜的物理或化学变化的过程称为涂膜的干燥。习惯上把涂膜的干燥分为指触干、半硬干、硬化干三个阶段。

指触干是指手指轻触涂膜，有黏性但无涂料沾染。半硬干是指手指轻轻摩擦涂膜，不留有擦痕。硬化干是指用大拇指用力压涂膜表面，涂膜不留有指纹且没有松动，并以手指急速摩擦后，涂膜表面没有擦痕。

做流挂实验时将流挂计平放在马口铁板上，倒入一定量的试料后以均匀的稍慢的速度拖动流挂计水平拉过，这样就可以得到较准确的结果。

各种涂料产品的保质期一般为一年，环氧富锌漆为半年。醇酸涂料、氯化橡胶涂料因含有醇酸树脂在超过保质期时易结皮。有的颜料特别是由两种或两种以上颜料调和而成的复色漆在较长时间贮存中易发生颜料上浮现象，这是因为颜料密度不同。在使用中只要充分搅匀即可。

（6）涂料的颜色、光泽、涂膜外观及打磨性测试 这三种检验项目都需要喷板后检验，一般都是喷到标准规定的膜厚左右时，到板面干燥后进行检验。颜色的判定是目试与色差计并用，最后的判定要靠目试。检验颜色是否合格一般以标准色卡为基准，以上一批的样子为重要参考，后一批的颜色只要在标准色卡与上一批样板的颜色之间即可，这样涂料的颜色就可以慢慢地接近标准色卡的颜色。在一些比较漂亮和鲜艳的颜色中，不同的兑稀量、不同的膜厚都会造成颜色的差别，因此，我们应尽量按照标准规定操作并执行，尽量减少误差。

涂膜干后，还要看一下板面有无杂质、颗粒点等异常情况从而判定涂膜外观是否合格，并用光泽计来检测其光泽。光泽计由光源部分和接收部分组成。光源所发出的光经透镜后成平行或稍微汇聚的光射向漆膜表面，反射光经接收及透镜汇聚，被光电池接收，光电池产生电流，借助于检流计得出光泽的读数。

GB/T 1770—2008《涂膜、腻子膜打磨性测定法》标准规定了涂膜、腻子膜在规定的负载下，经规定的次数打磨后，以涂膜表面的变化现象和打磨的难易程度来评定其耐打磨性能的经验性的试验方法。该标准适用于涂膜、腻子膜打磨性的测定，适用于液态或粉末状色漆和清漆，也适用于其湿膜或干膜及其原材料。

四、涂料非常规检测项目

（1）硬度 它是表示涂膜机械强度的重要性能之一，大多数公司常用的是铅笔硬度法，即采用已知硬度的铅笔测定涂膜硬度，方法是手持铅笔以45°角用力向前推出1cm，以涂膜不被划破的最大铅笔硬度为涂膜硬度。

（2）耐冲击性 耐冲击性指涂膜在高速率的重力下，发生快速变形而不出现开裂或脱落的能力，表现了被试验涂膜的柔韧性和附着力。方法是：用规定质量的砝码，从一定高度下落到规定规格的定子上，观察冲击处有无开裂、脱落现象。

(3) 耐屈曲性　它是当涂膜受到外力作用而弯曲时表现出来的综合性能。测试时将试验片插入试验器中，涂膜向外，平稳地合上仪器使涂膜与底材共同受力弯曲 180°，用肉眼观察屈曲部开裂剥落的程度。

(4) 附着力　附着力指漆膜与被涂物表面通过物理和化学的作用结合在一起的坚牢程度。方法有划格法、划叉法。某些公司的评价标准执行的是 ASTM 标准，依次分为 5、4、3、2、1、0 等六级，5 是最好，0 是最差。国标跟它正好相反，0 级最好，5 级最差。

(5) 耐水性　涂料在实际应用中往往与潮湿的空气或水分直接接触，由于水对漆膜有渗透作用，其到达底材时会引起腐蚀，使漆膜起泡、变色、附着力下降，影响涂料的使用寿命，因而应用于某些场合的涂料产品需要测试漆膜的耐水性。现行漆膜的耐水性的相关标准有 GB/T 1733—1993《漆膜耐水性测定法》、GB/T 5209—1985《色漆和清漆 耐水性的测定 浸水法》、ASTM D870-09《用水浸渍法测试涂层耐水性的规程》、ASTM D 1735-08《用水雾仪测试涂层耐水性的试验方法》等。

GB/T 1733—1993《漆膜耐水性测定法》规定了漆膜的耐水性能的测定方法，包括浸水试验法和浸沸水试验法，在达到规定的试验时间后，以漆膜表面变化现象表示其耐水性能。

测定时，在规定的马口铁板上制备漆膜，按产品标准规定的干燥条件和实践干燥，并在恒温、恒湿条件下进行规定时间的状态调节。试板在浸入水前应用 1∶1 的石蜡和松香的混合物封边，封边宽度为 2～3mm。试板浸泡时，将三块试板放入盛有蒸馏水的玻璃水槽中，水温保持为 (23±2)℃或沸腾状态，使每块试板长度的 2/3 浸泡于水中。在产品标准规定的浸泡时间结束时，将试板从槽中取出，用滤纸吸干，立即或按产品标准规定的时间状态调节后以目视检查试板，并记录是否有失色、变色、起泡、起皱、脱落、生锈等现象和恢复时间，三块试板中至少应有两块试板符合产品标准规定则为合格。

(6) 耐盐水性　涂膜在盐水中不仅受到水的作用发生溶胀，同时还受到溶液中氯离子的渗透而引起强烈腐蚀，因此涂膜可能会产生许多锈点和遭到腐蚀等破坏。应用于容易产生腐蚀环境的涂料需要测试漆膜的耐盐水性能，可用耐盐水性试验判断漆膜的防护性能，GB/T 10834—2008《船舶漆耐盐水性的测定 盐水和热盐水浸泡法》规定了船舶漆耐盐水性测定的试验装置、试样及其制备、试验条件、试验程序、试验结果及评定、试验报告，该标准适用于钢质船体防锈漆膜及配套体系耐盐水和热盐水性能的测定。

测试时，采用普通碳素钢试验板材，所试产品样板每组 4 块，其中一块为对比板，采用喷砂或抛丸对底材进行表面处理至钢板表面清洁度和粗糙度达到要求，按相关涂料产品技术要求或涂料生产商要求的涂层体系的配套性、涂装道数和涂装厚度进行涂装，试板的四边封边，试板背面涂适当的保护涂料或受试涂料，按 GB/T 9278 规定条件调节试板漆膜状态 7 天，投入天然海水或人造海水试验。耐盐水试验盐水的温度为 (27±6)℃；耐热盐水的试验盐水温度为 (35±2)℃。浸泡 7 天为 1 个周期，在每个周期的最后 2 小时做温度为 (80±2)℃热盐水浸泡试验。

需注意的是，试板须有 3/4 浸泡于试验盐水中，试验期间应不断变换试板在槽中的位置。检查试板时，将试验样板从槽中取出，用自来水仔细冲洗样板，用滤纸或者软布轻轻擦干，检查破坏现象，再重新放置于试验槽中测试。按规定时间或周期结束试验时，将试板取出，用自来水洗去盐迹，用滤纸或者软布轻轻擦干，按 GB/T 1766 检查涂层体系的失色、变色、起泡、脱落、生锈和裂纹等现象，并与对照样板进行比较。

(7) 耐盐雾试验　盐雾试验是目前普遍用来检验涂膜耐腐蚀性的方法，能够促进腐蚀。盐雾试验的设备采用的是喷嘴式，即用一定压力的空气通过实验箱内的喷嘴把盐水喷成雾状而沉降在试验板上。现行盐雾试验相关标准有 GB/T 10125—2012《人造气氛腐蚀试验 盐雾试验》、GB/T 1771—2007《色漆和清漆 耐中性盐雾性能的测定》等，试验过程中需指定一定的试验条件，如：盐雾箱内温度 35℃；喷雾盐水浓度 5%；盐雾箱内湿度 95%～98%；盐溶液用蒸馏水配制；喷雾时所用压力 1kgf/cm^2（1kgf＝9.80665N）；pH 值 6.5～7.5（33～35℃）等。

（8）其他性能测试　为判定涂层对于特定环境的耐久性，通常需要在实验室进行许多种人工加速环境试验。除前述盐雾试验外，通常有耐人工气候加速老化试验，耐湿热试验，耐各种介质（水、酸、碱等）、高低温循环交变或多种环境交替试验。涂层应用场所不同，测试项目也有所不同。现行相关国家标准有 GB/T 4893.1—2005《家具表面耐冷液测定法》、GB/T 9274—88《色漆和清漆 耐液体介质的测定》等。

思考习题

1. 涂料企业质检的工作流程是怎样的？
2. 为什么必须开展涂料的质检工作？

任务三　了解涂料检测内容与特点

任务引导

请学习下面的内容，到自己所服务的涂料企业质检部或品管部工作，在企业观察学习，向你的企业指导教师请教，了解涂料检测进展情况、涂料体系综合性能评价法，进一步熟悉企业质检工作流程与检验项目，思考并回答：为什么必须开展涂料检测工作？常用技术指标是什么？涂料检测的依据是什么？涂料检测有什么特点？

一、涂料检测的作用

1. 涂料检测的目的

涂料的性能决定了涂料的质量和涂料的用途，而涂料的性能是多方面的。为了从不同的角度对涂料性能进行评价，人们创造和制定了许多的试验方法，这就是涂料的分析与检测。

广义的涂料分析检测包括为了涂料基础理论研究、生产过程控制、产品性能质量控制和施工过程质量管理等方面而进行的各项检测工作，通常指对涂料产品进行性能检查和质量控制，主要包括对涂料本身性能检测和涂膜性能检测两个方面。

涂料产品质量检测范围包括如下五个方面：涂料产品性能的检测；涂料施工性能的检测；涂膜一般使用性能的检测；特种性能检测；有害物质检测。

2. 涂料检测的意义

涂料的检测是涂料生产和使用过程中不可缺少的重要环节，是制定涂料产品技术指标的主要依据，是用来评价涂料性能和质量的具体方法。

① 通过有限的试验，对所研制的涂料产品进行考查，为选定产品的配方设计、工艺条件提供数据，并指导试验工作，从而建立产品技术规格和标准。

② 通过对涂料进行分析检测，可以正确地反映涂料产品质量和控制产品质量。如：在涂料生产过程中，通过对基料、色浆的各项性能检验，就可有效地对车间生产进行控制，可以保证正常生产；通过成品的出厂检验就能保证出厂产品批次质量的一致以及产品的性能和质量；使用单位在涂料使用前验收产品，进行各个项目的检测，考察涂膜是否能起到预期的

装饰、保护、特种功能等作用，可以保证施工的正常进行。

③ 通过检测试验得出的数据，开展基础理论的研究，找出组分与性能之间的关系，从而发现原有产品存在的问题及改进的方向，为新的科研课题和新产品的开发提供数据。

因此，涂料分析检测可以说是开展涂料科学研究、实现涂料产品开发、保证生产和使用正常的必要步骤和手段，是涂料标准化工作的一项重要内容，是在涂料生产和施工中全面推行质量管理和建立质量保证体系的前提和基础。

二、涂料检测的内容

1. 涂料性能的概念

涂料的性能包括涂料产品本身的性能和涂膜的性能。

涂料产品本身的性能一般包括涂料在使用前和使用时两个方面应具备的性能。涂料在使用前应具备的性能，又称涂料原始状态的性能，所表示的是涂料作为商品在贮存过程中各方面的性能和质量情况。涂料在使用时应具备的性能，又称涂料施工性能，所表示的是涂料的使用方式、使用条件、形成涂膜所要求的条件，以及在形成涂膜过程中涂料的表现等方面的情况。

涂膜的性能即涂膜应具备的性能，也是涂料最主要的性能。涂料产品本身的性能只是为了得到需要的涂膜，而涂膜性能才能表现涂料是否满足了被涂物件的使用要求，亦即涂膜性能表示涂料的装饰、保护和其他作用。涂膜性能包括的范围很广，因被涂物件要求而异，主要有装饰方面、与被涂物件附着方面、机械强度方面、抵抗外来介质和大自然侵蚀方面以及自老化破坏方面等的各种性能。

2. 涂料分析与检测的依据

涂料的性能表示的是它的使用价值，而且是综合性的、广范围的和长时间的使用价值。涂料作为装饰保护材料使用，它属于高聚物材料，但涂料本身是半成品，所形成的涂膜才是高聚物材料。涂膜与塑料、橡胶、纤维等高聚物材料不同，不能独立存在，必须黏附在其他被涂物件上才能成为材料，所以涂料和涂膜既具有一般聚合物材料的通性，又有与一般聚合物材料不同的特性，最主要的是涂膜必须适应被涂物件材质性能的要求，与底材结合为一体。

涂料是为被涂物件服务的材料，应用于被涂物件表面。由于被涂物件是多种多样的，使用条件千变万化，因而涂料与涂膜必须具备被涂物件所要求的性能，也就是以被涂物件的要求作为确定涂料和涂膜的性能的依据。

涂料的性能以涂料和涂膜的基本物理和化学性质为依据，但并不是全面的表示，通常提到的涂料的性能只表现了涂料和涂膜的基本性质中的某一部分。

3. 涂料检测常用技术指标

涂料的性能是多方面的，为了评价涂料具有什么样的性能，多年来创造和制定了许多的试验方法，从不同角度和方面对涂料性能进行考查，并尽量用数值来表示。这些表示值就成为代表涂料某一方面性能的指示数值，即产品的技术指标。用主要的涂料产品技术指标所规定的数值综合起来以表示涂料的性能，就构成了涂料产品的标准。作为标准来说，它具有统一性、科学性、广泛性、约束性和可行性。技术指标又是以指定的检测方法的测定结果来表示。一个涂料产品研制和生产出来，要制定产品标准作为评定产品的依据。如，对建筑涂料的检验主要依据有 GB/T 9756—2018《合成树脂乳液内墙涂料》、GB/T 9755—2014《合成树脂乳液外墙涂料》、JC/T 423—1991《水溶性内墙涂料》、JG/T 298—2010《建筑室内用腻子》、JG/T 157—2009《建筑外墙用腻子》、JG/T 24—2018《合成树脂乳液砂壁状建筑涂料》、GB 18582—2008《室内装饰装修材料 内墙涂料中有害物质限量》、GB 18583—2008《室内装饰装修材料 胶粘剂中有害物质限量》和相关企业标准。

经过多年的实践，对涂料的性能分别给以适当的名称来表示涂料某一方面的性能。例如涂料物理状态方面的性能有密度、黏度等；涂膜的光学性质方面的性能有光泽、颜色；机械性质方面的性能有硬度、柔韧性等。随着涂料品种的发展，表示涂料性能的具体指标逐渐增加，现代的涂料性能的内容逐步接近涂料的实际要求。

三、涂料检测的特点及综合性能评价法

1. 涂料检测的特点

涂料虽然也是一种化工产品，但就其组成和使用来说和一般化工产品不同。所以，根据涂料产品及应用特性，涂料产品的质量检查和一般化工产品相比，具有以下不同特点。

(1) 涂膜检测是重点 涂料产品的质量检测主要体现在涂膜性能上。这是因为涂料是由多种原料组成的高分子胶体混合物，用来作为一种配套性工程材料使用，不像一般化工产品，从它们的化学组成上检查后就能断定质量好坏。涂料产品主要是检查它作为一种材料涂在物体上所形成的涂膜性能如何，所以在评定涂料产品质量时，既要检查涂料产品本身，更要检查涂膜的性能，并应以后者为主。涂料检测的重点是检测涂膜的性能，而对涂料产品本身状态的检测主要是考察产品质量的一致性。因而涂料在成膜过程和成膜后性能的检测是对涂料产品品种质量评判的基础，是考核涂料质量的主要内容，这方面的检测方法发展得最多最快。

(2) 涂料产品的质量检测应包括施工性能的检测 涂料产品品种繁多，应用面极为广泛，同一涂料产品可以在不同的方面应用。每一种涂料产品只有通过施工部门，将它施涂在被涂物上，形成牢固附着的连续涂膜后，才能发挥它的装饰和保护作用。这就要求每种涂料必须具有良好的施工性能，否则是达不到预期效果的，所以在进行涂料的质量检查时，必须对它的施工性能进行检查。

(3) 应以物理方法为主、化学方法为辅 检查涂膜性能也是以物理方法检查为主，很少分析涂膜的化学组成。单纯依据化学组成分析不能完全判定其质量状况，而是看它是否符合所要求的材料性能，故涂料性能的检测多以物理检查为主。此外，在物理性能检查中，一种检测方法测得的结果往往是几个性能的综合。例如，测柔韧性常用的弯曲试验，所反映的不单纯是柔韧性，还涉及涂料的硬度、附着力和延伸性。

(4) 需选择相应底材并按要求制备试样板 在检查涂膜性能时，必须事先按照严格的要求制备试样板，否则是得不到正确结果的。所以，在每一种涂料产品的质量标准中，都规定了制备其涂膜样板的方法，作为涂料质量检查工作标准条件之一。为尽量模仿实际条件，涂料性能的检测大多是在相应的底材上进行检测，因此试验底材的选择和试验结果有一定的关系，更重要的是试验涂膜在底材上的制备工艺和质量对测试结果有显著的影响。

M1-1 制备乳胶漆漆膜样板

M1-2 夹具涂膜机操作

M1-3 自动涂膜机操作

M1-4 微型涂膜机

(5) 需在多种试验方法中选择最合适的方法 经过多年的发展，一个检测项目发展了多

种检测方法，但仍有些方法因为具有特色而被保留下来，这就形成了检测方法和仪器的多样化。涂料产品多种检测方法并存，同一检测项目的各种不同方法从不同角度进行检测，所得结果往往有差异，因此在涂料检测时应针对产品性能在多种试验方法中选择最合适的方法。

（6）某些检测结果的评定有难度　检测方法虽然经过多年发展，尽量用量值表示，但还有些检测项目是通过与标准状况比较，或者用变化程度如“无变化”“轻微变化”等表示，在评定结果时干扰因素较多。还有，检测方法还没有全部仪器化，有些通过目测观察，易造成主观上的误差，增加了检测结果评定的难度。所以有些检验项目规定同时采用3块或更多块样板进行测试，以多数的结果作为最后判定。

（7）需综合多项指标平衡涂料性能的判断　涂料产品通过检测，最后结果的评定对于同类产品的可比性较大，对于不同组成的产品可比性较小。由于检测项目是多方面的，对涂料性能的最后判断必须用各项指标来综合平衡，单独某项指标的比较不能说明该产品性能的优劣。

2. 涂料及涂料体系综合性能评价法（Total Performance Evaluation， TPE法）

我们常遇到这样的困境，即在新产品开发时，一种涂料实验得到的不同配方，在性能上难以权衡，往往只能主观地和定性地来决定其中一个最佳的配方。在选择涂料品种时，为了满足一种特定的涂装要求，涂料需要很多项性能，而有些性能往往是互相抵触的，没有一种涂料是所有性能都达到最好的“理想涂料”。这就要评价哪一种涂料的综合性能最好，更能接近于“理想涂料”，从而做出选择。

1992年，美国M. Simakaski（Drexel大学）和C. Hegedus（海军航空武器中心）提出来涂料及涂料体系综合性能评价法，该方法获得1992年度的Hendry论文奖。涂料TPE法不是一种实验方法，而是根据实验及其性能测试结果对涂料作出比较和评价的方法，它的基础是统计方法中的零极大技术，是决定多因素对总性能贡献的方法，并不是优化涂料的性质，而是量化各种性质对涂料综合性能的贡献，通过综合性能比较得到TPE等级来定量地和客观地作出选择。TPE法提供了一种比较客观的评价涂料综合性能的方法，对于新品种开发和选用涂料都很有实际意义。

四、涂料检测的主要进展

传统涂料品种比较简单，检测项目较少，所需要的检测方法也比较简单，基本上是手摸眼看等观察方法。涂料分析检测的项目和方法随着涂料工业的发展而发展，涂料检测项目逐年增多，新的检验方法和仪器不断出现，检测方法和手段也越来越科学化、规范化，测试结果的精密度和准确度大大提高。

1. 应用仪器分析和测试成为当今涂料工业检测的主流

过去主要是用化学法定性、定量地分析，现在则广泛采用现代化的仪器分析技术，如电子显微镜、红外光谱、X射线衍射、气相色谱和凝胶色谱等。运用这些分析技术可以解决使用一般检测仪器和化学分析所不能分析和鉴定的问题。

2. 分析仪器在向微型化、智能化和仪器联用方向发展

正确理解、使用和组合这些先进测试仪器和技术，对于涂料生产者和科研者来说都将是“如虎添翼”。如用红外光谱法可以推断漆基的类型，但红外光谱法的灵敏度较低，气相色谱法虽能灵敏地对被测物质定量，却无法给未知成分定性；用X射线衍射法可以分析涂料中颜料的组成和类型，但在分析有机颜料时灵敏度低等。气相色谱和红外光谱联用、色谱和质谱联用等能圆满地解决未知物的分析问题。还有能快速提供关于热稳定性结果的“热天平”、能提供热分解时所发生的热函变化结果的差热分析、可测定基团上氢“核磁共振”以及可以

求出某物质分子量的质谱分析等方法。

3. 检测技术的发展推动了涂料科学不断向前发展

从涂料的研制、生产到施工都加强了检测技术的运用，涂料和涂膜性能方面的测试研究、涂料组成与涂料性质之间的相关性研究以及涂料缺陷方面的诊断补偿研究都离不开对涂料组成的全面分析。

思考习题

1. 涂料检测有什么意义？
2. 涂料检测包括哪些工作内容？
3. 涂料检测工作有什么特点？

任务四　解读涂料检测标准

任务引导

请学习下面的内容后，和你的项目组同伴通过网络调研、企业访谈等方法，了解不同的涂料产品执行哪些相关的产品标准与技术标准，制作不同涂料产品及其执行质量标准的思维导图。

在教师的指导下，利用标准机构、网络资源等途径查找所调研涂料的相关标准，通过文献查找学习、调研学习等方法尝试解读标准内容，形成关于技术标准解读的可视化课程作业(PPT、H5展示等形式)，并进行展示与点评。

一、标准的分类、来源与管理

1. 标准的分类

根据标准协调统一的范围及适用范围的不同，可分为国际标准、区域性标准、国家标准、行业标准、地方标准、团体标准、企业标准等类别。

按照标准化对象，通常把标准分为技术标准、管理标准和工作标准三大类。技术标准是指对标准化领域中需要协调统一的技术事项所制定的标准。技术标准包括基础技术标准、产品标准、工艺标准、检测试验方法标准及安全、卫生、环保标准等。管理标准是指对标准化领域中需要协调统一的管理事项所制定的标准。管理标准包括管理基础标准、技术管理标准、经济管理标准、行政管理标准及生产经营管理标准等。工作标准是指对工作的责任、权利、范围、质量要求、程序、效果、检查方法、考核办法所制定的标准。工作标准一般包括部门工作标准和岗位（个人）工作标准。

标准又分为综合标准、产品标准、化学检验方法标准、安全标准、卫生标准、环境标准等，在这里介绍前三类。

综合标准包括质量控制和技术管理标准。如GB/T 20001.4—2015《标准编写规则第4

部分：试验方法标准》、GB/T 8170—2008《数据修约规则与极限数值的表示和判定》、GB/T 601—2016《试学试剂 标准滴定溶液的制备》等。

产品标准是以产品和原料为对象制定的标准，对产品结构、规格、质量、物化指标和检验方法等作出技术规定。它是产品生产、检验、验收、使用、维修以及国内外贸易的技术依据和合同的支撑文件。内容包括产品的使用范围、品种、规格、等级、主要物化性能、使用特性、试验检测方法、验收规则以及包装、贮运、标志等。

化学检验方法标准又称为分析方法标准或试验方法标准，有基础标准和通用标准。如化工产品中水分的测定、各种仪器分析法通则等。化学检验方法标准包括使用范围、方法概要、使用仪器、材料、试剂、标准样品、测定条件、试验步骤、结果计算、精密度等技术规定。

标准化方法是经过试验论证，取得充分可靠的数据的成熟方法，而不一定是技术上最先进、准确度最高的方法。制定一个标准方法经历的时间长，花费较大代价，因而其制定总是落后于需要。

标准化组织每隔几年就要对已有的标准进行修订，颁布一些新的标准，所以，使用标准方法时要注意是否已有新的标准替代了旧标准，应及时使用新标准方法。

2. 标准的来源

标准按来源分类有国际标准、国外标准以及国内标准，这些标准可以在中国标准化研究院标准馆进行查找。

(1) 中国国家标准　中国国家标准按标准性质，可以分为强制性标准和推荐性标准。我国标准化法规定，保障人体健康、人身财产安全的标准和法律，行政法规规定强制执行的标准属于强制性标准。强制性标准是在一定范围内通过法律、行政法规等强制性手段加以实施的标准，具有法律属性，属于技术法规。推荐性标准又称为非强制性标准或自愿性标准，不具有法律属性，属于技术文件，不具有强制执行的功能。但推荐性标准一经接受并采用，或各方商定同意纳入经济合同中，就成为各方必须共同遵守的技术依据，具有法律上的约束性。

(2) 国际标准及国外标准　国际标准包括国际标准化组织（ISO)、国际电工委员会(IEC)、国际电信联盟（ITU）等组织制定的标准。区域性标准主要有欧盟等区域性标准化组织的标准。其他国家标准包括美国、英国、法国、俄罗斯等 60 多个国家的国际标准，日本的 JISK 类标准，美国材料与试验协会（ASTM)、美国电气与电子工程师专业协（学）会的标准等。

3. 标准的管理机构

(1) 中国标准管理机构　中国标准化工作实行统一管理与分工负责相结合的管理体制。国家市场监督管理总局对外保留国家标准化管理委员会牌子。

国家标准化管理委员会下设国家市场监督管理总局标准技术管理司、国家市场监督管理总局标准创新管理司。以国家标准化管理委员会名义，下达国家标准计划，批准发布国家标准，审议并发布标准化政策、管理制度、规划、公告等重要文件；开展强制性国家标准对外通报；协调、指导和监督行业、地方、团体、企业标准工作；代表国家参加国际标准化组织、国际电工委员会和其他国际或区域性标准化组织；承担有关国际合作协议签署工作；承担国务院标准化协调机制日常工作。

经国家标准化管理委员会批准组建，全国涂料和颜料标准化技术委员会（TC5，以下简称标委会）在涂料和颜料专业领域内从事全国性标准化工作的技术组织，负责涂料和颜料专业技术领域的标准化技术归口工作。

标委会的主要工作内容包括：提出涂料和颜料专业标准化工作方针和政策的建议；提出涂料和颜料专业制修订国家标准和行业标准的长远规划和年度计划；组织制定涂料和颜料专业标准表；组织涂料和颜料国家标准和行业标准的制修订、清理整顿及实施调查；组织参加国际标准化组织的活动并参与国际标准的制定；负责涂料和颜料国家标准和行业标准的宣贯及解释；提供相关标准化信息和资料；负责检验用标准样品的研制及发放；提供其他标准化咨询服务。组织本行业国家标准和行业标准的制修订工作是标委会的主要工作内容之一，每年编制标准制修订项目计划，成立标准起草工作组并召集标准计划工作会议，组织调查研究、资料查询和验证试验等工作，对标准征求意见稿提出意见，组织对标准送审稿进行审查并提出审查结论，最后以标准报批稿的形式上报国家标准化管理委员会或国家发改委批准发布。

中国国家标准化管理委员会（中华人民共和国国家标准化管理局）是国务院授权的履行行政管理职能，统一管理全国标准化工作的主管机构。国标委网站 http：//www. sac. gov. cn。

（2）国际、国外标准管理机构　表 1-3 中的标准协会有必要了解。

表 1-3　标准协会

国际标准化组织(ISO)	美国国家标准学会(ANSI)
国际电工委员会(IEC)	德国标准化学会(DIN)
日本工业标准调查会(JISC)	美国材料与实验协会(ASTM)
英国标准学会(BSI)	俄罗斯标准协会(GOST)

国际标准化组织（International Organization for Standardization，ISO）是世界上最大的非政府性标准化专门机构，它在国际标准化中占主导地位。其成立于 1947 年，前身为国家标准化协会国际联合会（ISA）和联合国标准协调委员会（UNSCC）。由全体大会、理事会、技术委员会和技术处组成，总部设在瑞士的日内瓦。制定的标准用英文和法文出版，每 5 年复审一次，标准的平均龄期 4. 92 年。ISO 标准编号的一般形式为“标准代号＋标准序号＋年份”，ISO/TR 表示技术报告类型的标准；ISO/R 表示 1972 年以前的推荐标准。

国际电工委员会（International Electrotechnical Commission，IEC）成立于 1906 年，1947 年 ISO 成立后 IEC 作为一个电工部门并入 ISO，但仍保持 IEC 的名称和工作程序。1976 年 ISO 与 IEC 再次达成新协议，规定 ISO 和 IEC 都是法律上独立的团体，是互为补充的国际标准化组织。IEC 负责电气工程和电子工程领域的标准化工作，其他领域则由 ISO 负责，两组织保持密切协作。其机构由理事会、执行委员会、中央办公厅、咨询委员会和技术委员会与其分会组成，总部设在瑞士的日内瓦。制定的标准用英文发表，一般的编排顺序为“标准代号＋标准序号＋年份”。老的序号为 2 位数至 4 位数。从 1998 年开始 IEC 和 ISO 达成协议，标准序号 59999 以内由 ISO 标准采用，标准序号 60000 以上由 IEC 标准采用。因此老的 IEC 标准序号都做了改动。如老号 IEC34 变为 IEC60034；老号 IEC115 改为 IEC60115 等，依次类推。

欧洲地区的标准化机构有欧洲标准化委员会（CEN）、欧洲电工标准化委员会（CENELEC）和欧洲电信标准学会（ETSI）等，他们与 ISO、IEC 和 ITU 的工作相对应，并保持着密切的联系与合作，此外还有跨欧亚地区的独联体跨国标准化、计量与认证委员会（EASC）。

亚洲及太平洋地区的标准化机构有太平洋地区标准会议（PASC）、东盟标准与质量咨询委员会（ACCSQ）、亚太经济合作组织/贸易与投资委员会/标准一致化分委员会（APEC/CTI/SCSC）。

美洲地区的标准化机构有泛美标准委员会（COPANT）、中美洲工业与技术学会（IC-AITI）、加勒比共同市场标准理事会（CCMSC）。

非洲及阿拉伯地区的标准化机构有非洲地区标准化组织（ARSO）、阿拉伯标准化与计量组织（ASMO）。

美国国家标准学会（American National Standards Institute，ANSI）成立于1918年，是非政府性的国际标准化团体，实际上已成为国家标准化中心。学会本身制定少部分标准，多数标准是由胜任的技术团体或专业团体、行业协会及其他自愿将标准送交ANSI批准的机构制定的。ANSI的主要任务是协调美国国家标准的制定、批准美国国家标准、与各级政府保持联系。200多个制定标准的专业团体和行业协会以及1000余个公司都是ANSI的会员，由董事会、执行委员会和专业技术委员会等组成，总部设在美国纽约。美国国家标准由两部分组成：ANSI自行组织制定的编号的一般形式为“标准代号＋类号＋年号”；ANSI审查采用的各专业学会、协会制定的标准或国际标准，这部分标准编号的一般形式为“ANSI/专业学（协）会代号＋标准类号＋标准序号＋年份”，如ANSI/ASMEB30.3—1990，表示该标准是由ANSI采用的美国机械工程师协会的标准。

美国石油学会（American Petroleum Institute，API）成立于1919年，有400多个石油行业的厂商和8000多名个人会员。学会理事下设标准化委员会。API的标准由理事会授权标准化委员会制定，标准用英文出版。总部设在美国华盛顿。API标准的一般形式为“标准代号＋名称省略号＋标准序号（或字母组号）＋年份”。

美国材料与实验协会（American Society for Testing and Materials，ASTM）成立于1882年，主要致力于制定各种材料的性能与试验方法标准，是美国最老、最大的学术团体之一。ASTM理事会下设100多个技术委员会，每个委员会又下设5～10个小组委员会。标准用英文出版，每5年修订或确认一次。总部设在美国纽约。ASTM标准的一般编号形式为“标准代号＋字母类号＋标准序号＋年份”。ASTM标准按内容分为Test Method试验方法标准、Specification规格/技术指标标准、Practice操作/实施规程标准、Guide导则标准、Classification分类标准、Terminology术语标准等6类。ASTM标准编号用“标准代号ASTM＋类号＋序号＋制定年份”表示，有关涂料的标准大都归在“D”类。例如，AST-MF963-03是ASTM针对玩具类产品有毒物质含量限量制定的一种标准。

英国标准学会（British Standards Institution，BSI）成立于1901年，是世界上最早的全国性标准化机构。理事会下设标准部、质量保证部、情报服务与市场部等6个部。BSI平均每年制定和出版600个以上的标准，每5年复审一次。总部设在英国伦敦。一般形式为“标准代号（BS）＋标准序号＋年号”，有一些放在BS后面的字母组代表不同行业的专业标准或收入英国标准的其他标准化机构的标准，如：AU表示汽车专业标准；MA表示一般的工业标准；EN表示收入英国标准的欧洲标准；ISO表示收入英国标准的ISO标准等，如BS EN 2374—1991。

德国标准化学会（Deutsches Institut für Normung，DIN）成立于1917年，前身为德国标准委员会，1975年改为现称。由标准委员会制定的数万个DIN标准很多与国际标准和欧洲标准接轨，或直接采用其他标准。产品标准的平均龄期为5年，安全标准平均龄期10年，每年的标准发布量在1500个左右。总部设在德国柏林。一般编号形式为“标准代号（DIN）＋标准序号＋年份”。

日本工业标准调查会（Japaness Industrial Standards Committee，JISC）成立于1991年，前身是工业品规格统一调查会，1946年改为现用名。JIS标准每隔5年审查一次，确认其继续有效或予以修订，平均标准龄期为4～7年。标准用日文出版，其中约25%有英文版。总部设在日本东京。一般形式为“标准代号（JIS）＋字母类号＋数字类号（2 位）＋标准序号（2 位）＋年份”。

二、我国涂料相关标准

涂料相关标准有国家标准、行业标准、地方标准、团体标准、企业标准、国际国外标准等。对需要在全国范畴内统一的技术要求，应当制定国家标准。对没有国家标准而又需要在全国某个行业范围内统一的技术要求，可以制定行业标准。对没有国家标准和行业标准而又需要在省、自治区、直辖市范围内统一的工业产品的安全、卫生要求，可以制定地方标准。企业生产的产品没有国家标准、行业标准和地方标准的，应当制定相应的企业标准。对已有国家标准、行业标准或地方标准的，鼓励企业制定严于国家标准、行业标准或地方标准要求的企业标准。

1. 国家标准

国家标准是由国家制定的，在全国范围内使用的标准。它分为国家强制标准（用 GB 代表）和国家推荐标准（用 GB/T 代表）两种。例如，GB 14907—2018《钢结构防火涂料》、GB 12441—2018《饰面型防火涂料》、GB 18581—2009《室内装饰装修材料 溶剂型木器涂料中有害物质限量》是国家强制标准，而 GB/T 9755《合成树脂乳液外墙涂料》、GB/T 9756—2018《合成树脂乳液内墙涂料》、GB/T 36488—2018《涂料中多环芳烃的测定》是国家推荐标准。国家强制标准（GB）是国内任何企业必须执行的标准，它多涉及人身安全、环境保护、食品卫生安全、国家安全等方面。国家推荐标准是一类国家鼓励企业采用、但不强制执行的标准。

2. 行业标准

行业标准是某一行业根据自己的特点制定的标准，只适用于本行业。化工行业的行业标准有化工行业标准（用 HG 代表）和化工行业暂行标准（用 HG/T 代表）。行业标准大多是在没有相应国家标准的前提下制定的。有相应国家标准时，应该采用国家标准。与涂料相关的行业标准有建工行业标准（JG）、化工行业标准（HG）、建材行业标准（JC）、环保行业标准（HJ）等，如 HG/T 5367.1—2018《轨道交通车辆用涂料 第 1 部分：水性涂料》、HG/T 5370—2018《自行车用水性涂料》由全国涂料和颜料标准化技术委员会归口上报，主管部门为工业和信息化部。

3. 地方标准

地方标准是在各省市行政区域内制定、实施及监督管理的，各省市标准化管理部门可以在一定专业领域内，组建由有关部门、企事业单位、社会团体和教育、科研机构等相关方组成的标准化技术委员会，作为该领域地方标准的技术归口单位，承担地方标准的起草和技术审查工作。未组建标准化技术委员会的，由该领域的市有关部门或其委托的具备相应能力的专业技术机构，作为该领域地方标准的技术归口单位，成立专家组承担地方标准的起草和技术审查工作。地方标准为推荐性标准，但是法律、行政法规和国务院决定授权制定强制性地方标准的，可从其规定。

如 DB44/T 1814—2016《儿童活动场所内墙涂料》由广东省涂料和颜料标准化技术委员会归口上报，主管部门为广东省质量技术监督局。DB44/T 1814—2016《儿童活动场所内墙涂料》规定了儿童活动场所装饰装修用内墙涂料（包括面漆和底漆）产品的要求及有害物质限量要求、试验方法、检验规则、标志和包装、涂装安全和防护。本标准适用于以合成树脂乳液为基料，与颜料、体质颜料及各种助剂配制而成的，施工后能形成表面薄质涂层的，专门用作儿童活动场所装饰装修用的内墙墙面涂料。

4. 团体标准

团体标准是依法成立的社会团体为满足市场和创新需要，协调相关市场主体共同制定的标准，指由具备相应能力的协会、学会、商会、联合会等社会组织和产业技术联盟协调相关市场主体，共同制定满足市场和创新需要的标准。

《中华人民共和国标准化法》（以下简称《标准化法》）已于2018年1月1日正式实施。新《标准化法》赋予了团体标准法律地位，这为我国团体标准的发展铺平了道路。很多社会团体开始积极参与团体标准化工作。2015年国务院下达《深化标准化改革方案》，通过改革，把政府单一供给的现行标准体系转变为由政府主导制定的标准和市场自主制定的标准共同构成的新型标准体系。政府主导制定的标准由6类整合精简为4类，分别是强制性国家标准、推荐性国家标准、推荐性行业标准、推荐性地方标准；市场自主制定的标准分为团体标准和企业标准。政府主导制定的标准侧重于保基本，市场自主制定的标准侧重于提高竞争力，同时建立、完善与新型标准体系配套的标准化管理体制，标志着中国标准化建设进入全新时代，标准体系向市场化靠近。

随着新《标准化法》和《团体标准管理规定（试行）》的发布，我国建立了完善的团体标准法律法规体系，团体标准化各项工作的开展已经有法可依。经过几年的培育和发展，截至目前，全国团体标准信息平台注册通过的社会团体数量已有1500多家，发布团体标准超过3000项，标志着我国团体标准工作由培育发展阶段转向规范发展阶段。截至2019年1月，中国涂料工业协会、广东省涂料行业协会、宁波市涂料与涂装行业协会、上海市建设协会、中关村材料试验技术联盟等团体已发布各类涂料相关的团体标准43项。

团体标准在新型标准化体系中属于市场自主制定一类，能够体现市场整体水平，能够体现产品在市场中的竞争优势。团体标准本质上是社会团体共同利益的体现，是我国标准化体系拥抱市场规律的先锋，是团体内利益共同体的互认准则。

从国务院《深化标准化改革方案》到标委会（国家标准化管理委员会）、国家市场监督管理总局《关于培育和发展团体标准的指导意见》中可以看出，国家对于行业自治，对行业坚持简政放权持肯定态度。《深化标准化改革方案》中提到，对团体标准的制定，政府职能机构只进行必要的引导、规范和监督，制定主体放开给市场，由市场自主选择，优胜劣汰。

团体标准充分体现行业标杆，及时反映行业特点。而目前，标准化的修订在法律上给予了重要的地位。参考欧美发达国家的现状和中国的发展趋势，可以断言，团体标准未来完全有可能成为行业内应用最为广泛、行业地位最高的标准。团体标准在我们国家的定位越发重要，行业标准将来的趋势逐渐弱化，团体标准将变成主流趋势。将来团体标准的实现与监督由市场决定，责任由行业负责。

团体标准是市场化的，本身没有法律效力。如果围绕着同一个主题有不同的团体标准，那么这些团体标准之间是竞争关系，谁的标准最具有普适性，谁最能被市场接受，谁有最多的会员认可接纳采用，这个团体标准的影响力就越大，之后可以被地方标准、行业标准引用，甚至可以被法律法规引用，具备法律效力。

团体标准编号宜由团体标准代号、团体代号、团体标准顺序号和年代号组成。其中，团体标准代号是固定的，为“T/”；团体代号由各团体自主拟定，宜全部使用大写拉丁字母或大写拉丁字母与阿拉伯数字的组合，不宜以阿拉伯数字结尾，如T/CAS 115—2015。

截止到2020年4月30日，涂料行业团体标准已发布95条，主要发布机构包括中国涂料工业协会、广东省涂料行业协会、佛山市顺德区涂料商会、中关村材料试验技术联盟、上海市化学建材行业协会、河北省粘接与涂料协会、中关村石墨烯产业联盟、上海市化学建材行业协会等。以上机构发布等团体标准如下：

中国涂料工业协会 T/CNCIA 01010—2019《摩托车发动机用水性涂料》
广东省涂料行业协会 T/GDTL 007—2019《水性丙烯酸防腐涂料》
广东省涂料行业协会 T/GDTL 009—2019《水性聚氨酯防腐涂料（双组分）》
佛山市顺德区涂料商会 T/SDTL 02—2020《建筑用薄涂型艺术涂料》
中关村材料试验技术联盟 T/CSTM 00223—2020《水性道路标线涂料》
河北省粘接与涂料协会 T/HBTL 004—2019《低 VOC 合成树脂乳液内墙涂料》
中关村石墨烯产业联盟 T/ZGIA 101—2019《石墨烯水系导电涂料》
上海市化学建材行业协会 T/SHHJ 000027—2019《聚氨酯防水涂料》

5. 企业标准

企业标准是企业根据自身产品的特点制定的标准，其产品特性一般不能低于相应的国家标准和行业标准。企业为了突出其产品的先进性，可以制定企业标准。当没有相应国家标准和行业标准时，企业应该制定企业标准。例如，嘉宝莉化工集团股份有限公司 Q/JBL 36—2019《水性艺术涂料》、佛山市顺德区明邦化工实业有限公司伦教第一分公司 Q/MB 008—2019《合成树脂乳液外墙涂料》、珠海展辰新材料有限公司 Q/ZHZC 004—2019《紫外光（UV）固化木器涂料》等。

6. 与用户签订的合同或协议标准

需要时，涂料生产企业可就某种产品与客户签订技术协议和供货合同等。以技术协议为例，需明确注明需测试哪些指标，这些指标用什么方法测定等（表 1-4）。

表 1-4 汽车修补漆技术指标

测试项目	指标	测试方法
细度/μm	≤10	GB/T 6753.1
色差(AE)	≤1	用色差计测定
附着力/级	≤1	GB/T 9286
硬度	≥2H	GB/T 6739
柔韧性/mm	≤1	GB/T 1731
冲击强度/N·cm	490	GB/T 1732
光泽度(60°)/%	≥95	GB/T 9754
杯突试验/mm	≥4	GB/T 9753
耐水性(240h)	不起泡、不起皱、不脱落、允许轻微变色	GB/T 5209
耐汽油性(24h)	不起泡、不起皱、不脱落、允许轻微变色	GB/T 9274
耐候性(广州 48 个月)	无明显龟裂，允许轻微变色，失光率≤30%	GB/T 1765
人工加速老化(1000h)	无明显龟裂，允许轻微变色，失光率≤20%	GB/T 1765
鲜映性(Gd 值)	0.6～0.8	用鲜映性仪测定

三、我国涂料标准化主要进展

1. 涂料标准体系的研究及标准的制修订发展情况

经过近 30 年来涂料和颜料领域标准化工作者几代人的共同努力，目前已形成了由 400 余项国家标准和化工行业标准组成的较为完整的涂料和颜料标准体系，基本满足了各类涂料和颜料在生产、应用以及国内外贸易中的使用需求，在我国涂料和颜料行业发展进程中发挥了极为重要的作用。这些标准主要由基础标准、大量的试验方法标准和产品标准构成。现行涂料基础标准、产品标准、方法标准见国家标准信息公共服务平台。

（1）现有标准体系　按照产品生产类型和使用目的的不同，目前由涂料和颜料标委会归口管理的标准分为涂料和颜料两大标准体系。涂料标准体系由三个层次构成：第一层次为基础标准，它主要包括名词、术语、分类、命名、型号、包装、标志、运输、贮存、取样和安全环保等内容；第二层次为试验方法标准，它主要包括涂料液体物理性能、漆膜物理性能、漆膜耐化学性能、漆膜耐久性能、成分化学分析、仪器微量分析、涂料涂覆工艺等；第三层次主要为涂料产品标准，它包括以主要成膜物划分的通用产品标准、以用途划分的专用产品标准以及新型材料产品标准。第三层次中与涂料产品标准并列的还有涂料用树脂或涂料黏合剂、涂料用溶剂、涂料用辅助材料以及涂料配套材料等标准。

由于人们对涂料性能的认识不够，且涂料品种千变万化、用途各异，以及使用环境的不同，难以建立一套统一的标准评价方法。当前，涂料的性能评价远远滞后于涂料工业的发展。在国家标准加快修订速度的同时，我国加大了采用国际标准的力度。将目前已作废的国际标准和化工标准进行清理，并按照新修订的国际标准进行转化，提高采标率和采标程度，且力争等同采用。

（2）由涂料和颜料标委会归口制定的标准类别结构

① 国家标准。截至 2019 年 2 月，TC5 共发布国家标准 421 个，其中 271 个现行，147 个已废止，含管理类标准（涉及安全环保内容的强制性标准）、基础通用类标准、试验方法类标准、产品类标准；有 8 个正在批准、8 个正在审查、1 个正在起草中。2014 年、2015 年、2016 年、2017 年、2018 年分别发布了 23 项、30 项、10 项、9 项、5 项国家标准。

以上国家标准中，管理类标准、基础通用类标准数量占到标准总数量的比例较低，试验方法类标准数量占到标准总数量的约七成，产品类标准数量占到标准总数量的约两成。

② 化工行业标准。截至 2019 年 2 月，已颁布并正在实施的化工行业标准 154 项，含基础通用类标准、试验方法类标准、产品类标准等 3 类。化工行业标准的类别结构为：基础通用类标准与试验方法类标准约占三成，产品类标准约占七成。

由以上对标准类别的统计分析结果可以看出，涂料和颜料领域在国家标准中主要以基础通用类标准和试验方法类标准为主，而在化工行业标准中则以产品类标准为主。该标准类别结构完全符合国家标准委关于国家标准以基础通用和试验方法为主、行业标准以产品为主的原则和指导思想。如把国家标准和化工行业标准统一考虑，目前涂料和颜料领域基础通用类标准和试验方法类标准数量占到标准总数量的约六成，产品类标准数量占到标准总数量的约四成。该标准类别结构也基本符合涂料和颜料行业对标准的实际需求。

长期以来，涂料标准只注重在不同领域的使用性能、保护性能、装饰性能，而未考虑其对环境的影响和对人体的危害程度。近几年来，涂料使用过程中的安全、健康和环境问题也引起了人们越来越广泛的关注。在目前日益重视生态环境、保护人身健康的大背景下，对涂料中有害物质进行限定的强制性标准的制定日益重要。涂料相关强制性标准由工业和信息化部归口上报及执行。

2. 涂料标准化发展方向与重点领域

《中国制造 2025》将“全面推动绿色制造”作为战略重点和任务之一，并明确提出要“建设绿色工厂，实现厂房集约化、生产洁净化、废物资源化、能源低碳化”。在国家绿色体系建设中，标准起到了非常重要的引领作用。工信部《关于开展绿色制造体系建设的通知》中首次明确了绿色产品的通用评价方法和评价要求。

近年来，涂料颜料行业面临的环保压力逐渐增大，成为各地区环保检查的重点领域。涂料与涂装行业产生 VOCs 占到工业源的 20%，约占 VOCs 排放源的 12%，此外，涂料颜料生产过程中产生的粉尘、废渣与废水同样不容忽视。我国涂料颜料行业的集约程度、清洁水平和管理理念与国际先进行列仍有一定差距。开展绿色制造体系建设，创建绿色工厂，生产绿色产品，对于我国涂料颜料行业有着巨大的引领作用，不仅在生产过程和末端治理上对行业是一次升级改造，更是从管理模式、产品设计理念、供应链体系等方面进行的一次整体提升。

针对涂料行业的具体特点，2017 年 12 月 8 日 GB/T 35602—2017《绿色产品评价 涂料》国家标准正式发布。标准适用于水性涂料、粉末涂料、辐射固化涂料、高固体分涂料、无溶剂涂料等涂料的绿色产品评价。标准中规定了涂料生产企业的基本要求、产品不得有意添加的有害物质、评价指标的要求。同时满足基本要求和评价指标要求的涂料产品称为绿色涂料产品。

GB/T 35609—2017《绿色产品评价 防水与密封材料》中规定了防水涂料绿色产品的评价方法。行业标准《绿色设计产品评价技术规范 水性建筑涂料》除了评价要求与评价指标外，引入了产品生命周期评价，并规定了水性建筑涂料生命周期评价报告的编制方法。

目前已发布的涂料绿色产品评价标准中，均对主要原材料进行了限值与要求。但是，关于涂料原材料的绿色产品的评价标准却是一块空白。涂料与上游原材料如颜料、树脂、助剂等是一个有机的整体。原材料的绿色化是决定涂料是否绿色的重要指标，有必要将绿色产品评价标准向涂料行业的上游原材料延伸。如，涂料中最重要的两大类无机颜料——钛白粉与氧化铁颜料，制定相应的绿色设计产品评价标准有助于推进涂料行业的绿色化进程。

四、标准资源

标准可以通过国内外标准信息网、国内外标准数据库、标准工具书、国内外标准化组织等查阅。

国标委（ISO）组织研发建设的公益性“全国标准信息公共服务平台”在 2017 年 12 月 28 日正式上线，服务对象是政府机构、国内企事业单位和社会公众，目标是成为国家标准、国际标准、国外标准、行业标准、地方标准、企业标准和团体标准等标准化信息资源统一入口，为用户提供“一站式”服务。目前有两个方法可以访问全国标准信息公共服务平台：可在计算机浏览器中直接输入平台域名 http://www.std.gov.cn/访问，也可在标准委网站首页点击全国标准信息公共服务平台链接访问。在该网站可以查询国家标准相关信息，如已经发布的国家标准的全文信息，制修订中的国家标准过程信息，国家标准意见反馈信息，技术委员会及委员信息；可以查询国际、国外、行业、地方、企业、团体标准的目录信息和详细信息链接。平台上的标准信息数据全部来自国家标准委标准化工作管理系统所生成的数据信息或国际标准组织（ISO、IEC）、国外标准化机构、国内标准化机构授权使用的标准资源。通用搜索引擎，只需输入关键词就可以获得最全面的标准信息。该平台已建立跨层级的标准资源关联，通过对其中的各种标准数据进行深度挖掘，就可以通过技术委员会、起草单位、起草人查询相关的国家、行业、地方、国际国外标准。

中国标准信息服务网由国家市场监督管理总局国家标准技术审评中心运营，以“宣传标准、服务社会、推广标准、服务企业”为宗旨，为社会各界提供权威的优质标准资源服务，提供标准目录查询的资源类型包括 ISO、IEC、DIN、AFNOR、AENOR、BELST 等。

中国标准服务网是世界标准服务网在中国的网站，有着丰富的信息资源。开放的数据库有中国国家标准数据库、国际标准数据库、发达国家的标准数据库等 15 种。标准数据库有多项可供查询的数据，如：标准号，主题词，国际标准分类号、采用关系等。国外标准数据从国外标准组织获取，确保信息的完整性和权威性。

中国标准咨询网为我国各行各业及科研单位面向世界走向国际市场提供技术监督法规信

息、国内外标准信息、产品抽检信息和质量认证信息等全方位的网上咨询服务。网上数据信息每日更新一次，做到权威、完整、准确、及时。网上设置栏目、标题众多，内容详实丰富，咨询服务完善周到。标准网介绍国内外最新标准化动态，提供标准信息和标准化咨询服务，并对达标产品和获证企业进行广泛宣传。网站目前开设标准目录、标准书市、标准咨询、工作动态、标委会、获证企业、达标产品等栏目，所有信息均免费浏览。

全国涂料和颜料标准化技术委员会编号 TC5，由中国石油和化学工业联合会筹建及进行业务指导。本届为第 7 届，下设 6 个分委会，现任秘书长唐瑛，其归口管理等各级标准信息可以在全国标准信息公共服务平台（http：//www. standards. gov. cn/）查询，强制性标准全文可以直接下载阅读。

思考习题

1. 涂料产品有哪些标准？分别在涂料生产中起着什么作用？
2. 从哪里、怎么查找标准？

项目二
涂料检测实验室建设与安全管理

项目引导

请阅读项目任务，了解涂料检测实验室的设计与布局，理解涂料检测安全知识，通过观察、讨论和思考，在教师的指导下，解决各任务中所提出的问题。请走访有代表性的涂料检验机构或者涂料企业检验实验室，制作所走访涂料检验实验室的规划设计草图，与企业质检人员学习交流，对涂料检测实验室的建设和安全管理有初步的理解。

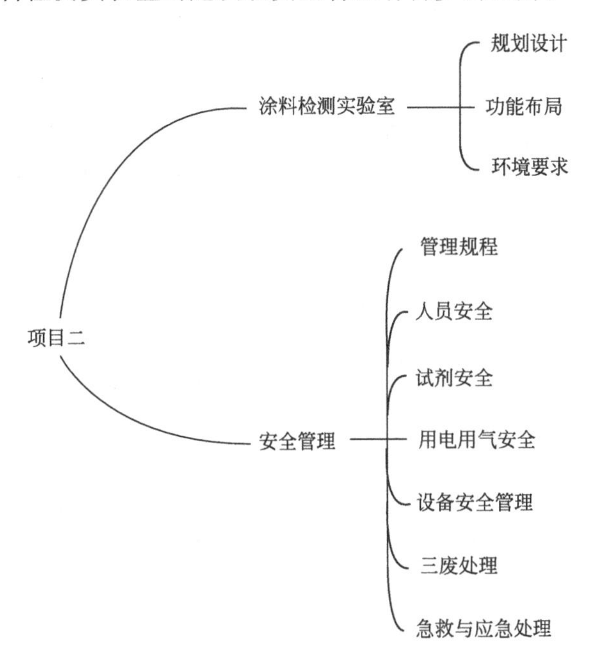

任务一　观察与设计涂料检测实验室

任务引导

请学习下面的内容，并在你所服务的企业开展岗位实践，熟悉你所服务的企业的涂料检测实验室，思考并回答：你们公司的涂料检测实验室是怎样布局与规划的？是否合理？有哪些需要改进的地方？你们公司的涂料检测实验室有哪些仪器设备？仪器设备是否满足工作需求？将工作笔记提交到微知库平台“课程作业”中。

一、涂料检测实验室的布置

涂料检测的工作程序一般为：取样—样板制作—样板处理（固化等）—检测—分析—编写报告等。因此，涂料检测实验室至少应包括样品室、制样室和检测室三部分，实验室的基础设施包括给排水设施、电源设施、通风设施、温湿度控制设施等。精密大型仪器应有更衣换鞋的过渡间；检测仪器设备的放置应便于操作人员操作，不能将实验室兼作检测人员办公室。

1. 实验室环境要求

（1）通风　实验室经常由于实验时间长、人员多，实验过程中产生一些有害气体，造成空气污浊，对人体不利。为了防止实验室工作人员吸入或咽入一些有毒的、可致病的或毒性不明的化学物质和有机气体，实验室应有良好的通风，必要时应设空调。通风设备包括通风柜、通风罩或局部通风装置。每个实验室要有诸如排气扇等通风装置，制样室特别是溶剂型涂料产品制样室应有通风柜；应有防火安全设施和通风设施；应配备必要的安全防护器具，如防毒面具、橡胶手套和防护眼镜等。

（2）湿度和温度　实验室要求适宜的温度和湿度。室内的小气候，包括气温、湿度和气流速度等，对在实验室工作的人员和仪器设备有影响。实验室必须恒温恒湿，一般标准环境条件控制温度在（23±2）℃，相对湿度（50±5）%，夏季的适宜温度应是18～28℃，冬季为16～20℃，湿度最好在30%（冬季）～70%（夏季）之间。因此精密实验室应安装空调，南方地区的精密仪器室最好能加装抽湿机，有条件的可采用专用中央空调，具有加湿、除湿功能。

（3）洁净度　经常保持实验室的清洁是非常重要的。室外大气中的尘埃借通风换气过程会进入实验室，实验室内含尘量过高，空气不净，不但影响检测结果，而且微粒落在仪器设备的元件表面上可能构成障碍，甚至造成短路或其他潜在危险。

2. 设施要求

（1）供水与排水、排污　实验室都应有供排水装置，排水装置最好用聚氯乙烯管，接口用焊枪焊接。化学检验实验台有条件的话都应安装水管、水龙头、水槽、紧急冲淋器、洗眼器等，一般实验室的废水无须处理就可排入城市下水管道，而实验室的有害废水必须净化处理后才能排入下水网道。

（2）供电　电力是实验室的重要动力。为保障实验室的正常工作，电源的质量、安全可靠性及连续性必须保证。一般用电和实验用电必须分开；对一些精密、贵重仪器设备，要求提供稳压、恒流、稳频、抗干扰的电源；必要时须建立不中断供电系统，还要配备专用电源，如不间断电源（UPS）等。

（3）供气与排气　实验室使用的压缩气体钢瓶，应保持最少的数量，必须牢牢固定，或用金属链拴牢，绝不能靠近火源、直接日晒，或在高温房间等温度可能升高的地方使用。实验室的废气处理，如量少，可直接排出室外，但排出管必须高出附近房顶3m左右，对毒性较大或数量多的废气，可参考工业废气处理方法，如用吸附、吸收、氧化、分解等方法来处理。

3. 功能与布局

实验室办公区域与实验区域应分开，即形成非受控区域和受控区域。条件允许时，应配置办公室、档案室（报告编制室）、收样及样品储藏室、大型仪器室、小型仪器室、天平室（玻璃量器检定室）、化学实验及样品前处理室、电烤室、洗涤室、实验用水（超纯水）制备室、暗房、试剂储藏室。

（1）收样室　样品室必须干燥、通风、防尘、防鼠。作为独立的样品存储室，存储柜功能区间应划分清楚，标明未检样品、在检样品和已检样品。

（2）化学实验及样品前处理实验室　必须有排风设施、独立排气柜，有机、无机前处理分开；墙、地板、实验台、试剂柜等要绝缘、耐热、耐酸碱和耐有机溶剂腐蚀；地面应有地漏，防倒流。设置中央实验台的实验室应设供实验台用的上下水装置、电源插头，应配备紧急冲淋器、毒气柜（消化柜）。

（3）仪器室　大型仪器室的电压、电流、温湿度符合要求，需用防静电地板，温度控制在15～25℃，湿度60％～70％。互相有干扰的仪器设备不要放在同一室，检测无机物质的仪器要有排气斗，检测有机物质的仪器要有可调排风罩。小型仪器室应有足够的电源插座，最好安装稳压装置，配备水池。实验台数量、长度根据选购的仪器确定，实验台需要进行防震设计，有减震措施，以减小噪声。应适当配备药品柜、仪器柜、冰箱等。比如，有些药品必须冷藏，有些实验需要冰块用于实验时降温用。有特别贵重的仪器或药品则需购置保险柜。

（4）天平室　应有双层玻璃和窗帘；有恒温恒湿系统；天平台必须防震；天平台放置必须离开墙壁1cm。可购置防震型天平台或砖砌大理石台面天平台。

（5）其他　洗涤室要有专门清洗玻璃器皿的区域，有机分析用的器皿与无机分析用的器皿分开，用于检测有毒物品的器皿要专用。实验用水制备室要有防尘设施，工作台面应坚固耐热，配设有能满足制水设备功率要求的电源线路。供水水龙头应有隔渣网。

二、涂料检测实验室的常用仪器设备

常规涂料检测的仪器设备购入主要包括天平、各类电热鼓风干燥箱、烘干板、纯水机、恒温水浴锅、高速分散机以及各种常规检测仪器（例如细度计、流量杯黏度计、旋转黏度计、斯托默黏度计、干燥测定仪、光泽度仪、划格器、硬度仪、色差仪、厚度仪、抗冲击力仪、酸度计、馏程测定仪、漆膜圆柱弯曲试验仪、附着力测定仪、耐洗刷测定仪、耐冲击测定仪、白度测定仪、研磨机、最低成膜温度仪、涂层耐温变仪等）。

为确保成品和原料的质量与安全控制，可增加卡氏水分测定仪、气相色谱仪、原子吸收光谱仪、气相色谱-质谱联用仪等仪器，工业涂料可配备紫外老化试验箱、盐雾箱、低温箱。

若进行涂料新产品开发，在条件允许的情况下，则可以根据需要选配接触角测定仪、激光粒度仪、ZETA电位仪、电化学工作站、红外光谱仪、热分析仪（TG、DSC）、扫描电镜等。

思考习题

1. 应如何规划设计涂料检测实验室？

2. 涂料检测实验室有哪些环境要求与功能要求？

3. 涂料检测实验室应有哪些通用检测仪器设备？

4. 请走访有代表性的涂料检测机构或者涂料企业检测实验室，仔细观察，在表2-1的框图中制作所走访涂料检测实验室的规划设计草图，认真思考该实验室建设的得与失，并与企业质检人员学习交流，对涂料检测实验室的建设和安全管理形成实践认知。

表 2-1 涂料检测机构/涂料企业检测实验室布局

实验室名称	

任务二 涂料检测实验室的安全管理

任务引导

请学习下面的内容，并在你所服务的企业开展岗位实践，熟悉你所服务的企业的实验室，制作涂料检测实验室安全规程，思考我们在日常工作中有哪些做得不到位的地方需要改进，制作并提交安全管理建议书。

一、涂料检测实验室的日常工作管理规程

① 凡进入实验室的工作者都必须严格执行实验室的各项规章制度。未经批准，无关人员不得入内。

② 与实验室无关的物品不得带入实验室，实验室的用品一般也不得带出实验室。

③ 严禁在实验室内吃东西、喝水、吸烟、大声喧哗等。严禁用实验室器皿作饮食用具。

④ 进入实验室要穿戴整齐，工作时应穿戴好工作服或白大褂、手套等防护用品。使用危险化学品时必须带上防酸碱手套，溅洒至皮肤时必须立即用大量自来水冲洗。

⑤ 实验室通道保持畅通；严禁吸烟，严禁明火操作；工作间的噪声不得大于70dB。

⑥ 实验仪器和药品要进行分类、编号，贴上标签；不明物品不准放置在实验室内；需定期清理样品室样品架，保证其安全、有效地使用。

⑦ 实验室环境温湿度应定时记录；实验工作应严格按照操作步骤有条不紊地进行；具有常规检验任务的实验室需每月编制检验计划，临时任务可以临时安排；按规定方法抽检样品，认真填写、编写检测报告。

⑧ 实验室要保持清洁卫生、空气清新，与化验有关的仪器、药品放置要合理有序，物品摆放整齐有序。

⑨ 实验结束后，一切仪器、药品、工具要放回原处，不准在实验台上堆放。工作完毕后及时清洁实验用具，及时清理实验台，保持实验台面清洁，打扫桌面和环境卫生。实验结束后，用肥皂等清洁手，离开实验室前切断电源、水源，清除事故隐患，关电断水，锁好门窗，严防事故。

⑩ 按时统一处理废弃物品。实验后废液按要求倒入指定的酸碱回收桶，定期送往合作的污水处理厂进行处理。三废处理应满足环保部门的要求。

二、检测人员安全守则

① 检测人员在工作中要严格按照规程操作，杜绝一切违章操作，发现异常情况立即停止工作，并及时登记报告。

② 工作时应穿工作服，长头发要扎起来带上帽子，不能光着脚或穿拖鞋、高跟鞋进入实验室。进行危险性工作时要佩戴防护工具。

③ 化验员应具有安全用电、防火防爆灭火、预防中毒及中毒救治等基本安全常识。

④ 不能用实验器皿盛放食物，离开实验室前用肥皂洗手。

⑤ 禁止在有易燃易爆物品处抽烟。

三、化学试剂的储存、使用安全

① 所用药品都应有标签。严禁在容器内装入与标签不相符的物品。

② 禁止用嘴、鼻直接接触试剂。使用易挥发、腐蚀性强、有毒的物质，如强酸、强碱、浓氨水、浓过氧化氢、乙酸、高锰酸钾和氟化氢铵等必须戴防护手套，并在通风橱内操作，中途不许离岗。

③ 在进行加热、加压、蒸馏等操作时，操作人员不得随意离开现场，若因故须暂时离开，必须委托他人照看或关闭电源。

④ 开启易挥发液体试剂之前，先将试剂瓶放在自来水流中冷却几分钟。开启时瓶口不要对人，最好在通风橱中进行。

⑤ 不得使用没有绝缘层的坩埚钳，绝缘层脱落后须及时缠好；不得用湿手拿坩埚钳接触电炉、水浴锅等电器物。

⑥ 实验室中应备有急救药品、消防器材和劳保用品。要建立安全员制度和安全登记本，健全岗位责任制，确保安全。

⑦ 建立化学试剂储存台账和出入库记录，领用人和保管人要在出入库记录上签字。常用化学药品要有使用计划，按计划采购，不可超量存储。

四、三废处理

① 在分析过程中产生的废液中多具有腐蚀性和毒性。这类废液直接排放于下水管道将会污染环境，必须统一收集，进行有效的处理后再排放。

② 化验员进行加热酸、样品分解等可能产生有害废气的操作都应在通风橱中进行。

五、用水、用电安全管理

① 操作电器时，手必须干燥。一切电源裸露部分都应配备绝缘装置，电开关应有绝缘匣。

② 实验室停止供水及电时，应立即关闭各水源及电源开关，以防止恢复供给时，由于开关未关而发生事故。离开实验室前应检查门窗、水阀门及电闸，确保全部关闭。

③ 严禁长流水、长明灯现象出现，要保证人走灯关水停。

④ 严禁使用湿布擦拭正在通电的设备、电门、插座、电线等，严禁将水洒在电器设备上和线路上。

⑤ 易爆易燃物品附近和仓库禁止烟火。

⑥ 工作室内禁止存放大量易燃易爆物品，工作需要时限量领用。

六、设备安全管理

1. 大型仪器使用

① 电压必须与电器设备的额定工作电压相符，电源、电线需与设备功率匹配，要使用专用插座。

② 精密仪器需要有稳压设备。

③ 实验室电源要和生产车间用电量大的设备电源分开。

④ 设备绝缘良好，确保安全。

⑤ 电器设备很脏、灰尘很多、潮湿，易发生漏电，应经常打扫。

⑥ 要时常检查电线、开关、灯头、插头和一切电器用具是否完整，有无漏电、潮湿、霉烂等情况。稍有毛病应马上通知维修人员修理，决不能迁就使用。

⑦ 所用仪器的使用人员必须经培训，考核合格，才能上岗操作；一般仪器设备，使用人必须熟练掌握操作程序，方准操作。严格按照使用说明书进行操作。

2. 玻璃仪器使用

① 玻璃器具在使用前要仔细检查，避免使用有裂痕的仪器。特别用于减压、加压或加热操作的场合，更要认真进行检查。

② 烧杯、烧瓶及试管之类的仪器，因其壁薄，机械强度很低，用于加热时必须小心操作。将玻璃棒、玻璃管、温度计等插入或拔出胶塞、胶管时均应垫有棉布，且不可强行插入或拔出，以免折断刺伤人。

③ 打开封闭管或紧密塞着的容器时需小心，因其有内压，往往发生喷液或爆炸事故。

3. 加热装置使用

① 加热装置主要指水浴锅、高温炉、电热板等加热器件。水浴锅使用完毕后，及时清理，内部不得放置可燃物如塑料筛、锅盖等。使用前，应确保锅内有水。

② 高温炉上不得放纸张、手套及其他可燃物，更不得在其上烘烤衣物。

③ 工作时应先开通风再开电热板，电热板冷却之前不得在该通风橱内使用乙醚等易燃有机物。在电热板上溶解试样时，注意烧杯夹应持平，以防引起触电。

④ 若被加热的是玻璃器皿，必须垫上石棉网。若被加热的是金属容器，要注意容器不能触及电炉丝，应在断电的情况下取放加热容器。

七、急救与事故处理

① 实验室失火时，要保持沉着，不要惊慌，根据火势大小及时采取诸如关闭电源、搬离易燃物、选用适当灭火器灭火、拨打领导电话等措施。

② 身上衣服着火时，不要随意跑动，可采取将薄毯裹在身上或就地打滚的方法以灭火。

③ 当酸洒出流到地面上时，应用碱面或干土中和处理后，再用清水冲洗干净。

少量酸或碱洒在衣服或皮肤上时应立即用大量水冲洗，并将烧伤处的衣服尽快脱下，继续用大量水冲洗，再分别用碳酸氢铵溶液（2%）或乙酸溶液（3%）轻轻擦洗，必要时去医院。

大量酸或碱洒到皮肤上时，切不可立即用水冲洗，以免产生大量的热使后果更严重，应该用干土或干布先擦去酸或碱，然后用碳酸氢铵溶液（2%）或乙酸溶液（3%）冲洗，再用大量水冲洗，并立即送往医院。

④ 人体触电时应立即切断电源，或用非导体将电线移开，如有休克现象，应立即将触电者移至有新鲜空气处，并拨打 120 急救电话。

思考习题

1. 涂料检测实验室需要注意哪些安全问题？
2. 在日常工作中有哪些做得不到位的实验室安全问题需要改进（表 2-2）？

表 2-2　涂料检测实验室安全的讨论记录

讨论时间	
参加人员	
讨论记录	

任务三　安全使用气体

任务引导

学会安全使用气体，并请应用易企秀或者其他手机应用 APP 制作高压气体钢瓶使用演示 H5，在你的微信朋友圈宣传展示。

气体按性质分类可分为剧毒气体，如氟、氯等；易燃气体，如氢、一氧化碳等；助燃气体，如氧、氧化亚氮等；不燃气体，如氮、二氧化碳等。

气体钢瓶是储存压缩气体的特制的耐压钢瓶。与气瓶相关的原国家强制性标准已经废除，现行国家标准为推荐性标准，如：

GB/T 13005—2011《气瓶术语》

GB/T 15384—2011《气瓶型号命名方法》

GB/T 15382—2009《气瓶阀通用技术要求》

GB/T 7144—2016《气瓶颜色标志》

GB/T 16804—2011《气瓶警示标签》

GB/T 5099—1994《钢质无缝气瓶》

GB/T 33145—2016《大容积钢质无缝气瓶》

GB/T 33215—2016《气瓶安全泄压装置》

GB/T 14194—2017《压缩气体气瓶充装规定》

GB/T 34526—2017《混合气体气瓶充装规定》

GB/T 34525—2017《气瓶搬运、装卸、储存和使用安全规定》

GB/T 13004—2016《钢质无缝气瓶定期检验与评定》

GB/T 12137—2015《气瓶气密性试验方法》

GB/T 11638—2011《溶解乙炔气瓶》

GB/T 13591—2009《溶解乙炔气瓶充装规定》

GB/T 13076—2009《溶解乙炔气瓶定期检验与评定》

临界温度低于−10℃的气体，经加高压压缩，仍处于气态者称为压缩气体，如氧、氮、氢、空气、氩、氦等。这类气体钢瓶若设计压力大于或等于 12MPa（125kgf/cm^2）称为高压气瓶。

临界温度≥10℃的气体，经加高压压缩，转为液态并与其蒸气处于平衡状态者称为液化气体。临界温度在−10℃至 70℃者称为高压液化气体，如二氧化碳、氧化亚氮。临界温度高于 70℃，且在 60℃时饱和蒸气压大于 0.1MPa 者称为低压液化气体，如氨、氯、硫化氢等。

单纯加高压压缩，可产生分解、爆炸等危险性的气体，必须在加高压的同时，将其溶解于适当溶剂中，并由多孔性固体物充盛。在 15℃以下压力达 0.2MPa 以上者称为溶解气体（或气体溶液），如乙炔。

一、气体钢瓶的操作

使用时，通过减压阀（气压表）有控制地放出气体。由于钢瓶的内压很大（有的高达 15MPa），而且有些气体易燃或有毒，所以在使用钢瓶时要特别注意安全。

1. 辨别颜色标志

为了避免各种气体混淆而用错气体，通常根据气体的种类在气瓶外面涂以特定的颜色以便区别，并在瓶上写明瓶内气体的名称（表 2-3）。GB/T 7144—2016《气瓶颜色标志》规定了 108 种充装气体的钢瓶的颜色标志，由 TC31（全国气瓶标准化技术委员会）归口上报及执行。

表 2-3 涂料行业常用气瓶的颜色与字色

所装气体	瓶体颜色	字色
空气	黑	白
氩气	银灰	深绿
氦气	银灰	深绿
氮气	黑	白

续表

所装气体	瓶体颜色	字色
氢气	淡绿	大红
氧气	淡蓝	黑
乙炔	白	大红
氨气	淡黄	黑

2. 安全操作注意事项

气体钢瓶应远离热源、火种，置于通风阴凉处，防止日光曝晒，严禁受热；可燃性气体钢瓶必须与氧气钢瓶分开存放；气体钢瓶周围不得堆放任何易燃物品，易燃气体严禁接触火种。氧气瓶、可燃气体瓶最好不要进楼房和实验室，钢瓶应避免日晒，不准放在热源附近，距离明火至少5m，距离暖气片至少1m。绝不可使油或其他易燃性有机物沾在气瓶上（特别是气门嘴和减压阀上），也不得用棉、麻等物堵住，以防燃烧引起事故。

钢瓶要直立放置，用框架或栅栏围护或架子、套环固定。搬运钢瓶时应套好防护帽和防震胶圈，不得摔倒和撞击，因为如果撞断阀门会引起爆炸。

使用钢瓶时必须上好合适的减压阀，拧紧螺纹，不得漏气。使用时要注意检查钢瓶及连接气路的气密性，确保气体不泄漏。使用钢瓶中的气体时，要用减压阀（气压表）。各种气体的气压表不得混用，以防爆炸。氢气表与氧气表结构不同，螺纹相反，不准改用。氧气瓶阀门及减压阀严禁黏附油脂。开启钢瓶阀门时要小心，应先检查减压阀螺杆是否松开，操作者必须站在气体出口的侧面。严禁敲打阀门，关气时应先关闭钢瓶阀门，放尽减压阀中气体，再松开减压阀螺杆。使用完毕按规定关闭阀门，主阀应拧紧不得泄漏。养成离开实验室时检查气体钢瓶的习惯。

不可将钢瓶内的气体全部用完，应留有不少于0.5%～1.0%的规定充装量的剩余气体，或保留0.05MPa以上的残留压力（减压阀表压）。可燃性气体如乙炔应剩余0.2～0.3MPa，以免充气和再使用时发生危险。

各种钢瓶应定期进行检验。各种气体钢瓶必须按国家规定进行定期技术检验，并盖有检验钢印；不合格的钢瓶不能灌气；使用过程中必须要注意观察钢瓶的状态，如发现有严重腐蚀或其他严重损伤，应停止使用并提前报检。

二、高压气体容器钢瓶使用安全须知

首先应使用检验合格的钢瓶。钢瓶所装气体品名标志不得拆卸，亦不得任意变更或转用。气体钢瓶开启后，人员要在实验室现场，地震时先关火源及总开关。实验室内若有高危险性的高压气体（例如O_2、CO、H_2、H_2S、C_2H_2、N_2、液态氮……）钢瓶，应将种类、数量标在门上或墙上。压力钢瓶的搬运、储放及使用的安全注意事项如下。

1. 钢瓶搬运应注意安全

不可除去或更改标志及号码。不可拖、拉、滚，应使用搬运工具：不可于地上拖曳；不可将钢瓶在地上滚动；钢瓶上下搬运不得碰撞地面楼板。不可让钢瓶碰撞或互相摩擦。不可用钢瓶作支撑物或其他用途。不可移动钢瓶上的安全装置，如利用钢瓶保护盖作提升钢瓶之用。未使用的空瓶应装上保护盖并标示清楚，如标上或挂上“空”的卷标，且空瓶的瓶阀也应旋紧。搬运时勿接近高温或火种。

2. 钢瓶储放应有确实防护的安全处所

钢瓶应储放于干燥的地方，避免潮湿。氧气钢瓶不可与可燃性、有毒性气体钢瓶放在一起。所有钢瓶均应直立储放。勿使日光直接照射，应储放于通风良好的安全地方。避免放置于有热源及高温处，应保持在40℃以下。通路面积应为储放面积的20%以上，并不得堆积物品以利紧急时便于搬出。储放位置周围2m内不得放置烟火及着火性、引火性物品。

3. 使用钢瓶时应先检查并注意安全

适当地点之钢瓶及设备的固定：目前实验室虽然已将大多数的钢瓶加以固定，但许多建筑物的隔间墙只是轻隔间，墙面以石膏板为主，没有足够的强度固定钢瓶架，钉于墙面上的固定钉可能会被拉出，须多点固定或另设钢铁架台以确保安全。至于仪器设备则可在桌边加凸缘，或以固定式角架加以固定。

将钢瓶运入实验室后，应在连接软管所能及的范围内选定一位置稳定放置妥，并以粗链条或钢瓶固定架固定牢靠，链条高度在钢瓶1/3及2/3高之处，或固定架放钢瓶1/3高之处及底座，每一条链条只炼住一个钢瓶（不可一条炼住多个），以防地震倒下。

逐一检查调节器上各阀门螺钉均已在关闭位置（钢瓶头阀必须在密闭状态，否则气就泄漏光了）。应用标准工具将调节器装妥在钢瓶头阀上。绝不可使用未装调节器的钢瓶。

应用标准工具（不可使用代用工具）或手动旋开钢瓶头阀，先试有无漏气，如漏气时应关回阀门，取下调节器，将钢瓶搬离至安全无火源之处，挂上警告标志，立即通知厂商处理。勿使用油气接触钢瓶，或用油布擦拭钢瓶。应按规定使用，不可任意混合使用。勿将钢瓶内气体完全耗尽，宜留下少许压力在瓶内。确知钢瓶用途、内容物与标志一致者，方得使用。钢瓶未安装于管线系统时应加装护盖，以免倒下时将节气阀撞毁，管线应以颜色或吊牌等标示内容气体。

三、涂料检测实验室常用气体钢瓶使用与安全

1. 氮气高压钢瓶的使用方法及注意事项

使用时先逆时针打开钢瓶总开关，观察高压表读数，记录高压瓶内总的氮气压，然后顺时针转动低压表压力调节螺杆，使其压缩主弹簧将活门打开。这样进口的高压气体由高压室经节流减压后进入低压室，并经出口通往工作系统。

2. 氢气高压钢瓶的使用方法及注意事项

使用前要检查连接部位是否漏气，可涂上肥皂液进行检查，确认不漏气后才进行实验。

在确认减压阀处于关闭状态（T调节螺杆松开状态）后，逆时针打开钢瓶总阀，并观察高压表读数，然后逆时针打开减压阀左边的一个小开关，再顺时针慢慢转动减压阀调节螺杆（T字旋杆），使其压缩主弹簧将活门打开。使减压表上的压力处于所需压力，记录减压表上的压力数值。

使用结束后，先顺时针关闭钢瓶总开关，再逆时针旋松减压阀。

注意，氢气是可燃气体，氢气高压钢瓶使用时室内必须通风良好，保证空气中氢气最高含量不超过1%（体积分数）。室内换气次数每小时不得少于三次，局部通风每小时换气次数不得少于七次。氢气瓶与盛有易燃、易爆物质及氧化性气体的容器和气瓶的间距不应小于8m，与明火或普通电器设备的间距不应小于10m，与空调装置、空气压缩机和通风设备等吸风口的间距不应小于20m，与其他可燃性气体贮存地点的间距不应小于20m。禁止敲击、碰撞；气体钢瓶不得靠近热源；夏季应防止曝晒。必须使用专用的氢气减压阀，开启气体钢瓶时，操作者应站在阀口的侧后方，动作要轻缓。阀门或减压阀泄漏时，不得继续使用；阀门损坏时，严禁在瓶内有压力的情况下更换阀门。瓶内气体严禁用尽，应保留0.2～0.3MPa以上的余压。

3. 乙炔高压钢瓶的使用方法及注意事项

使用前要检查连接部位是否漏气，可涂上肥皂液进行检查，调整至确实不漏气后才可进

行实验。

使用时先顺时针打开钢瓶总开关，观察高压表读数，然后逆时针打开减压阀外边的一个开关，再顺时针转动低压表压力调节螺杆（T 字旋杆），使其压缩主弹簧将活门打开。这样进口的高压气体由高压室经节流减压后进入低压室，并经出口通往工作系统。

使用结束后，先顺时针关闭钢瓶总开关，再逆时针旋松减压阀并确认减压阀是否处于关闭状态（若有些减压阀外边有一个小开关，要同时关闭这个小开关）。

使用时，要把钢瓶牢牢固定住，以免摇动或翻倒。开关气门阀要慢慢地操作，切不可过急地或强行用力把它拧开。乙炔非常易燃，且燃烧温度很高，有时还会发生分解爆炸。要把贮存乙炔的容器置于通风良好的地方，如发现乙炔气瓶有发热现象，说明乙炔已发生分解，应立即关闭气阀，并用水冷却瓶体，同时最好将气瓶移至远离人员的安全处加以妥善处理。发生乙炔燃烧时，绝对禁止用四氯化碳灭火。不可将钢瓶内的气体全部用完，一定要保留 0.2～0.3MPa 的残留压力（减压阀表压）。

思考习题

1. 气瓶如何分类？
2. 高压气体钢瓶如何正确操作？
3. 使用高压气体钢瓶时要注意哪些安全事项？

任务四　正确选用实验用水

任务引导

了解实验室用水的分级和制备方法，理解相关标准，能根据标准对实验室用水进行检验，会选用相应等级的实验用水。

涂料实验室用水所执行的标准为 GB/T 6682—2008《分析实验室用水规格和试验方法》。本标准规定了实验室用水的分级、pH 值、电导率、可氧化物质、吸光度、蒸发残渣、可溶性硅等指标的范围和检验方法。分析实验室用水目视观察应为无色透明的液体。分析实验室用水的原水应为饮用水或适当纯度的水。分析实验室用水共分一级水、二级水和三级水等三个级别。

表 2-4　分析实验室用水应符合的技术指标

技术指标		一级水	二级水	三级水
pH 值(25℃)		—	—	5.0～7.0
电导率(25℃)/(mS/m)	≤	0.01	0.10	0.50
可氧化物质(以 O 计)/(mg/L)	<	—	0.08	0.4
吸光度(254nm,1cm 光程)	≤	0.001	0.01	—
蒸发残渣[(105±2)℃]/(mg/L)	≤	—	1.0	2.0
可溶性硅(以 SiO_2 计)/(mg/L)	<	0.01	0.02	—

一级水用于有严格要求的分析试验，包括对颗粒有要求的试验，如高压液相色谱分析用水。一级水可用二级水经过石英设备蒸馏或离子交换混合床处理后，再经 0.2μm 微孔滤膜过滤来制取。二级水用于无痕量分析等试验，如原子吸收光谱分析用水。二级水可用多次蒸馏或离子交换等方法制取。三级水用于一般化学分析试验。三级水可用蒸馏或离子交换等方

法制取。分析实验室用水应符合表 2-4 所列规格。

由于在一级水、二级水的纯度下，难以测定其真实的 pH 值，因此，对一级水、二级水的 pH 值范围不作规定。一级水、二级水的电导率需用新制备的水“在线”测定。由于在一级水的纯度下，难以测定可氧化物质和蒸发残渣，对其限量不作规定。可用其他条件和制备方法来保证一级水的质量。

任务实施

操作 1 实验用水的检验

一、仪器与试剂

用于一、二级水测定的电导仪（图 2-1）：配备电极，电极常数为 0.01～0.1cm^{-1}。若电导仪不具温度补偿功能，可装“在线”热交换器，使测量时水温控制在（25±1)℃。或记录水温度，换算成标准情况进行计算。

用于三级水测定的电导仪：配备电极，电极常数为 0.1～1cm^{-1}。若电导仪不具温度补偿功能，可装恒温水浴槽，使待测量水样温度控制在（25±1)℃。或记录水温度，换算成标准情况进行计算。测量用的电导仪和电导池应定期进行检定。

其他仪器包括酸度计（图 2-2)、紫外可见分光光度计、石英吸收池（厚度 1cm、2cm)；旋转蒸发器，配备 500mL 蒸馏瓶；电烘箱［温度可保持在（105±2)℃］、250mL 铂皿、比色皿、水浴锅（可控恒温）等。

硫酸溶液（20%)：按 GB 603 规定配制。

高锰酸钾标准溶液 $c(1/5KMnO_4)$=0.1mol/L：按 GB 601 规定配制。

二氧化硅标准溶液（1mg/mL)：按 GB 602 规定配制。

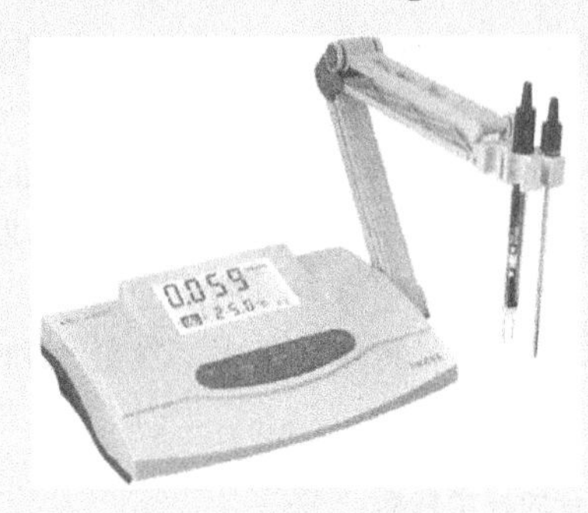

图 2-1 电导仪

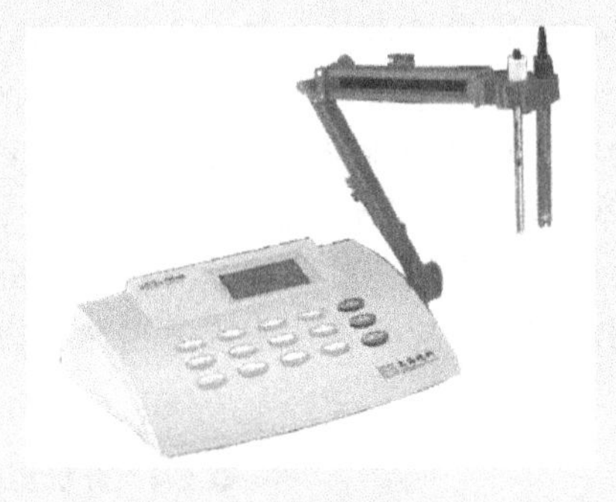

图 2-2 酸度计

二氧化硅标准溶液（0.01mg/mL)：量取 1.00mL 二氧化硅标准溶液（1mg/mL）于 100mL 容量瓶中，稀释至刻度，摇匀，转移至聚乙烯瓶中。现用现配。

钼酸铵溶液（50g/L)：称取 5.0g 钼酸铵［$(NH_4)_6Mo_7O_{24}\cdot 4H_2O$］，加水溶解，加热 20.0mL 硫酸溶液（20%)，稀释至 100mL，摇匀，贮于聚乙烯瓶中。发现有沉淀时应弃去。

草酸溶液（50g/L)：称取 5.0g 草酸，溶于水稀释至 100mL，贮于聚乙烯瓶中。

对甲氨基酚硫酸盐（米吐尔）溶液（2g/L)：称取 0.20g 对甲氨基酚硫酸盐，溶于水，加 20.0g 焦亚硫酸钠，溶解并稀释至 100mL，摇匀，贮于聚乙烯瓶中。避光保存，有效期两周。

二、操作步骤

1. 准备实验用水的取样和贮存的容器

各级用水均使用密闭的、专用聚乙烯容器。三级水也可使用密闭的、专用玻璃容器。新容器在使用前需用盐酸溶液（20%）浸泡2～3d，再用待测水反复冲洗，并注满待测水浸泡6h以上。

2. 实验用水取样

按GB/T 6682—2008进行试验，至少应取3L有代表性的水样。取样前用待测水反复清洗容器。取样时要避免沾污。水样应注满容器。

3. 实验用水的储存

各级用水在贮存期间，其沾污的主要来源是容器可溶成分的溶解、空气中的二氧化碳和其他杂质。因此，一级水不可贮存，使用前制备；二级水、三级水可适量制备，分别贮存在预先经同级水清洗过的相应容器中。各级用水在运输过程中应避免沾污。

4. 实验用水的检验

各项实验必须在洁净环境中进行，并采取适当措施，以避免对试样的沾污。实验中均使用分析纯试剂和相应级别的水。

（1）pH值的测定　量取100mL水样，按GB 9724规定测定。

（2）电导率的测定　按电导仪说明书安装调试仪器。一、二级水测量时，将电导池装在水处理装置流动出水口处，调节水流速，赶尽管道及电导池内的气泡，即可进行测量。三级水的测量则取400mL水样于锥形瓶中，插入电导池后即可进行测量。

（3）可氧化物质限量试验　量取1000mL二级水，注入烧杯中。加入5.0mL硫酸溶液，混匀。量取200mL三级水，注入烧杯中。加入1.0mL硫酸溶液，混匀。在上述已酸化的试液中，分别加入1.00mL高锰酸钾标准溶液，混匀、盖上表面皿，加热至沸腾并保持5min，溶液的粉红色不得完全消失。

（4）吸光度的测定　将水样分别注入1cm和2cm吸收池中，在紫外可见分光光度计上，于254nm处，以1cm吸收池中水样为参比，测定2cm吸收池中水样的吸光度。如仪器的灵敏度不够时，可适当增加测量吸收池的厚度。

（5）蒸发残渣的测定　首先进行水样预浓集，量取1000mL二级水（三级水取500mL）。将水样分几次加入旋转蒸发器的蒸馏瓶中，于水浴上减压蒸发（避免蒸干）。待水样最后蒸至约50mL时，停止加热。将上述预浓集的水样，转移至一个已于(105±2)℃恒重的玻璃蒸发皿中，并用5～10mL水样分2～3次冲洗蒸馏瓶，将洗液与预浓集水样合并，于水浴上蒸干，并在(105±2)℃的电烘箱中干燥至恒重。残渣质量不得大于1.0mg。

（6）可溶性硅的限量试验　量取520mL一级水（二级水取270mL），注入铂皿中。在防尘条件下，蒸发至约20mL时，停止加热。冷至室温，加1.0mL钼酸铵溶液（50g/L），摇匀。放置5min后，加1.0mL草酸溶液（50g/L）摇匀。放置1min后，加1.0mL对甲氨基酚硫酸盐溶液（2g/L），摇匀。转移至25mL比色管中，稀释至刻度，摇匀，于60℃水浴中保温10min。目视观察，试液呈现的蓝色不得深于标准比色溶液。标准比色溶液的制备是取0.50mL二氧化硅标准溶液（0.01mg/mL），加入20mL水样后，从加1.0mL钼酸铵溶液起与样品试液同时做相同处理。

三、数据记录与处理

数据记录见表 2-5。

表 2-5 水样检验原始记录

水样编号		检验日期	
样品状态		试验条件	
仪器名称	分光光度计	编　号	
	电导仪		
	pH 计		
检测依据	参照 GB/T 6682—2008《分析实验室用水规格和试验方法》		
电导率(25℃)/(μS/cm)			
pH 值(25℃)			
吸光度(A)			
可溶性硅			
备注			

思考习题

1. 分析实验室用水分为哪几级？分别应符合什么技术指标？
2. 常规涂料检验分别是用哪一级的水呢？

任务五 正确选用化学试剂

任务引导

请学习下面的内容，学会正确选用相应等级的化学试剂。

试剂规格又称试剂级别或类别，一般按实际的用途或纯度、杂质含量来划分规格标准（表 2-6）。

一级品，即优级纯，又称保证试剂（符号 GR），我国产品用绿色标签作为标志，这种试剂主成分含量很高，纯度很高，适用于精密分析和研究工作，有的可作为基准物质。

二级品，即分析纯，又称分析试剂（符号 AR），主成分含量很高，纯度较高，干扰杂质含量很低，我国产品用红色标签作为标志，纯度较一级品略差，适用于工业分析及化学实验，适用于多数分析，如配制滴定液、用于鉴别及杂质检查等。

三级品，即化学纯（符号 CP），主成分含量高，纯度较高，存在干扰杂质，我国产品用蓝色标签作为标志，纯度较二级品相差较多，适用于工矿日常生产分析，适用于化学实验和合成制备。

四级品，即实验试剂（符号 LR），我国产品用黄色标签作为标志，杂质含量较高，纯度较低，在分析工作中常作为辅助试剂（如发生或吸收气体，配制洗液等），只适用于一般化学实验和合成制备。

目前，国外试剂厂生产的化学试剂的规格趋向于按用途划分。指示剂和染色剂（ID 或 SR，紫色标签）要求有特有的灵敏度。基准试剂（符号 PT），纯度相当于或高于保证试剂，通常专用作容量分析的基准物质。称取一定量基准试剂稀释至一定体积，一般可直接得到滴定液，不需标定，基准品如标有实际含量，计算时应加以校正。光谱纯试剂（符号 SP），杂质用光谱分析法测不出或杂质含量低于某一限度，这种试剂主要用于光谱分析中。色谱纯试剂，用于色谱分析。生物试剂，用于某些生物实验中。超纯试剂又称高纯试剂。电子纯（MOS）适用于电子产品生产中，电性杂质含量极低。当量试剂（3N、4N、5N）：主成分含量分别为 99.9%、99.99%、99.999%以上。

仪器分析用试剂配制成溶液时，经常用 ppm、ppb、ppt 等级别来表示，ppm 常指 mg/L（毫克/升），ppb 常指 μg/L（微克/升），ppt 常指 ng/L（纳克/升）。

表 2-6　常用试剂规格中英文名称及其缩写

中文	英文	缩写或简称
优级纯试剂	Guaranteed reagent	GR
分析纯试剂	Analytical reagent	AR
化学纯试剂	Chemical pure	CP
实验试剂	Laboratory reagent	LR
纯	Pure	Pur
高纯物质(特纯)	Extra pure	EP
特纯	Purissimum	Puriss
超纯	Ultra pure	UP
精制	Purifed	Purif
分光纯	Ultra violet pure	UV
光谱纯	Spectrum pure	SP
闪烁纯	Scintillation pure	
研究级	Research grade	
生化试剂	Biochemical	BC
生物试剂	Biological reagent	BR
生物染色剂	Biological stain	BS
生物学用	For biological purpose	FBP
组织培养用	For tissue medium purpose	
微生物用	For microbiological	FMB
显微镜用	For microscopic purpose	FMP
电子显微镜用	For electron microscopy	
涂镜用	For lens blooming	FLB
工业用	Technical grade	Tech
实习用	Practical use	Pract
分析用	Pro analysis	PA
精密分析用	Super special grade	SSG
合成用	For synthesis	FS
闪烁用	For scintillation	Scint
电泳用	For electrophoresis use	

续表

中文	英文	缩写或简称
测折光率用	For refractive index	RI
显色剂	Developer	
指示剂	Indicator	Ind
配位指示剂	Complexon indicator	Complex ind
荧光指示剂	Fluorescence indicator	Fluor ind
氧化还原指示剂	Redox indicator	Redox ind
吸附指示剂	Adsorption indicator	Adsorb ind
基准试剂	Primary reagent	PT
光谱标准物质	Spectrographic standard substance	SSS
原子吸收光谱	Atomic adsorption spectrum	AAS
红外吸收光谱	Infrared adsorption spectrum	IR
核磁共振光谱	Nuclear magnetic resonance spectrum	NMR
有机分析试剂	Organic analytical reagent	OAS
微量分析试剂	Micro analytical standard	MAS
微量分析标准	Micro analytical standard	MAS
点滴试剂	Spot-test reagent	STR
气相色谱	Gas chromatography	GC
液相色谱	Liquid chromatography	LC
高效液相色谱	High performance liquid chromatography	HPLC
气液色谱	Gas liquid chromatography	GLC
气固色谱	Gas solid chromatography	GSC
薄层色谱	Thin layer chromatography	TLC
凝胶渗透色谱	Gel permeation chromatography	GPC
色谱用	For chromatography purpose	FCP

思考习题

1. 化学试剂常用质量等级有哪些?
2. 涂料检测项目一般用什么规格的化学试剂? 请举例说明。

项目三
涂料检测准备

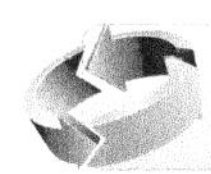

项目引导

请查阅GB/T 9756—2018、GB/T 23997—2009，结合GB/T 9271—2008等标准文件，会根据检测项目正确选用试板、正确取样、检查与制备试样、调节试样状态等。

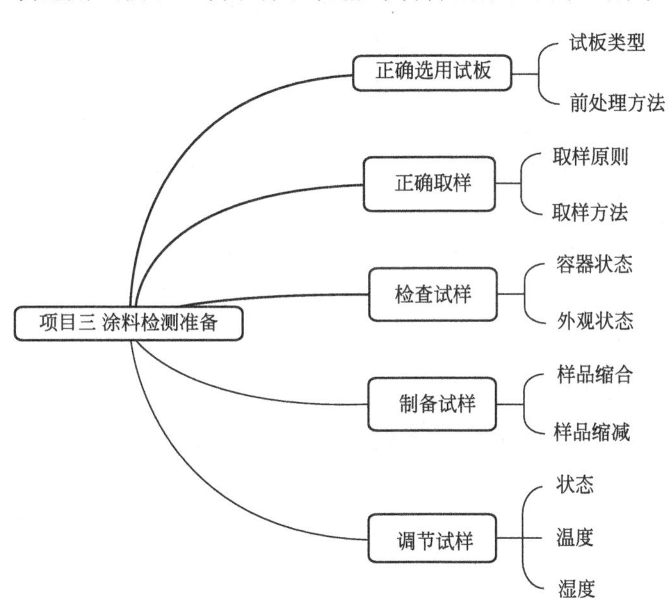

任务一　正确选用涂料检测用标准试板

任务引导

请查阅GB/T 9756—2018《合成树脂乳液内墙涂料》、GB/T 23997—2009《室内装饰装修用溶剂型聚氨酯木器涂料》，结合GB/T 9271—2008《色漆和清漆 标准试板》文件，理解涂料检测用标准试板的国家标准规定，会根据检测项目正确选用试板。

GB/T 9271—2008《色漆和清漆 标准试板》规定了几种不同类型的标准试板，并规定了涂漆前的处理方法，这些标准试板用于色漆、清漆及有关产品的通用试验方法中。该标准与GB/T 9271—1988相比：改变了对钢板材料的规定；在处理钢板的方法中增加了用水性清洗剂清洗法处理试板和磷化处理试板的方法；在打磨法处理钢板的方法中增加了圆形机械打磨和直线型打磨的方法；在马口铁板材料的规定中将公称厚度由0.30mm改为0.20～0.30mm，并取消了对镀锡量的规定；在处理马口铁板的方法中增加了用水性清洗剂清洗法处理试板的方法；增加了镀锌及锌合金板材料处理方法的规定；在处理铝板的方法中增加了用水性清洗剂清洗法处理试板、用铬酸盐转化膜处理试板和用非铬酸盐转化膜处理试板的方法，将石棉水泥板改为纤维补强水泥板，并规定采用无石棉纤维水泥平板。

任务实施

操作2 涂料检测用标准试板的选用与处理

一、仪器与试剂

马口铁板；钢板；无石棉纤维水泥平板；玻璃平板；砂纸；乙酸丁酯等。

二、操作步骤

① 仔细阅读GB/T 9756—2018《合成树脂乳液内墙涂料》，认真思考，为内墙底漆的干燥时间、耐碱性、抗泛碱性检测项目选择合适的标准试板，并结合GB/T 9271—2008《色漆和清漆 标准试板》进行正确的试板处理；为内墙面漆的对比率、耐洗刷性检测项目选择合适的标准试板，并进行正确的试板处理。

② 仔细阅读GB/T 23997—2009《室内装饰装修用溶剂型聚氨酯木器涂料》，认真思考，为装修用面漆的铅笔硬度、附着力、耐冲击性、耐水性、耐黄变性等检测项目选择合适的标准试板，并结合GB/T 9271—2008《色漆和清漆 标准试板》进行正确的试板处理。

三、注意事项

产品标准中一般对底材及底材处理进行了规定，需要认真阅读。需注意GB/T 9271—2008《色漆和清漆 标准试板》与GB/T 9271—1988的区别。

四、操作记录与结果

操作记录与结果参见表3-1。

表3-1 各检测项目标准试板的选用与处理

涂料品种	检测项目	所选用标准试板及其规格	处理方法
合成树脂乳液内墙底漆	干燥时间		
	耐碱性		
	抗泛碱性		
合成树脂乳液内墙面漆	对比率		
	耐洗刷性		
装修用溶剂型聚氨酯木器涂料面漆	铅笔硬度		
	附着力		
	耐冲击性		
	耐黄变性		
	耐水性		

思考习题

1. 内墙涂料质量检测项目应分别采用什么标准试板？分别做哪些前处理？
2. 木器涂料质量检测项目应分别采用什么标准试板？分别做哪些前处理？
3. 工业涂料质量检测项目应分别采用什么标准试板？分别做哪些前处理？

任务二　正确进行涂料检测的取样

任务引导

掌握涂料检测的取样方法，能正确取样，理解涂料样品及其原材料的取样标准。

一、取样原则

涂料产品的取样是指对色漆、清漆和有关产品的取样，目的是得到适当数量的品质一致的测试样品，且具有足够的代表性。取样工作是检测工作的第一步，取样的正确与否直接影响检测结果的准确性。

涂料样品及其原材料的取样总原则是数量适当、品质一致，具有足够的代表性，所执行的现行标准是 GB/T 3186—2006《色漆、清漆和色漆与清漆用原材料取样》，该标准代替了 GB 3186—1982《涂料产品的取样》、GB 9285—1988《色漆和清漆用原材料 取样》，于 2007 年 2 月 1 日正式实施。

二、取样器皿

修订后的标准将原标准中仍适用的取样器具保留，取消了一些不适用的取样器具，增加了一些简单适用的取样器具，如调刀、铲等，同时详细描述了适用于各种盛样容器、各种物料的取样器具，包括它的形状、材质、使用方法以及适用场所，既便于取样操作者选用，也有利于感兴趣的厂家制造和生产相应的取样器具（图 3-1～图 3-3）。

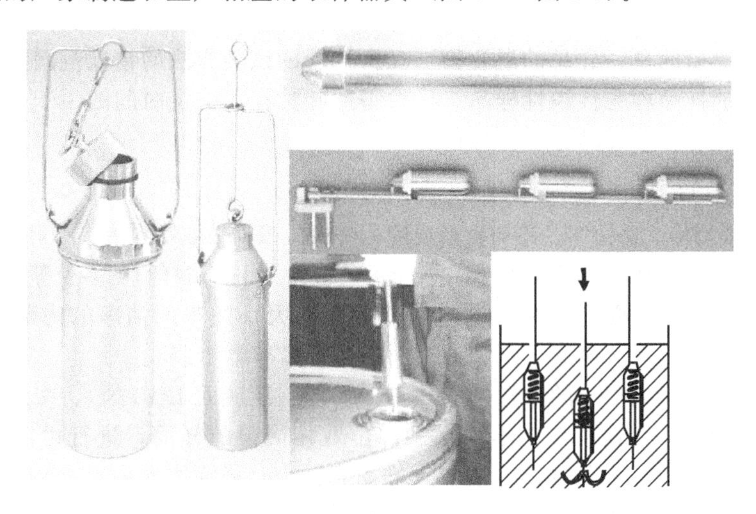

图 3-1　常见液体取样器

GB/T 3186—2006 标准规定了色漆、清漆和色漆与清漆用原材料的几种人工取样方法。这些产品包括液体以及加热时能液化却不发生化学变化的物料，也包括粉状和膏状物料。可以从罐、柱状桶、贮槽、集装箱、槽车或槽船中取样，也可以从鼓状桶、袋、大包、贮仓、贮仓车或传送带上取样。

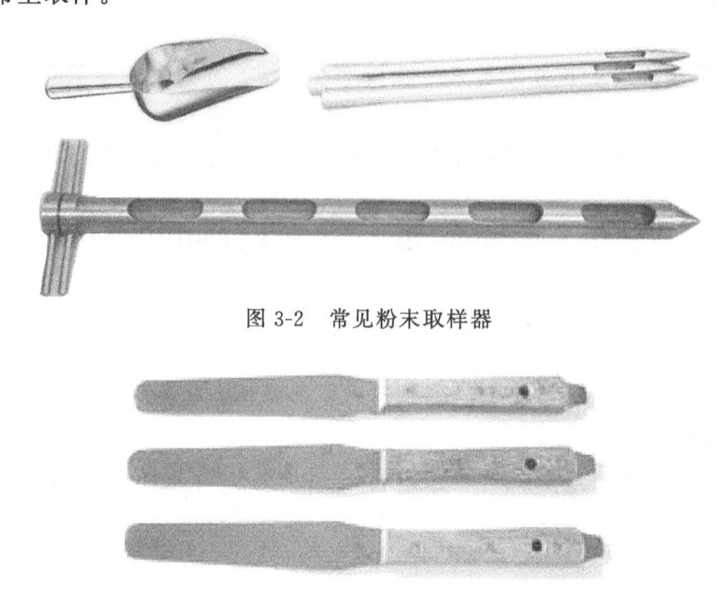

图 3-2　常见粉末取样器

图 3-3　适用于膏状样品取样的调漆刀

三、取样相关概念

生产批是指在同一条件下生产的一定数量的物料。一般将同一班次、同一设备、同一规格、同一投料的产品认为是生产批。(检查）批是指需要取样的物料总量，可以由若干生产批或若干取样单元组成。单一样品是指从大量物料中通过一次取样操作所得到的那部分产品。复合样品是指从物料的不同深度取得的单一样品。

从物料的表面或表面附近取得的单一样品称为上部样品，从物料的最低处或最低处附近取得的单一样品称为底部样品。从物料流中间歇地取得的单一样品为间歇样品；从物料流中连续地取得的样品为连续样品。

平均样品是等量的单一样品的混合物。在所选用的试验方法的精度范围内，具有被取样物料的所有特征的样品称为代表性样品。已取得的并贮存了一定时间的用于参考目的的单一样品、平均样品或者连续样品称为参考样品。

四、取样方法

取样器具应易操作、易清洁、不与物料反应，一般应根据被取物料的类型和聚集状态、容器的类型、容器被填装的程度、物料对健康和安全的危害性大小、取样量的多少等选择取样器。

装样容器应密闭，不受光影响。盛样容器可采用大小适当的洁净的内部不涂漆的金属罐、棕色或透明的可密封玻璃瓶、纸袋或塑料袋等广口容器（袋）。

实际工作中，贮槽或槽车的取样一般从容器上部（距液面 1/10 处）、中部（距液面5/10 处）、下部（距液面 9/10 处）三个不同水平部位取相同量的样品，进行再混合。搅拌均匀后，取两份各为 0.2～0.4L 的样品分别装入样品容器中，样品容器应留有约 5%的空隙，盖严，并将样品容器外部擦洗干净，立即做好标志。

生产线取样应以适当的时间间隔，从放料口取相同量的样品进行再混合。搅拌均匀后，取两份各为 0.2～0.4L 的样品分别装入样品容器中，样品容器应留有约 5%的空隙，盖严，并将样品容器外部擦洗干净，立即做好标志。

桶（罐和袋等）的取样一般按标准规定的取样数，选择适宜的取样器，从已初检过的桶内不同部位取相同量的样品，混合均匀后，取两份样品，各为0.2～0.4L，分别放入样品容器中，样品容器应留有约5%的空隙，盖严，并将样品容器外部擦洗干净，立即做好标志。

五、取样注意事项

取样时应站在上风处，并穿戴劳保用具。储罐或船舱取样时，其罐内气压力或者船舱压力应该为常压或接近常压。取样结束后应将取样器具刷洗干净。

设计取样方案时注意，二甲苯为液态清液，正常情况下可作为单一样品进行取样。槽罐车清洗时常用水清洗，可能有水残留，水和二甲苯不混溶，会分层，水的密度比二甲苯大，沉至下层。可能有掺假行为，如用价格便宜的甲苯掺入。

黏稠产品，必须目测检查结皮、稠度、分层、沉淀及外来异物情况，同时记录表面是否结皮及结皮的程度（如硬、软、厚、薄），如有结皮，则沿容器内壁分离除去，记录除去结皮的难易；记录产品是否触变（假稠）或胶凝；检查样品有无分层、外来异物和沉淀，并予记录；记录沉淀程度分别为软、硬、干硬（用调漆刀切割结块时，使内部容易碎裂）的哪一级。在其后的混合均匀过程中，发现有凝胶或有干硬沉淀不能均匀混合的产品，则不能用来试验。除去结皮，如结皮已分散不能除尽，应过筛除去结皮。有沉淀的产品，可采用搅拌器械使样品充分混匀，有硬沉淀的产品也可使用搅拌器。在无搅拌器或沉淀无法搅起的情况下，可将桶内流动介质倒入一个干净的容器里，用刮铲从容器底部铲起沉淀，研碎后，再把流动介质分几次倒回原先的桶中，充分混合。如按此法操作仍不能混合均匀时，则说明沉淀已干硬，不能用来试验。为减少溶剂损失，操作应尽快进行。

任务实施

操作3　涂料样品及其原材料的取样

一、仪器与试剂

液体取样器、粉末取样器、调漆刀、漆罐；涂料试样、涂料稀释剂。

二、操作步骤

① 某涂料厂现有50t二甲苯（槽罐车）需要进行收货检验，请制订各方认可的取样方案与程序。

根据样品特点选用适宜类型和规格的取样器具，保持取样器具的清洁，减少取样过程中的释放。取样者必须熟悉被取产品的特性和安全操作的有关知识及处理方法，必须遵守安全操作规定，必要时应采用防护装置。了解被取物料的物理和化学性质，判断是否会光敏或氧化，是否会吸湿，是否会反应结皮，了解样品的毒性、生理特性。设计标志和贮存条件，使所取样品具有可追溯性，并且有合适的贮存期、贮存条件。

② 检查物料、容器、取样点有无异常，若有则在取样报告中注明。判断取样量是否够，判断取样件数是否够。取样量最少为2kg或规定实验所需量的3～4倍。取样件数按表3-2确定，若交付批由不同生产批的容器组成，则应对每个生产批的容器取样。

表3-2　取样件数

容器的总数(N)	被取样容器的最低件数(n)	容器的总数(N)	被取样容器的最低件数(n)
1～2	全部	101～500	8
3～8	2	501～1000	13
9～25	3	其后类推	$\sqrt{N/2}$
26～100	5		

③ 取样。均匀物料取单一样品。不均匀物料如果是暂时性的，出现不彻底混合、泡沫、沉淀、结晶，可搅拌或加热使之变成均匀物料，若是永久性的则先判断是否可取样。

④ 全样混合，缩分，至少取3份，分别装入容器。

⑤ 贴上标志，以便追溯样品的情况。标签信息应包括样品名称、商品名称和（或）代码、取样日期、生产厂家、取样地点、生产批号或生产日期、取样者姓名、危险性符号。

⑥ 密闭贮存，注意避光、防潮。

⑦ 填写取样报告。取样报告注意记录所依据标准、取样器具、被取样容器类型、容器包装情况、取样深度等，可以为电子版。

思考习题

1. 涂料样品及其原材料的取样总原则是什么？
2. 涂料检测常用取样器皿有哪些？对装样容器有什么要求？
3. 槽罐车如何取样？
4. 涂料生产线如何取样？

任务三　检查、制备涂料试样与调节试样状态

任务引导

理解涂料试样的检查与制备方法及其相关标准；掌握涂料检测前的状态调节方法，会正确控制检测前的温度和湿度。

涂料试样的检查与制备所执行标准为GB/T 20777—2006《色漆和清漆 试样的检查和制备》，是关于色漆、清漆及相关产品的取样和试验的系列标准之一。该规范规定了对收到的用于试验的单一样品进行初检的程序，以及对某一交付批或大量的色漆、清漆及相关产品的一系列有代表性的样品通过混合和缩减来制备试样的程序。待试产品的样品须已按GB/T 3186的规定取得。

GB/T 9278—2008《涂料试样状态调节和试验的温湿度》等效采用国际标准ISO 3270—1984《色漆、清漆及其原材料——状态调节和试验的温度及湿度》，规定了色漆、清漆及其原材料在状态调节和试验中通用的温度与相对湿度条件。该标准适用于液态或粉末状色漆和清漆，也适用于其湿膜或干膜及其原材料。

状态调节是指在试验前将试样和试件置于有关温度和湿度的规定条件下，并使它们在此环境中保持预定时间的整个操作。调节状态可在实验室进行，也可在特殊密闭的“状态调节箱”或试验箱中进行。具体选择取决于试样或试件的性质及试验本身情况。例如，如果试样或试件的性能在试验期间变化不明显，则就不必严格控制试验环境。

状态调节环境即试样或试件在受试之前所保持的环境。它是以温度和相对湿度的一个参数或两个参数的规定值为特征，参数值在预定的时间内保持在规定的范围内。所选定的参数值及时间长短取决于待测试样或试件的性质。

试验环境是在整个试验期间试样或试件所暴露的环境。它是以温度及相对湿度的一个参数或两个参数的规定值为特征，参数值在预定的时间内保持在规定的范围内。

任务实施

操作4　涂料试样的检查、制备与试样状态的调节

一、仪器与试剂

旋转分样器（图3-4）、格槽分样器（图3-5）、状态调节箱等；液态试样、粉末试样等。

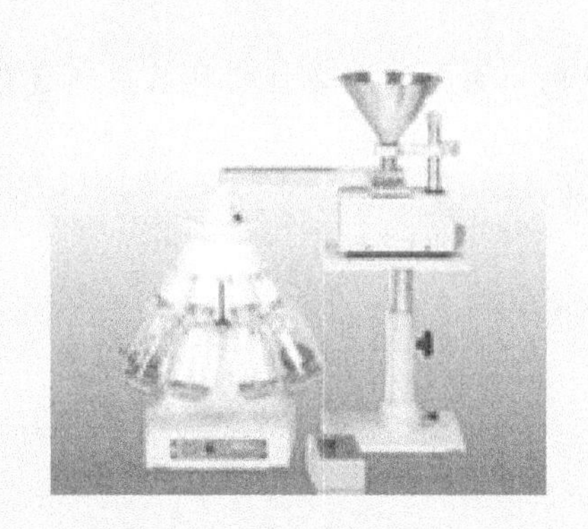

图3-4　旋转分样器

图3-5　格槽分样器

二、操作步骤

① 记录与检查容器。记录样品容器的缺陷和渗透。小心开启容器，检查容器的盖和底部是否鼓起。如果鼓起，有可能样品在贮存时产生了气体或者蒸气压。检查前应除去样品外包装等。

② 分别检查清漆、乳液、稀释剂是否有缺量，以总容积的百分数表示；检查是否有结皮，并观察是否连续，观察是软还是硬，观察厚度（薄、中等或很厚），检查结皮除去的难易程度；检查稠度，检查搅拌后是触变还是胶凝；检查是否有分层（水、油、树脂）；检查是否有可见杂质；检查是否有可见沉淀物；检查透明度和颜色，清漆、稀释剂、催化剂溶液等需分别记录。检查完以后将样品充分搅拌、混合。粉末样品初检是否颜色反常，是否有大而硬的结块，是否有杂质。

③ 样品的混合和缩减。液态样品搅拌、振摇，充分混合，分装。粉末样品用四分取样法缩减至1～2kg，分装。四分法可以用手工法，如图3-6所示。也可以借用旋转分样器或者格栅分样器进行缩减。

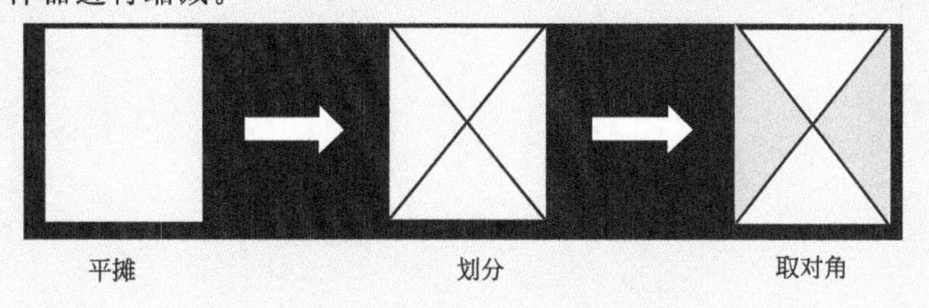

图3-6　四分法缩减粉末样品示意图

④ 状态调节和试验的温度及湿度。标准环境条件为温度（23±2）℃，相对湿度50%±5%。对于某些试验，温度的控制范围更为严格。例如：在测试黏度或稠度时，推荐的控制范围最大为±0.5℃。试样及仪器的相关部分应置于状态调节环境中，使它们尽快地与环境达到平衡。试样应避免受日光直接照射，环境应保持清洁。

三、注意事项

① 试板应彼此分开，也应与状态调节箱的箱壁分开，其距离至少为 20mm。

② GB 9278—1988 为强制性标准，但现行标准 GB/T 9278—2008 为推荐性标准。

思考习题

1. 涂料检测的标准环境条件是什么?

2. 某一交付批或大量的色漆、清漆及相关产品的一系列有代表性的样品应通过什么方法来制备试样?

项目四
涂料及其原材料的常规检验

项目引导

请通过标准文件查阅学习，通过实践练习，会正确测定涂料状态、施工性能、涂膜性能，会选用正确方法测定涂料原材料质量。

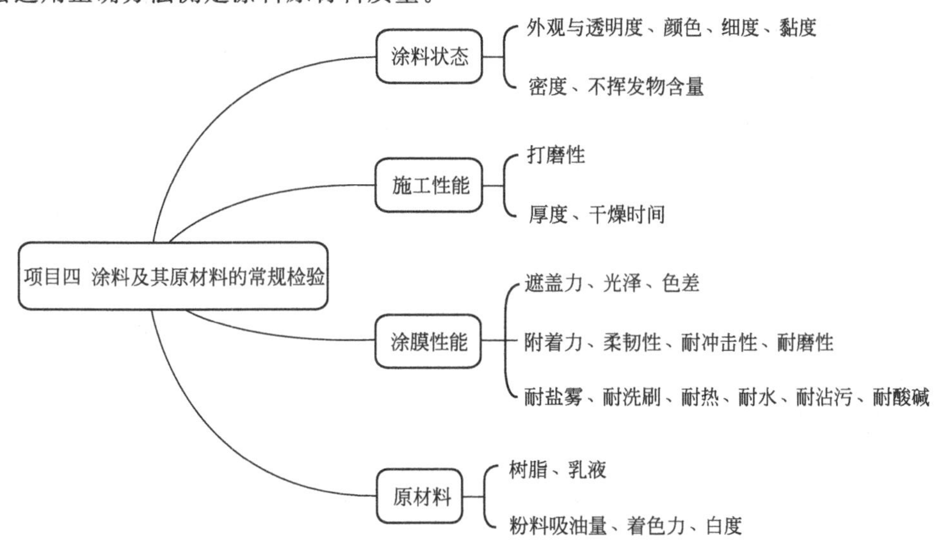

任务一　清漆、清油及稀释剂外观与透明度的测定

任务引导

请在正确取样后，按标准要求测定清漆、清油及稀释剂的外观与透明度。

国家标准 GB/T 1721—2008《清漆、清油及稀释剂外观和透明度测定法》由 TC5（全国涂料和颜料标准化技术委员会）归口上报及执行，主管部门为中国石油和化学工业联合会。本标准替代了 GB/T 1721—1979，增加了仪器法，规定了测试温度为（23±2)℃。在测试时试样若由于低温而浑浊可在水浴上加热至 50～55℃，再保持 5min，然后冷却至（23±2)℃进行测定。该标准主要用于清漆、清油及稀释剂的外观和透明度测定，即是否含有机械杂质和呈现的浑浊程度。

任务实施

操作 5 测定清漆、清油及稀释剂的外观和透明度

一、仪器与试剂

具塞比色管（25mL）、比色架、木制暗箱、量筒（25mL）、天平（精确至 0.01g）、分光光度计、吸管（10mL）、透明度测定仪等。

化学纯以上试剂，三级水。请参照 GB/T 1721—2008《清漆、清油及稀释剂外观和透明度测定法》配制直接黄棕 D3G 溶液、柔软剂 VS 溶液。

二、操作步骤

1. 比色法测定试样的透明度

配制透明、微浑、浑浊等三个等级的系列无色标准液、有色标准液，在分光光度计上校准透光率。标准液待用，有限期六个月。按照 GB/T 3186—2006 规定取受试产品的代表性样品，将试样装入洁净干燥的比色管中，温度控制在（23±2）℃；在暗箱的透射光下与一系列不同浑浊程度的标准液比较，选出与试样最接近的标准液级别。测试过程中如果发现标准液有棉絮状悬浮物或者沉淀时，摇匀后再与试样进行对比。试样的透明度等级直接以标准液的等级表示。

2. 仪器法测定试样的透明度

用仪器法测出透明度数值，用该数据判断出样品的透明度等级。样品用铜网过滤后倒入仪器液体槽测试读数，两次测定结果之差不大于 2，取两次测定结果的平均值，否则重新测试。测定结果在 82～100、52～81、51 以下分别对应透明度为透明、微浑、浑浊三个等级。

3. 外观的测定

将试样放入干燥洁净的比色管中，调整温度在（23±2）℃，在暗箱的透射光下观察是否有机械杂质。

三、结果报告

测试结果参见表 4-1。

测试日期：____年____月____日。实验温度：__________℃。

表 4-1 测试结果

样品	透明度	外观
样品 1	比色法： 仪器法：	
样品 2	比色法： 仪器法：	

思考习题

1. 清漆、清油及稀释剂为什么需要测定透明度？
2. 清漆、清油及稀释剂的透明度如果不正常，有可能是哪些因素导致了这个质量问题？

任务二　清漆、清油及稀释剂颜色的测定

任务引导

请对某清漆、清油及稀释剂样品测定颜色，并请查阅国标，思考涂膜颜色的测定方法、颜色标准、颜色表示方法分别有何意义。掌握铁钴比色计目视比色测定透明液体颜色的方法，掌握以铁钴比色计的色阶号表示液体的颜色；了解罗维朋比色计测定透明液体颜色的方法，了解以罗维朋比色计的色阶号表示液体的颜色。掌握清漆、清油及稀释剂颜色的测定方法。

国家标准 GB/T 11186.2—1989《涂膜颜色的测量方法　第二部分：颜色测量》、国家标准 GB/T 3181—2008《漆膜颜色标准》、GB/T 6749—1997《漆膜颜色表示方法》、GB/T 1722—1992《清漆、清油及稀释剂颜色测定法》由 TC5（全国涂料和颜料标准化技术委员会）归口上报及执行，主管部门为中国石油和化学工业联合会。

GB/T 11186.2—1989 等效采用 ISO 国际标准 ISO 7724-2：1984。GB/T 6749—1997 非等效采用 ITU 国际标准 ASTM D1535：1995。

任务实施

操作 6　测定清漆、清油及稀释剂的颜色

一、仪器与试剂

无色玻璃试管，内径 (10.75±0.05)mm，高 (114±1)mm（图 4-1）；铁钴比色计（图 4-2）；人造日光比色箱或木制暗箱，尺寸 600mm×500mm×400mm（图 4-3）。涂料用溶剂（乙酸丁酯）。

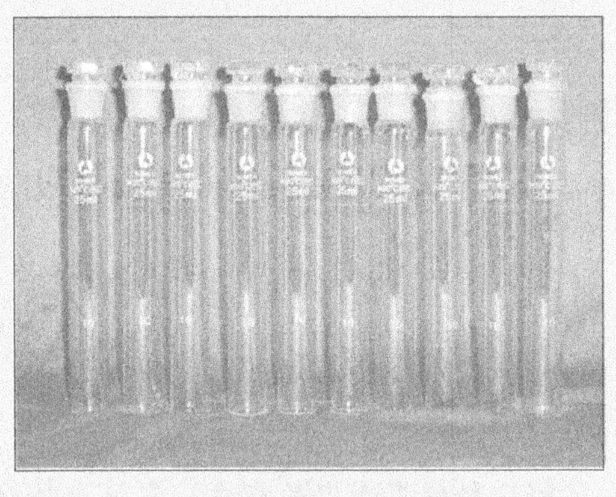

图 4-1　无色玻璃试管

二、操作步骤

① 将试样装入洁净干燥的试管，温度控制在 (23±2)℃；

② 将试管置于木制暗箱或者人造日光下，以 30～50cm 之间的视距与标准颜色的铁钴比色计的标准色阶进行对比；

③ 选出两个与试样颜色深浅最接近的，或一个与试样颜色深浅相同的标准色阶溶液；

④ 以标准色阶号数表示试样颜色的等级。

图 4-2 铁钴比色计

图 4-3 人造日光比色箱

三、结果报告

测试结果参见表 4-2。

测试日期：____年____月____日。

实验温度：________℃；湿度：________%。

检测物质：______________________________。

使用标准：______________________________。

使用光源：______________________________。

表 4-2 测试结果

样品	色号	样品	色号
样品 1		样品 3	
样品 2		样品 4	

思考习题

1. 清漆、清油及稀释剂为什么需要测定颜色？
2. 请查阅国标，思考涂膜颜色的测定方法、颜色标准、颜色表示方法分别有何意义。

任务三 涂料细度的测定

任务引导

理解涂料细度的含义；了解涂料细度测定的标准；掌握涂料细度测定方法；会正确操作刮板细度计；会正确表示涂料细度；了解涂料产品标准中对涂料细度的规定。

细度是指在规定试验条件下，在标准细度板上获得的读数，表征色漆中颜料、填料等颗粒的大小或分散的程度，测得的数值并不是单个颜料或体质颜料粒子的大小，而是色漆在生产过程中颜料被研磨分散后存在的凝聚团的大小。涂料细度是涂料生产常规性必检项目之一。

涂料细度影响漆膜的光学性质，分散度越高，颜料与漆料接触的表面积越大，颜料的遮盖力和着色力越大；颜料颗粒大于漆膜厚度，漆膜表面将呈现粗糙而不平整的状态，会降低漆膜光泽；色漆研磨得越细，所制备的漆膜越平整，漆膜光泽也越高。例如，GB/T 25251—2010《醇酸树脂涂料》规定了醇酸树脂色漆底漆细度要求≤50μm，醇酸树脂色漆防锈漆细度要求≤60μm，其调和漆需细度≤50μm，60°角光泽≥80 的则要求细度≤20μm，60°角光泽<80 的则要求细度≤40μm。再如，GB/T 25271—2010《硝基涂料》规定了硝基面漆对细度的要求，60°角光泽≥80 的要求细度≤26μm，60°角光泽<80 的则要求细度≤36μm。可见，光泽越高，对细度的要求越严格。

涂料细度影响漆膜耐久性，颜料颗粒凸出在漆膜之上，易受外界日光风雨的侵蚀或机械力作用，这些凸出的颗粒会从漆膜中脱出，使漆膜表面残留细微针孔，因透水性作用渐变为易腐蚀的中心，影响漆膜的耐久性，降低其对基材的保护性能。

此外，涂料细度还影响色漆的贮存稳定性，颜料颗粒细、分散程度好的色漆不易沉淀结块；影响附着力，研磨细度越细，漆膜的附着力越低。

测定涂料细度所执行的现行标准为 GB/T 1724—2019。一般来说，细度在 30μm 及 30μm 以下时应用量程为 50μm 的刮板细度计，31～70μm 时应用量程为 100μm 的刮板细度计，70μm 以上时应用量程为 150μm 的刮板细度计。典型细度板的分度间隔及推荐测试范围见表 4-3。

表 4-3　GB/T 1724—2019 中典型细度板的分度间隔及推荐测试范围

凹槽的最大深度/μm	分度间隔/μm	推荐测试范围/μm
100	10	40～90
50	5	15～40
25	2.5	5～15

任务实施

操作 7　测定涂料细度

一、仪器与试剂

刮板细度计（图 4-4）；刮刀（图 4-4）；漆罐；调漆刀；细软揩布。稀释剂；防锈油；涂料试样等。

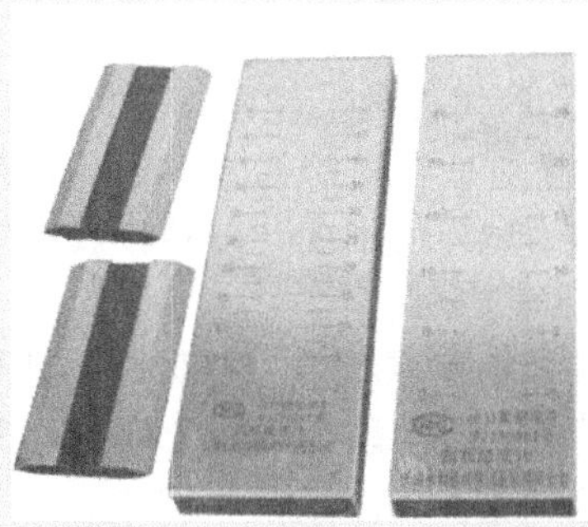

图 4-4　刮板细度计和刮刀

二、操作步骤

1. 检查刮刀，预测确定仪器规格

按 GB/T 3186 的规定，取代表性的产品试样。按 GB/T 20777 的规定，检查和制备试验样品。

进行初步测定细度，平行测定 3 次。注意，初步测定结果不包括在试验结果中。

按照初步测定结果，选取合适量程的刮板细度计。

2. 样品测定

将洁净、干燥的刮板细度计放置在平整的平面上，检查是否滑动，确保不滑动。使用前必须用细软揩布蘸取溶剂仔细洗净擦干刮板细度计与刮刀。

用小调漆刀或者玻璃棒搅匀待测的涂料，在沟槽的最深部位滴入试样数滴，以能充满沟槽且略有多余为宜。注意涂料中不要夹带气泡。

如图 4-5 所示，双手持刮刀，拇指食指及中指将刮刀横置刮板之上端，将刮刀的刀口横置在细度计沟槽最深一端上端（在试样边缘处），使刮刀边棱与磨光平板表面垂直接触。

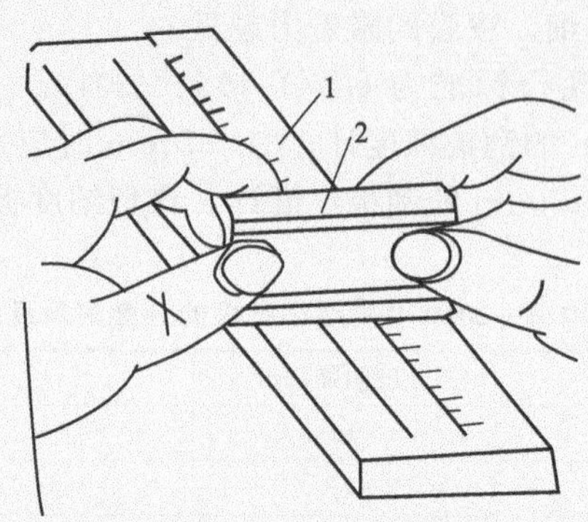

图 4-5 刮板细度计

1—磨光平面；2—刮刀

施压，在 1～2s 内使刮刀以均匀速度刮过整个表面到沟槽深度为零的一端，施加足够的压力于刮刀上以使沟槽被涂料填满，过剩涂料刮出，平板上不留有余漆。注意刮刀速度应保持均匀，并在刮刀上施加足够的向下压力。

刮刀拉过后，在不超过 5s 内从侧面观察使视线与沟槽的长边成直角，且与刮板表面呈 20°～30°角。

平行试验三次。每次测定后均应立即用合适的溶剂清洗刮板细度计与刮刀。

3. 读数

A 法：对光观察沟槽中颗粒均匀显露处，尽快读数，注意读数时间、读数角度与光线；观察试样首先出现密集显露颗粒点处，特别是在横跨沟槽 3mm 宽的条带内包含有 5～10 个颗粒的位置，找出判断点的刻度值即为试样的细度，即颗粒点均匀密集处记下读数，并以 μm 表示。见图 4-6。

B 法：观察试样首先出现密集微粒点处，凹槽中颗粒均匀显露处，记下读数（精确到最小分度值）。如有个别颗粒显露于其他分度线，则读数与相邻分度线范围内，不得超过三个颗粒。见图 4-7。

4. 结果表示

A 法：对 100μm 细度计读数精度为 5μm，对 50μm 细度计读数精度为 2μm，对 25μm 细度计读数精度为 1μm。计算三次测定的平均值，并以与初始读数相同的精度记录其结果。

同一操作者在同一实验室，在短时间间隔内使用同一仪器对相同试验材料进行测试得到的两次单一试验结果之绝对差低于细度板量程的 10%时，则认为其置信度为 95%。

不同操作者在不同实验室对相同试验材料进行测试得到的两次单一试验结果之绝对差低于细度板量程的 20%时，则认为其置信度为 95%。

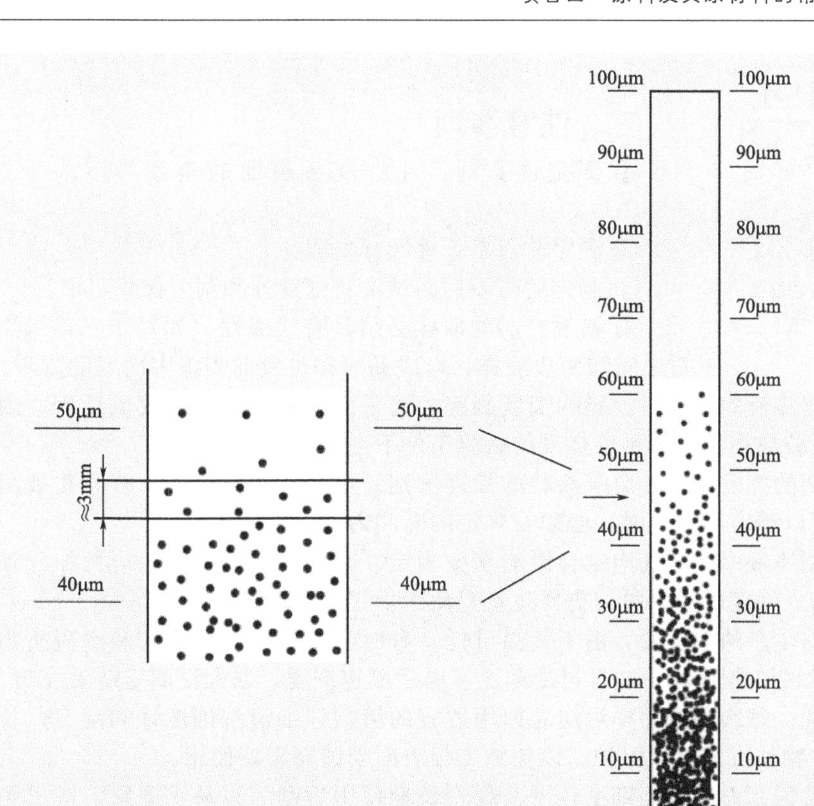

图 4-6　读数 A 法 45μm 示例

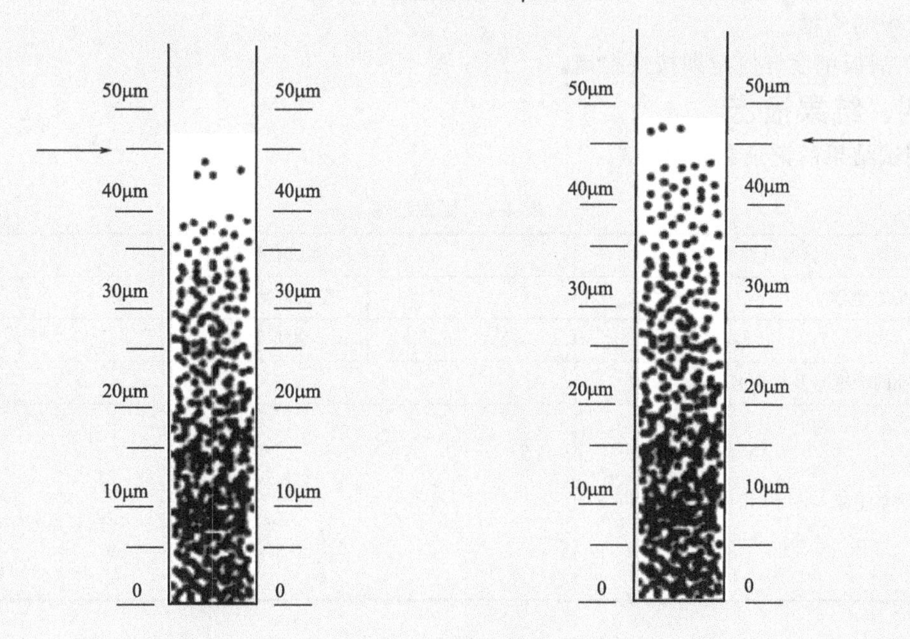

图 4-7　读数 B 法示例

B 法：试验结果取两次相近读数的算数平均值，而两次读数的误差不应大于仪器的最小分度值。

M4-1 自动细度测量仪操作

三、注意事项

① 测定读数时，和细度板表面的角度为不大于30°，不小于20°。

② 测定前需要正确选择量程。

③ 测定后需要用防锈油将细度计和刮刀保护起来。

④ 被测产品的取样必须具有代表性。如对于三辊机漆液应分别对中间和两边采样，对成品应在包装前实施多次细度监测。

⑤ 被测漆液的黏度将会影响细度测定。通常涂料的黏度与细度成反比，因此对于成品的细度检验应在符合其黏度标准的试验条件下进行。

⑥ 溶剂的挥发速度会影响涂料的细度测定。溶剂的快速挥发，将导致被测漆液的细度变化，所以测定其细度时，必须在规定的时间内读出细度值。

⑦ 被测漆液中存在气泡也会影响细度测定。因此涂料经搅拌后应稍加放置使气泡逸出，取样滴入细度板沟槽时，更要注意避免产生气泡。

⑧ 冬季生产的水性漆，由于气温过低，有时会使漆液中乙醇胺和水凝析出来，因此应将漆液用水加热至40～50℃再冷却至室温后测定细度，以保证测定结果准确。

⑨ 清洗。每次测定完毕后应立即用适宜的溶剂仔细清洗细度计和刮刀，长期不用时要用中性矿物油将其涂抹保护，以免细度板表面受蚀而影响使用。

⑩ 通常因刮刀硬度比细度板硬度低，长期使用后刮刀刃易受磨损，造成测定细度值偏高的误差，故需由计量部门定期检定，使用过程中则要随时注意检查。

当以刮刀刀刃与细度板面垂直接触时，要经常观察刮刀与细度板沟槽的最浅位置之间是否透光，一旦发现透光即表明刮刀刀刃磨损严重，则此刮刀不能继续使用，否则将会损伤细度板的沟槽。

⑪ 刮板细度计应定期按规检定。

四、结果报告

测试结果的记录参见表4-4。

表4-4 测试结果

试验日期		测试仪器型号	
受试产品的型号		受试产品的名称	
批次		出厂日期	
有关标准的标准号及标准名称			
试验的详细记录			

思考习题

1. 如何正确选用刮板细度计？
2. 如何正确处理细度测定数据？

任务四　涂料密度的测定

任务引导

了解各种密度测定方法的适用范围，掌握比重瓶法测定密度的基本原理，掌握比重瓶法测定密度的注意事项，能用比重瓶进行涂料密度的测定。

利用去离子水校准比重瓶的体积：先将比重瓶装满水，用差减法称取瓶内水的质量，测试此时的水温，查得该温度下水的密度，将水的质量除以此时水的密度，即可得到比重瓶的体积。

比重瓶装满被测产品后，用差减法称取瓶内涂料的质量，将涂料质量除以比重瓶的体积，即可得到涂料的密度。

任务实施

操作8　测定涂料密度

一、仪器与试剂

比重瓶（容积约为100mL）（图4-8）；分析天平（精确到1mg）；温度计（精确到0.2℃）；恒温室；防尘罩。去离子水；乳胶漆（内墙漆）。

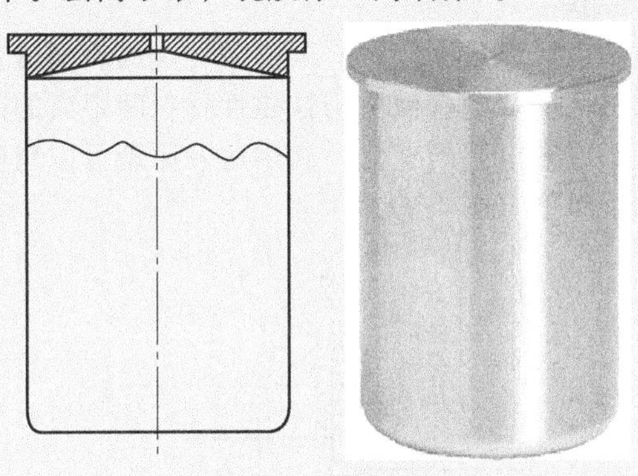

图4-8　比重瓶

二、操作步骤

① 按照标准GB/T 6682—2008校准比重瓶的体积，每隔一段时间就需要进行校准；

② 称取比重瓶的质量，记为m_1；

③ 将样品注满比重瓶，用吸收性材料擦去溢出的样品，再次称量比重瓶的质量，记为m_2；

④ 利用m_2与m_1之差，计算出涂料样品的质量，以涂料样品的质量除以比重瓶的体积，即可得到涂料样品的密度；

⑤ 按照上述方法重复测定两次。

三、注意事项

① 需要保持涂料和室内温度都在（23±2)℃；

② 每隔一段时间需要对比重瓶进行校准，或者当比重瓶体积发生变化时，需要对其进行校准；

③ 涂料样品需要从比重瓶顶部的小孔中冒出，方能保证比重瓶内完全充满液体，并防止产生气泡。

思考习题

1. 测定涂料密度时是否需要控制涂料的温度？
2. 当比重瓶体积发生变化时，如何对其进行校准？

任务五 漆膜厚度的测定

任务引导

了解漆膜厚度测定的各种方法；掌握湿膜厚度测定方法（梳规、轮规），会用梳规、轮规进行湿膜厚度的测定；掌握干膜厚度测定方法（千分表、磁性测厚仪），能利用千分表和磁性测厚仪测定干膜厚度。

1. 梳规、轮规测定厚度的基本原理

利用湿膜与轮规或者梳规相切的接触点来测定湿膜的厚度。

2. 磁性测厚仪基本原理

磁性测厚仪采用电磁感应法测量涂（镀）层的磁性金属表面覆盖层的厚度。位于部件表面的探头产生一个闭合的磁回路，随着探头与铁磁性材料间距离的改变，该磁回路将不同程度地改变，引起磁阻及探头线圈电感的变化，利用这一原理可以精确地测量探头与铁磁性材料间的距离，即涂（镀）层厚度（图 4-9）。

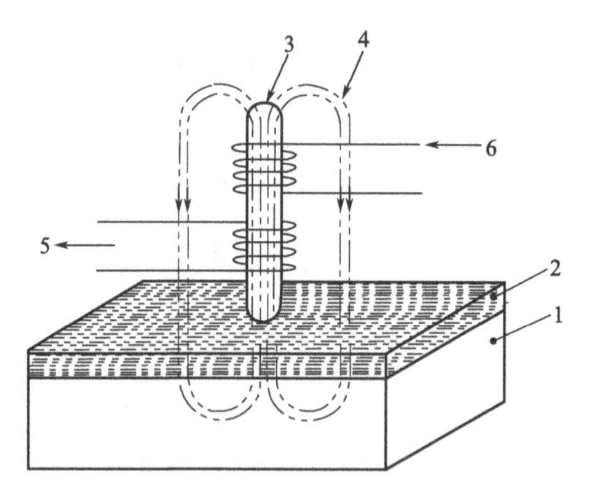

图 4-9 诱导磁性测厚仪的原理示意图

1—底材；2—涂层；3—铁磁性磁芯；4—交变电磁场（LF）；5—测量信号；6—电流

任务实施

操作 9 测定漆膜的厚度

一、仪器与试剂

标准纤维板，梳规（图 4-10），轮规（图 4-11），磁性测厚仪（图 4-12）。

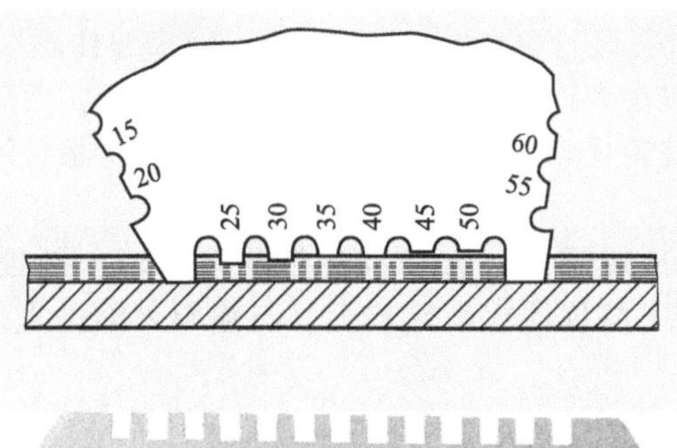

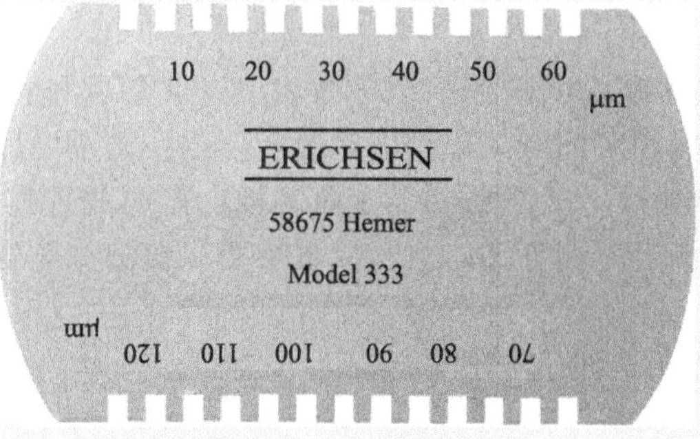

图 4-10　梳规

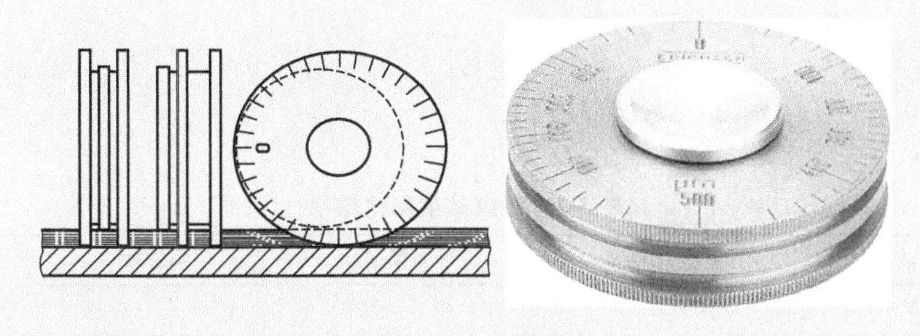

图 4-11　轮规

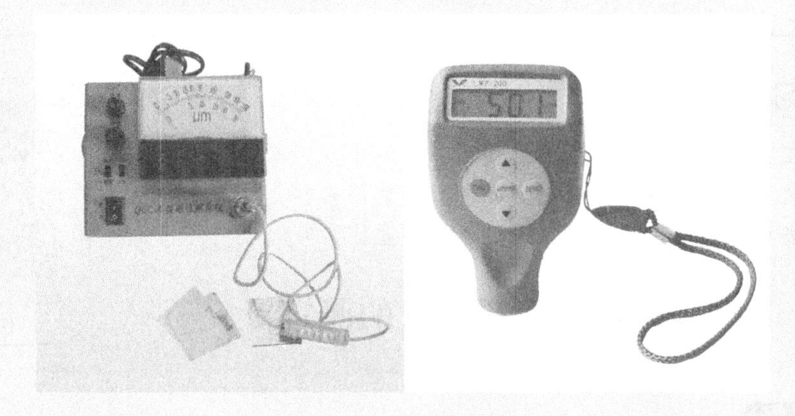

图 4-12　磁性测厚仪

二、操作步骤

① 梳规测定湿膜厚度。确保齿状物干净、无磨损，将梳规放在平整的试样表面，使齿状物与试样表面垂直，停留足够的时间使涂料润湿齿状物，把被涂料润湿的内齿的最大间隙深度读数记录下来作为湿膜厚度。

② 轮规测定湿膜厚度。用拇指和食指夹住轮规轴来握住轮规，刻度表上读数最大处与表面接触而将同心圆按在表面上；沿同一个方面滚动轮规，然后读取偏心轮缘仍能被涂料浸润的最大读数；清洗轮规，从另外一个方向重复这一步骤；用这些读数的算术平均值计算湿膜的厚度。

③ 磁性测厚仪测定漆膜厚度。先校准磁性测厚仪，分别进行 0、（94±1)μm 和 (465±1)μm 厚度的校准；将仪器放在涂层上（与漆膜表面垂直)，从显示器上读取漆膜厚度。

三、注意事项

① 梳规测定湿膜厚度时，试样是一个弯曲表面，需要放置在与该弯曲面的轴平行的位置；厚度测定结果与测定时间有关，涂料涂覆后要尽快测量厚度。

② 轮规测定湿膜厚度时，试样是一个弯曲表面，需要放置在与该弯曲面的轴平行的位置；厚度测定结果与测定时间有关，涂料涂覆后要尽快测量厚度；记录首次接触点的刻度读数。

③ 磁性测厚仪使用前必须对其进行校准。

四、结果报告

数据记录参见表 4-5。

测试日期：____年____月____日。

实验温度：________℃；湿度：________%。

检测物质：______________________________。

使用标准：______________________________。

表 4-5 漆膜厚度测试结果

测试项目	第一次	第二次	第三次	平均值
湿膜厚度(梳规)				
湿膜厚度(轮规)				
干膜厚度				

思考习题

1. 异形工件表面的漆膜厚度用磁性测厚仪测定是否准确？
2. 粗糙表面的漆膜厚度的测定需要考虑哪些因素？
3. 木器表面的漆膜厚度的测定需要考虑哪些因素？

M4-2 破坏式测厚仪操作

任务六 涂料黏度的测定

任务引导

理解涂料黏度测定的意义；会用流量杯、旋转黏度计测定涂料黏度；会用斯托默黏度仪测定乳胶漆的黏度；会正确计算涂料黏度的结果；会正确填写黏度测定报告单。

黏度是流体内部阻碍其相对流动的一种特性，是液体流动的阻力，也称黏（滞）性或内摩擦。对液体施工的外力与产生流动速度之比就称为动力黏度，单位是 Pa·s。若同时考虑流体密度的影响，动力黏度与液体密度之比就称为运动黏度，单位是 m^2/s。两者反映了液体涂料的黏稠或稀薄的程度。

通常所说的黏度分贮存状态下的黏度（原始黏度或出厂黏度）、施工黏度（工作黏度）、喷涂黏度等。涂料贮存状态下的黏度是液体涂料在容器中所保持的高黏度状态，不同种类涂料的原始黏度各异。工作黏度是指涂料施工时的黏度，常用稀释剂调配涂料或用加热方式降低涂料黏度，以适应不同施工方法需要，并能保证形成正常涂层的黏度。不同施工方法要求的涂料施工黏度不同。喷涂黏度是施工黏度的一种，为最适宜用喷涂法进行施工时的涂料黏度。不同的涂装方法要求不同的涂料黏度。手工刷涂、淋涂、辊涂、高压无气喷涂用涂料黏度可高些，空气喷涂法则要求涂料黏度较低。黏度受温度影响大。涂料黏度与周围环境气温以及涂料本身温度有关，当涂料被加热时，黏度自然降低。在施工过程中，随着溶剂的挥发，涂料的黏度会变高。要注意随时测量涂料的黏度。

液体涂料黏度的测试方法很多，分别适用于不同的品种，对透明清漆和低黏度色漆以流出法为主，气泡法与落球法也可用于测定透明清漆的黏度，高黏度色漆则常用旋转黏度计法。涂料黏度测定的相关标准主要有 GB/T 1723—1993《涂料黏度测定法》、GB/T 9751.1—2008《色漆和清漆　用旋转黏度计测定黏度　第 1 部分：以高剪切速率操作的锥板黏度计》、GB/T 9269—2009《涂料黏度的测定　斯托默黏度计法》。GB/T 1723—1993 方法常用涂-4 黏度杯、涂-1 黏度杯（可简称为涂-1 杯、涂-4 杯）和落球黏度计测定。

流出法主要使用流量杯，常见的有不同口径大小的 ISO 杯、蔡恩杯、涂-1 杯、涂-4 杯等，所测定的为条件黏度，在一定的温度下测定一定量的试样从规定直径的孔径所流出的时间，结果以秒（s）作为单位，再换算成运动黏度值。

气泡黏度法是利用空气气泡在液体中的流动速度来测定涂料产品的黏度，可被用来快速测量已知流体如树脂和清漆的运动黏度，用试验样品与密封的标准样品的黏度进行对比的方法，气泡上升所需的时间直接与流体黏度成比例，气泡上升得越快，流体的黏度越低。在温度被控制的情况下，气泡黏度法很容易读取到重现性好的读数。

落球黏度计法用于测定黏度较高的透明液体涂料产品的黏度，如硝基纤维素清漆等，其原理是在重力作用下，通过测量固定球在倾斜的试管上下两刻度线间落下所需要的时间，结果以秒（s）作为单位，再通过一个转换公式将时间读数换算成最终的黏度值。

旋转黏度计法是用圆筒、圆盘或桨叶在涂料试样中旋转，使其产生回转流动，测定使其达到固定剪切速率时需要的应力，从而换算成黏度，单位为 mPa·s。旋转黏度计法的测定范围较宽，为 $2.5\times10^{-2}\sim2.5\times10^{12}$ mPa·s。涂料行业常用的旋转黏度计包括 NDJ-79、NDJ-1、Brookfield 等型号。

NDJ-1 旋转黏度计（图 4-13）的同步电机以稳定的速度旋转，连接刻度盘，通过游丝和转轴带动转子旋转，当转子未受到液体的阻力时，游丝、指针和刻度盘同速旋转，指针读数为 0，若受到液体的阻力，则游丝产生扭矩，与阻力抗衡达到平衡后指针指示一定的读数（即游丝的扭转角），该读数乘以一定的系数就得到流体的黏度。

NDJ-79 旋转黏度计的驱动是靠一个微型的同步电动机，它以 750r/min 的恒速旋转，几乎不受荷载和电源电压变化的影响。电动机的壳体采用悬挂式安装，它通过转轴带动转筒旋转，当转筒在被测液体中旋转时受到黏滞阻力作用，从而产生反作用力使电动机壳体偏转，电动机壳体与两根一正一反安装的金属游丝相连，壳体的转动使游丝产生扭矩。当游丝的力矩与黏滞阻力矩达到平衡时，与电动机壳体相连接的指针便在刻度盘上指出某一数值，此数值与转筒所受黏滞阻力成正比，于是刻度读数乘上转筒因子就表示动力黏度的量值。

对于非牛顿型的建筑涂料，常采用斯托默旋转黏度计法，通过测定使浸入试样内的桨叶产生 200r/min 的转速所需要的力（g）来表示，单位为 KU。

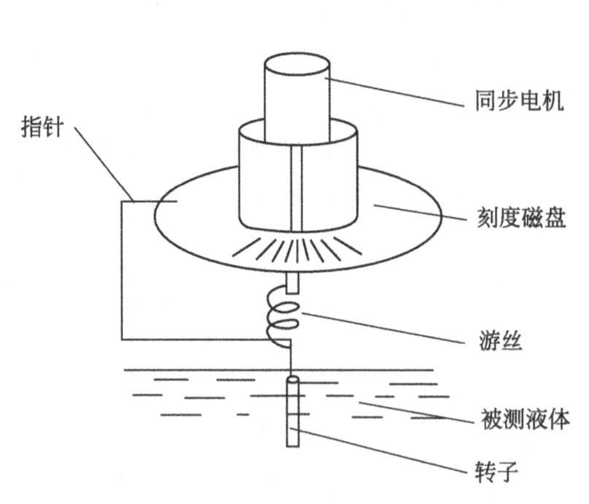

图 4-13 NDJ-1 旋转黏度计工作原理

任务实施

操作 10 测定涂料黏度

一、仪器与试剂

黏度杯（图 4-14）；玻璃棒；秒表（分度为 0.2s）；旋转黏度计（图 4-15～图4-17）；斯托默黏度计。硝基木器涂料；内墙乳胶漆。

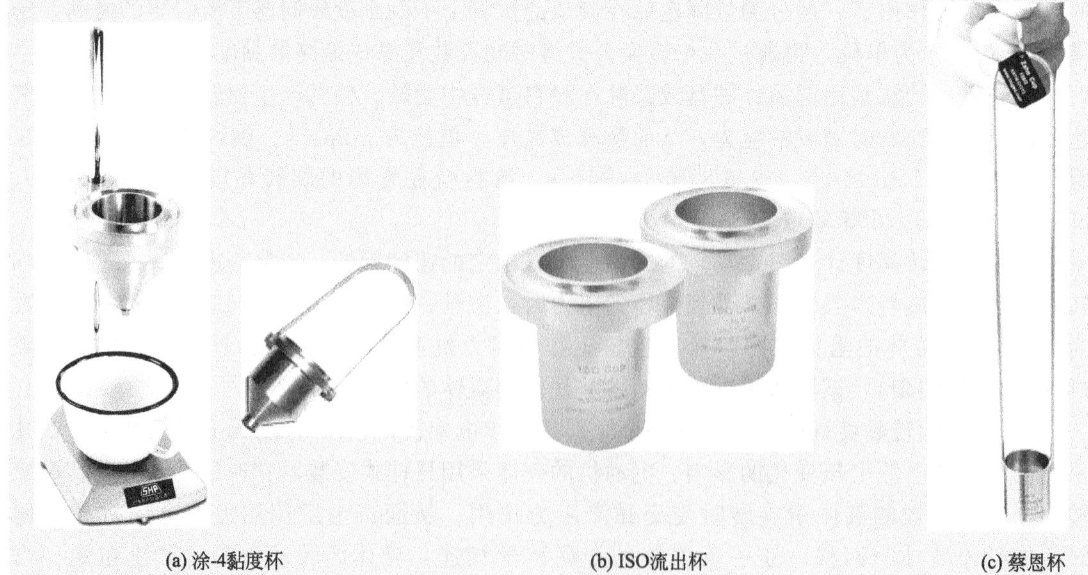

(a) 涂-4黏度杯　(b) ISO流出杯　(c) 蔡恩杯

图 4-14 黏度杯

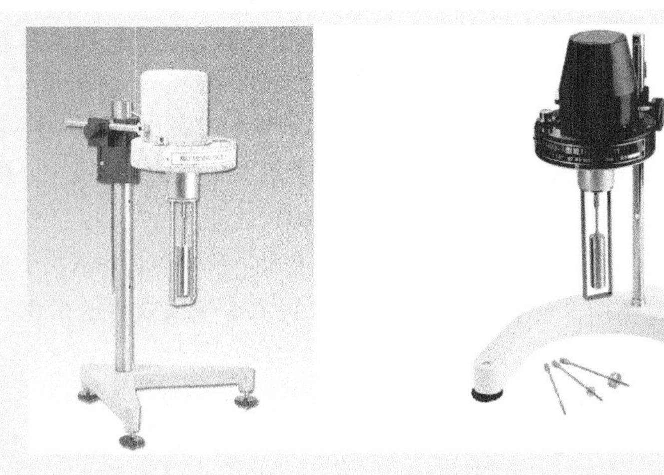

图 4-15 NDJ-1 旋转黏度计

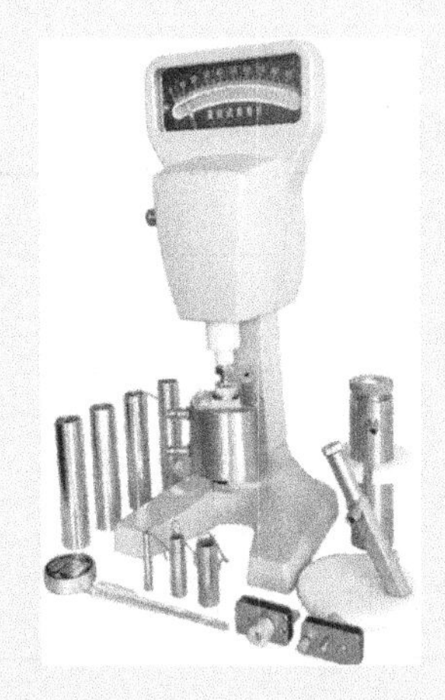

图 4-16 NDJ-79 旋转黏度计

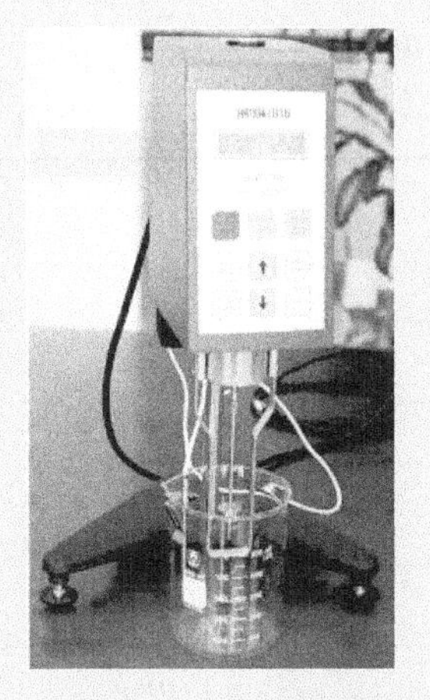

图 4-17 Brookfield 旋转黏度计

二、操作步骤

1. GB/T 1723—1993《涂料粘度测定法》

涂-1 黏度杯适于测定流出时间不低于 20s 的产品；涂-4 黏度杯适于测定流出时间在 150s 以下的产品；落球黏度计适于测定黏度较高的产品。测定规定的试样温度为（23±0.2)℃，将涂料在该温度下调节状态一段时间，用手指或器具堵严小孔漏嘴，倒满 100mL 漆液，用玻璃棒将气泡和多余试样引入凹槽，防止测样不到或超过标准，漏嘴处放一个 200mL 铁罐或搪瓷杯；迅速移开手指时，同时启动秒表，待试样流束刚中断时立即停止秒表计时；重复测试，两次测定值之差不应大于平均值的 3%，取两次测定值的平均值作为测试结果。

2. GB/T 9751.1—2008 用旋转黏度计测定黏度

试样温度控制在（23±0.2)℃，清洁、选择、安装转子（注意保护新轴与游丝)，检查仪器、调节水平，去除试样中的气泡。

在连接转子时要注意保护黏度计的连接头，并用手指轻轻提起它，这样可以避免承重系统中的钢针和宝石轴承座的强烈碰撞和摩擦。转子的螺帽和黏度计的螺纹连接头要保持光滑和清洁，以避免转子转动不正常。黏度测量的标准容器是 600mL 的烧杯，为保持测量条件的一致性，不同样品的测量应使用固定容积的容器。

进行测量前，选择转子和转速组合，转速/转子的改变会导致黏度读数的变化。黏度大的样品，使用面积小的转子和较低的转速；对于低黏度的样品，情况相反。

转动升降旋钮，将转子浸入样品中至转子杆上的凹槽刻痕处。如果是圆盘式转子，注意要以一个角度倾斜地浸入样品中（先将转子以一个角度倾斜插入样品中，然后再安装到黏度计机头上），以避免因产生气泡而影响测试结果。

在读数前，应让测量保持一段时间使读数稳定下来，时间的长短取决于所用的转速和流体的性质；为了得到准确度高的测量结果，应使扭矩指针读数指示在30～90范围内。测量完毕后取下转子，然后清洗干净，放回装转子的盒中。

视频：用旋转黏度计测定黏度

NDJ-1型读数：指示读数×系数（表4-6）=结果。例如，使用4#转子，转速12r/min，则查表可得对应系数为500，如指示读数为60mPa·s，则黏度结果为60×500=30000（mPa·s）。

表4-6 NDJ-1型旋转黏度计系数表

转子	转速/(r/min)			
	60	30	12	6
1#	1	2	5	10
2#	5	10	25	50
3#	20	40	100	200
4#	100	200	500	1000

3. GB/T 9269—2009《涂料黏度的测定 斯托默黏度计法》

GB/T 9269—2009应用于建筑涂料黏度的测定，测定时，试样温度控制在（23±0.2)℃，清洁、选择、安装转子（注意保护新轴与游丝)，检查仪器、调节水平，去除试样中的气泡，将桨叶浸入被测样品中，测定使转速达200r/min所需要的质量，结果以KU表示。

视频扫一扫

M4-5 智能斯托默黏度计操作

三、注意事项

① 测定时要将试样搅拌均匀，注意防止气泡影响测定结果。

② 需要特别注意测定时的温度保持在规定温度范围内，试样与环境的温度一定要精确控制到0.1℃。

③ 旋转黏度计需要定期检定；正确选择转子与流速；转子浸入液体的深度要合适，并缓慢浸入液体；注意及时清洗转子。

④ 每次测定后要选相应溶剂清洁涂-4黏度杯，防止小孔被堵。

四、结果报告

测试结果记录参见表4-7。

表 4-7　测试结果

所执行标准编号	
试验日期	
待测样品信息 （厂商、商标名称、批号）	
测定记录	
试验结果	

思考习题

1. 涂料黏度的测定有什么意义？
2. 涂料黏度测定受哪些因素的影响？

任务七　色漆和清漆中不挥发物含量的测定

任务引导

理解不挥发物的定义，掌握不挥发物含量的测定原理，会准确测定不同类色漆和清漆中的不挥发物含量。

色漆和清漆中不挥发物含量是涂料生产的质量控制项目，该参数可反映漆膜的质量及其使用性能，正常的涂料产品不挥发物需稳定在一定的范围内。不挥发物含量表征方法包括不挥发物质量分数和不挥发物体积分数两种。

不挥发物质量分数是指在规定的试验条件下，样品经挥发得到的剩余物的质量分数。相关标准有 GB/T 1725—2007《色漆、清漆和塑料 不挥发物含量的测定》、GB/T 16777—2008《建筑防水涂料试验方法》。

涂料的不挥发物体积分数俗称涂料的体积固体含量，是指涂料产品在规定温度下以规定的均匀的厚度固化或干燥规定时间后所得到的不挥发物的体积占涂料初始体积的百分数。不挥发物体积固体含量能更直观地反映涂料的涂覆使用量，利用该参数进行简单的计算可得到涂料的干膜密度和理论涂布率等数值，因此该参数是指导涂料产品涂装、计算涂料使用量和计算施工成本的非常重要的参数。国外很多涂料公司的产品技术指标一般明示的也是不挥发物体积分数。

GB/T 9272—2007《色漆和清漆 通过测量干涂层密度测定涂料的不挥发物体积分数》规定了一种通过测量任何规定温度范围以及干燥或固化时间内所得到的干涂层的密度，从而测定色漆、清漆及相关产品中不挥发物体积分数的方法。测定时，测定未涂漆圆片的质量和体积，用受检涂料涂覆金属圆片，干燥后测定涂漆圆片的质量和体积，用测得的圆片涂漆前后的体积和质量计算出干膜的体积和质量，由液体涂料的不挥发物质量分数和密度计算出形成干膜所需的液体涂料的体积，干膜的体积除以液体涂料的体积再乘以 100 即得液体涂料中不挥发物的体积分数。该方法不适用于超过临界颜料体积浓度配制的色漆，因为这些涂料干燥后颜料粒子间未填充的空隙增多，从而使实际干膜的体积大于理论体积。

任务实施

操作 11 测定色漆和清漆中不挥发物的含量

一、仪器与试剂

鼓风恒温烘箱（空气干燥箱）：精度±2℃，能保持规定或商定的温度至±2℃（对于最高为 150℃的温度）或±3.5℃（对于 150℃以上和最高为 200℃的温度）范围内。

分析天平：精确到 0.1mg（图 4-18）。

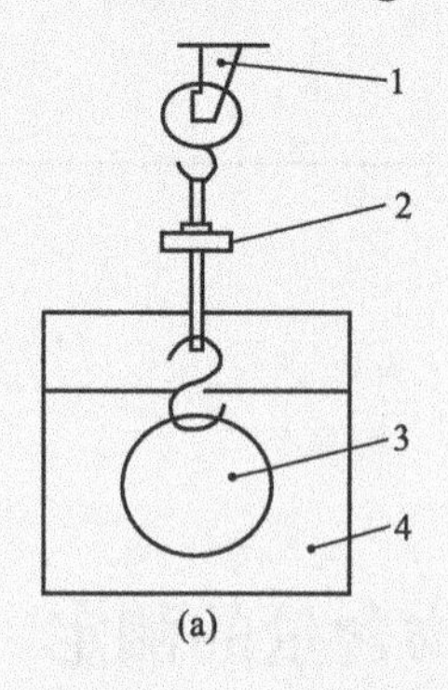

(a)

1—天平臂；2—标准配衡附件；
3—圆片；4—浸渍液体

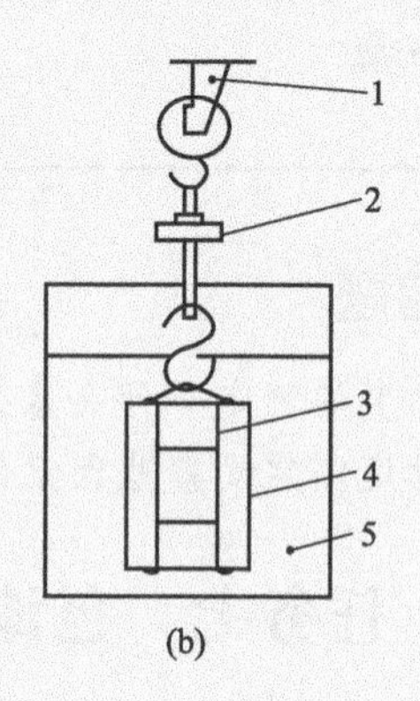

(b)

1—天平臂；2—标准配衡附件；
3—金属丝吊架；4—板片；5—浸渍液体

图 4-18 特制的天平支架

受漆器：圆片，一般用不锈钢片或铜片，直径约为 60mm，厚度约为 0.7mm，距边缘 2～3mm 处有一小孔；板片，尺寸是 (75±5)mm×(120±5)mm，在板片纵轴上距短边 2～3mm 处有一小孔。

干燥器：使用硅胶类的干燥物质。

带调压器的小电动机：电机转速为 (200～4000)r/min，小电动机轴上最好安上一个钻夹头。

金属 Y 形件：Y 形件上带有可以挂圆片的两个小钩。

容器：圆形金属容器或其他容器用来收集甩出的物质。

挂钩：直径不超过 0.3mm，长为 30～40mm 的镍铬丝挂钩。

烧杯：600mL 或者 1000mL 的烧杯，能浸没金属圆片且距液面有 10mm 的距离。

平底皿（图 4-19）：对于色漆、清漆及其漆基和聚合物分散体，采用金属或玻璃的平底皿，直径（75±5）mm，边缘高度至少为 5mm，若采用不同直径的皿，则商定的皿的直径在规定值的±5%范围内；测定乳胶样品则最好使用带盖的皿；测定黏稠的聚合物分散体或乳液，最好使用约 0.1mm 厚的铝箔，裁成可以对折的大小约为 70mm×120mm 的矩形，通过轻轻挤压对折的两部分而使黏稠液体完全铺开；对于液态交联树脂（酚醛树脂），采用金属或玻璃的平底皿，直径（75±5）mm，边缘高度至少为 5mm。

图 4-19 平底皿

浸渍液：合适的密度和类型的液体，要求不能和涂层反应或溶解涂层且有良好的润湿性（蒸馏水适合大多数产品），必要时可加入润湿剂。

涂料：环氧底漆、环氧厚浆漆、醇酸底漆、醇酸面漆。

二、不挥发物质量分数测定步骤

方法一：

① 对平底皿进行除油和清洗。在规定或商定的温度下将皿干燥规定或商定的时间，然后放置在干燥器中直至使用。

② 称量洁净干燥的皿的质量，称取待测样品至皿中，精确至 1mg。

③ 将试样涂布均匀。待测样品是否完全铺平及铺平的时间对不挥发物含量影响很大，如果待测样品的黏度很大，则将会由于未完全铺平出现测得值增大的现象，此时，可在铺平时适当加入少量溶剂。对于比较试验，待测样品在皿中的涂层厚度应相同。如果是测定色漆和清漆用缩聚树脂的不挥发物含量，则需要称取较多的试样量，因为需要较厚的涂层保证缩聚树脂的单体能充分发生交联反应。对于易挥发性的样品，可将充分混匀的样品放入可称量的不带针头的 10mL 注射器中，采用减量法进行称量。水性体系的涂层厚度应尽可能薄，防止其中的聚合物分散体和乳胶加热时溅出，这是因为受烘箱中的温度、空气流速以及相对湿度的影响，涂层表面会结皮。

④ 将皿转移到预先调节至规定或商定温度的烘箱中，保持规定或商定的加热时间。

⑤ 加热时间结束后，将皿转移到干燥器中使之冷却至室温。称量皿和剩余物的质量，精确至 1mg。

⑥ 计算不挥发物的质量分数，数值以%表示。

⑦ 计算两个有效结果的平均值，报告试验结果，准确至 0.1%。如果色漆、清漆和漆基的两个结果（两次测定）之差大于 2%（相对于平均值）或者聚合物分散体的两个结果之差大于 0.5%，则需要重做实验。

这种方法的试验参数见表 4-8。

表 4-8 试验参数

加热时间/min	温度/℃	试样量/g	产品类别示例
20	300	1±0.1	粉末树脂
60	80	1±0.1	硝基纤维素、多异氰酸酯树脂、空气干燥型
60	105	1±0.1	合成树脂、烘烤漆、丙烯酸树脂
60	125	1±0.1	烘烤型底漆、丙烯酸树脂(首选)
30	130	1±0.1	电泳漆
60	135	3±0.1	液态酚醛树脂

方法二（不适合于用高于临界颜料体积浓度的颜料配制的涂料）：

1. 选择受漆器

受漆器（圆片或板片）的选择取决于待测涂料的类型。圆片最好应用于低黏度的色漆以及稀释到喷涂黏度的色漆。板片可以应用于触变性涂料或其他能用刮漆刀刮涂的涂料或使用浸涂法施工的色漆。

2. 测定未涂漆的受漆器体积

① 将受漆器和吊钩在空气干燥箱中干燥，如需要，在推荐的温度下烘干 10min，放入干燥器中冷却，称量受漆器在空气中的质量，记录这个质量为 m_1。

② 向烧杯中加入足量的浸渍液体，必须保证液面高出悬挂着的受漆器顶端至少 10mm。在烧杯侧面标出该液面，并在整个测定过程中都要保持这个液面。液体温度最好应是（23±1)℃。将受漆器悬挂在液体中，再次称重，记录这个质量为 m_2。如果用水作为浸渍液体，可以加入 1～2 滴合适的润湿剂使受漆器能迅速而充分地被润湿。

③ 记录液体的温度，并测定在该温度下液体的密度，记录密度为ρ_1。

3. 施涂

同一样品取两份进行平行测定。样品可以浸涂、刷涂或用刮涂器施涂于圆片或板片上。将需要的近似数量的涂料施涂到圆片或板片上达到规定的膜厚。黏稠涂料可用已知数量的密度已知的规定稀释剂稀释。触变性涂料在使用漆膜制备器涂布前，可以进行搅拌或用注射器施加触变性涂料。

对于圆片，浸涂是最好的施涂方法，但也可以用刷涂法。把圆片系在一根结实的金属丝上，将其全部浸入样品中。然后把圆片匀速地提出来，滴干并除去圆片底部形成的任何厚边，可以用玻璃棒沿着厚边刮拉，同时旋转玻璃棒而除去。若膜的表面有空气泡形成，用针尖将其弄破，立即称量圆片的质量并记录这个质量为 m_3。

对于极稀的涂料产品，通过上述两次浸涂操作而无法得到所需厚度（30μm）的涂层，或对于涂料产品中颜料与树脂容易分离，用玻璃棒刮拉会造成涂层中颜料分布不均匀的情况，均可采用甩平操作，即在将圆片匀速地从样品中提出来，滴干并用针尖除去圆片上的空气泡后将其挂在 Y 形件上。Y 形件夹在小电动机的钻头夹上，开启电动机并调节电压以调节转速，直到圆片甩平 20～30s 为止。

对于板片，可通过浸涂法将样品施涂于板片上，或用刮漆刀或线棒涂布器把样品施涂于板片上。立即称量涂漆板片的质量并记录这个质量为 m_3。

4. 干燥、称量与结果计算

用受漆器浸漆时所用的金属丝或使用其他合适的装置把涂过漆的受漆器悬挂起来，此时不要使用吊钩，让漆膜在规定的条件下干燥。

干燥后，把已涂漆的受漆器从干燥时用于悬挂的装置上摘下来，将它连同吊钩一起放入干燥器中冷却，然后称量在空气中的质量，记录这个质量为 m_4。之后计算结果。

如测得的结果超过重复性限值，进行第三次测定，并取所有结果的算术平均值。

三、不挥发物体积分数的测定步骤

进行一式两份的平行试验。

1. 不涂漆圆片体积的测定

把圆片和挂钩放在（105±2)℃的烘箱中干燥 10min，放入干燥器中冷却，在空气中称量圆片的质量。

把圆片完全浸入液体中，且使液体的水平面超过圆片上端 10mm，再次称重。

按下式计算圆片的体积 V_1（mL)：

$$V_1=\frac{m_1-m_2}{\rho_1}$$

式中　m_1——未涂漆圆片在空气中的质量，g；

m_2——未涂漆圆片在液体中的质量，g；

ρ_1——试验温度下的浸渍液的密度，g/mL。

2. 涂漆圆片体积的测定

把圆片系在金属丝上，将其全部浸入受检涂料中，然后将圆片匀速地提出来，滴干并去掉圆片底部形成的厚边，把涂漆圆片按照产品明示的干燥条件进行干燥，如无特别说明，一般在（105±2)℃下烘烤 3h。

烘干以后将涂漆圆片取出，连同挂钩一起放入干燥器中冷却，然后在空气中称重。将涂漆圆片放入浸不涂漆圆片时所选用的同一液体中称重，应使液体的温度和不涂漆圆片在该液体中称重时的温度相同，且浸入的深度相同。

按下式计算涂漆圆片的体积 V_2（mL)：

$$V_2=\frac{m_3-m_4}{\rho_1}$$

式中　m_3——涂漆圆片在空气中的质量，g；

m_4——涂漆圆片在液体中的质量，g；

ρ_1——试验温度下的浸渍液的密度，g/mL。

3. 液体涂料中不挥发物含量的测定

液体涂料中不挥发物含量的测定按照 GB/T 1725—2007《色漆、清漆和塑料　不挥发物含量的测定》进行。

4. 液体涂料密度的测定

液体涂料的密度测定按照 GB/T 6750—2007《色漆和清漆 密度的测定 比重瓶法》进行。

5. 结果的计算

用下列公式计算变成干涂膜的液体涂料的体积 V_3（mL)、干涂层的密度 ρ_0（g/mL）以及不挥发物体积分数 NV_V（%)：

$$V_3=\frac{m_3-m_1}{NV_m\,\rho_2}\times100$$

$$\rho_0=\frac{m_3-m_1}{m_2+m_3-m_1-m_4}\times\rho_1$$

$$NV_V=\frac{V_2-V_1}{V_3}\times 100 \quad 或 \quad NV_V=NV_m\times\frac{\rho_2}{\rho_0}$$

式中 m_1——未涂漆圆片在空气中的质量，g；

m_2——未涂漆圆片在液体中的质量，g；

m_3——涂漆圆片在空气中的质量，g；

m_4——涂漆圆片在液体中的质量，g；

V_1——未涂漆圆片的体积，mL；

V_2——涂漆圆片的体积，mL；

NV_m——涂料中不挥发物的质量分数，%；

ρ_1——试验温度下浸渍液的密度，g/mL；

ρ_2——试验温度下液体涂料的密度，g/mL。

用此方法测得的涂料中不挥发物体积分数可能大于、等于或者小于理论下单个组分的组合体积，这与树脂和溶剂的溶解特性、反应固化特性及基料润湿颜料的程度有关。当颜料体积浓度大于临界颜料体积浓度时，由于基料的数量不足以润湿所有的颜料质点，因此颜料质点在涂膜中是疏松的存在，此时不适宜用该方法进行测试。

四、注意事项

① 需要注意的是，涂料的不挥发物含量不是一个绝对值，取决于测定时采用的加热温度和时间，同时还需要考虑溶剂的滞留、热分解和低分子量组分的挥发，因而所得到的不挥发物含量是相对值，所以主要用于同类产品不同批次的测定比对。

② 涂料的不挥发物质量分数一般大于其体积分数，即使不挥发物的质量分数相同，但由于干膜密度的不同，其体积分数也不相同，这与涂膜的致密程度有关。

③ 试验中应注意的可能对试验结果造成影响的因素：

a. 浸涂金属圆片时，不可以用称量挂钩，涂层不可太厚，否则既不容易干燥又易形成气泡，会使测试结果偏大。假如涂膜的表面有气泡形成，用针尖将其刺破。一般要求干燥后得到一个 30～60μm 厚的均匀涂层。如果一次浸入不能达到这个厚度，可以浸入多次；如果一次浸入得到的涂层太厚，可以用适宜的稀释剂稍加稀释再进行浸涂。

b. 把金属圆片浸入液体中称量时，保证前后浸入深度一致，避免挂钩所受浮力不同影响试验结果。试验过程中浸渍液的温度应保持一致，避免浸渍液密度变化对试验结果的影响。假如由于漆膜吸收液体而使质量变化很快，应另选不被漆膜吸收的液体来替代，并重新测定。

c. 不挥发物质量分数也可用未涂漆圆片的质量和涂漆圆片干燥前后的质量来进行计算，但应保证干燥过程中不会有涂料滴落，否则会使测试结果偏小。

五、结果报告

测试结果记录参见表 4-9。

表 4-9　测试结果

所执行标准编号	
实验日期	
待测样品信息（厂商、商标名称、批号）	
平底皿的型号	
烘箱的型号、温度和加热时间	
是否加入溶剂及加入类型	
试验结果	
备注	

思考习题

1. 影响涂料中不挥发物质量分数准确测定的因素有哪些？
2. 如何通过调整涂料配方控制涂料的不挥发物质量分数在可控范围？

任务八　涂膜干燥时间的测定

任务引导

掌握涂膜干燥时间的测定方法，会准确测定不同类涂料的表面干燥时间和实际干燥时间。

涂膜的干燥即固化过程，往往需要一定的时间，才能保证最终形成固体涂膜的质量，因而干燥时间的测定是涂料常规性物理检验的一个重要方面。涂料施工后其固化速度与环境有很大关系，同时也和整个体系的配方设计密不可分。

涂料类型不同，干燥成膜的机理各异，其干燥时间也相差很大。靠溶剂挥发成膜的涂料如硝基漆、过氯乙烯漆等，一般表面干燥时间约 10～30min，实际干燥时间约 1～2h。靠氯化聚合干燥成膜的涂料如油脂漆、天然树脂漆、酚醛和醇酸树脂漆等，一般表面干燥时间 4～10h，实际干燥时间 12～24h。靠烘烤聚合成膜的涂料如氨基烘漆、沥青烘漆、有机硅烘漆等，在常温下是不会交联成膜的，一般需在 100～150℃下烘 1～2h 才能干燥成膜。靠催干剂固化成膜的涂料可常温干燥，亦可低温烘干，视固化剂的种类和用量不同，其干燥时间各异，一般在 4～24h。

干燥分表面干燥（表面成膜）、实际干燥（全部形成固体涂膜）和完全干燥三个阶段。在规定的干燥时间条件下，表面成膜的时间为表面干燥时间，全部形成固体涂膜的时间为实际干燥时间，以 h 或 min 表示。通过这个项目的检查，可以看出油基性涂料所用油脂的质量和催干剂的比例是否合适，挥发性漆中的溶剂品种和质量是否符合要求，双组分漆的配比是否适当。因此，涂料产品标准中大多也会规定干燥时间。涂膜干燥时间测定的相关方法标准有 GB/T 1728—1979 (1989)《涂膜、腻子膜干燥时间测定法》、GB/T 6753.2—1986《涂料表面干燥试验　小玻璃球法》、GB/T 9273—1988《漆膜无印痕试验》以及 GB/T 16777—2008《建筑防水涂料试验方法》中 16。

视频扫一扫

M4-6　直线式干燥时间记录仪操作

任务实施

操作 12　测定涂膜的干燥时间

一、仪器与试剂

马口铁板：50mm×120mm×(0.2～0.3)mm；65mm×15mm×(0.2～0.3)mm。

紫铜片：T2，硬态，50mm×100mm×(0.1～0.3)mm。

铝板：LY12，50mm×100mm×1mm，50mm×150mm×1mm。

铝片盒：45mm×45mm×20mm，铝片厚度（0.05～0.1)mm。

脱脂棉球：$1cm^3$ 疏松棉球。

定性滤纸：标重 $75g/m^2$，15cm×15cm。

线棒涂布器；工字涂布器；漆刷；保险刀片。

秒表：分度为 0.2s。

天平：感量为 0.01g。

电热鼓风箱；干燥试验器（质量 200g，底面积 $1cm^2$）（图 4-20)。

涂料：醇酸树脂涂料、硝基涂料、聚合物水泥防水涂料样品。

图 4-20　干燥试验器

二、操作步骤

1. GB/T 1728—1979（1989）《涂膜、腻子膜干燥时间测定法》测定

（1）按 GB/T 9271—2008《色漆和清漆 标准试板》的规定处理每一块试板；按产品标准规定的方法涂覆受试产品或体系。按 GB/T 1727—1992《漆膜一般制备法》在马口铁板、紫铜片（或产品标准规定的底材）上制备漆膜。

控制涂膜的厚度，用 GB/T 13452.2—2008《色漆和清漆 漆膜厚度的测定》中规定的一种方法测定涂层的干膜厚度，对于腻子膜则用湿膜制备器制备，规定湿膜制备器的规格来控制湿膜厚度。

然后按产品标准规定的干燥条件进行干燥。每隔若干时间或到达产品标准规定时间，在距漆面边缘不小于1cm的范围内，检验漆膜是否表面干燥或实际干燥（烘干漆膜从电热鼓风箱中取出，应在恒温恒湿条件下放置30min后测试）。

如：GB/T 25251—2010《醇酸树脂涂料》中规定醇酸清漆干燥时间测定要求为施涂一道，清漆厚度为（15±3）μm，色漆（23±3）μm；GB/T 25249—2010《氨基醇酸树脂涂料》中规定产品干燥时间测定要求为在马口铁板上喷涂一道，清漆厚度为（20±3）μm，色漆（23±3）μm；GB/T 25271—2010《硝基涂料》中规定产品干燥时间测定要求为在马口铁板上施涂一道，底漆与色漆的厚度均为（23±3）μm，清漆厚度为（15±3）μm。

（2）表面干燥时间测定法

① 甲法（吹棉球法）：在漆膜表面轻轻放上一个脱脂棉球，用嘴距离棉球10～15cm，沿水平方向轻吹棉球，如能吹走，膜面不留有棉丝，即认为表面干燥。

② 乙法（接触法）：以手指轻接触漆膜表面，如感到有些发黏，但没粘在手指上，即认为表面干燥。

（3）实际干燥时间测定法

① 甲法（压滤纸法）：在漆膜上放一片定性滤纸（光滑面接触漆膜），滤纸上再轻轻放置干燥试验器，同时开动秒表，静置30s，移去干燥试验器，将样板翻转（漆膜向下），滤纸能自由下落，或在背面用握板之手的食指轻敲几下，滤纸能自由落下而滤纸纤维不被粘在漆膜上，即认为漆膜实际干燥。

对于产品标准中规定漆膜允许稍有黏性的漆，如样板翻转经食指轻敲后，滤纸不能自由下落时，将样板放在玻璃板上，用镊子夹住预先折起的滤纸一角，沿水平方向轻拉滤纸，若样板不动，滤纸已被拉下，即使漆膜上粘有滤纸纤维亦认为漆膜实际干燥，但应标明漆膜稍有黏性。

② 乙法（压棉球法）：在漆膜表面上放一个脱脂棉球，于棉球上再轻轻放置干燥试验器，同时开动秒表，静置30s，将干燥试验器和棉球拿掉，放置5min，观察漆膜表面有无棉球的痕迹及失光现象，漆膜上若留有1～2根棉丝，用棉球能轻轻掸掉，认为漆膜实际干燥。

③ 丙法（刀片法）：用保险刀片在样板上切刮漆膜，若观察其底层及膜内均无黏着现象，即认为漆膜实际干燥。

④ 丁法（厚层干燥法）：适用于绝缘漆。用二甲苯或乙醇将铝片盒擦净、干燥，称取试样20g（以50%不挥发物含量计，不挥发物含量不同时应换算）静止至试样内无气泡（不消失的气泡用针挑出），水平放入加热至规定温度的电热鼓风箱内，按产品标准规定的升温速度和时间进行干燥，干燥后取出冷却，小心撕开铝片盒将块状试样完整地剥出。检查块状试样的表面、内部和底层是否符合产品标准规定，试块从中间被剪成两份，应没有黏液状物，剪开的截面合拢再拉开，亦无拉丝现象，则认为厚层实际干燥。平行试验三次，如两个结果符合要求，即认为厚层实际干燥。

（4）结果表示及结果判定　记录达到表面干燥所需的最长时间，以h或min表示，按规定的表面干燥时间判定通过或未通过。记录达到实际干燥所需的最长时间，以h或min表示，按规定的实际干燥时间判定通过或未通过。

2. GB/T 6753.2—1986《涂料表面干燥试验 小玻璃球法》测定

此法为测定漆膜表面干燥时间的一种方法，仅适用于自干型涂层，测定时应注意所用玻璃球的直径需符合标准要求。

表面干燥状态的评定：每隔若干时间或达到产品规定时间后，放平样板。从不小于50mm且不大于150mm的高度上，将约0.5g的小玻璃球倒在漆膜表面上。10s后，将样板保持与水平面成20°，用软毛刷轻轻刷漆膜。用一般直视法检查漆膜表面，若能将全部小玻璃球刷掉而不损伤表面则认为表面干燥。

3. GB/T 9273—1988《漆膜无印痕试验》测定

此法为测定漆膜实际干燥时间的一种方法，适用于自干及烘干型涂层。测定时，在漆膜表面上放一块25mm×25mm的聚酰胺丝网及一定质量的重物，经10min后取下重物及丝网，观察漆膜有无印痕来评定干燥程度。结果以经过规定时间后涂层是否达到无印痕（通过和未通过）或涂层刚好无印痕的时间（h或min）表示。

4. 聚合物水泥防水涂料样品干燥时间的测定

（1）将在标准试验条件下放置一段时间后的聚合物水泥防水涂料样品按生产厂指定的比例分别称取适量液体组分和固体组分，混合后机械搅拌5min，然后按产品要求涂刷于铝板上制备涂膜，不允许有空白。涂料用量为（8±1)g，并记录涂刷结束的时间。铝板规格为50mm×150mm×1mm。

试验前工具、涂料、模框等在标准试验条件下放置24h以上；控制涂膜厚度（1.5±0.2）mm。养护条件如表4-10所示。

表4-10 养护条件

分类		脱模前的养护条件	脱模后的养护条件
水性	沥青类	标准条件120h	(40±2)℃下48h后，标准条件4h
	高分子类	标准条件96h	(40±2)℃下48h后，标准条件4h
溶剂型、反应型		标准条件96h	标准条件72h

（2）干燥时间的测定项目分表面干燥时间的测定和实际干燥时间的测定两项。试验条件为温度（23±2)℃，相对湿度（50±5)%。

表面干燥时间的测定：涂刷于铝板上制备的涂膜经过若干时间后，距膜面边缘不小于10mm的范围内以手指轻触涂膜表面，如感到有些发黏，但已无涂料粘在手指上，即为表面干燥，记下此时时间。

实际干燥时间的测定：用单面保险刀片切割涂刷在铝板上制备的涂膜，若底层及膜内均无黏着现象，则可认为实际干燥。记下涂膜达到实际干燥所用的时间，即为实际干燥时间。

（3）平行试验两次，两次结果的平均值为最终结果，有效数字精确至实际时间的10%。

三、注意事项

① 应注意干燥时间测定的环境条件。常温干燥时，温度为（23±2)℃，相对湿度为(50±5)%；烘干漆则应在规定温度下烘烤，烘烤样板时应开启鼓风装置。

② 测定用样板的膜厚应控制在标准规定的范围内。

③ 测定时应注意底材的选用，结果应注明相应的底材。

④ 测定时油基漆的样板不能与硝基漆的样板同时放在一个烘箱里烘烤。

⑤ 每次观察是否有黏附时建议用乙醇擦拭手指后轻触涂层。

⑥ 试验报告应写明下列内容：试样的名称、类别和批号；试样的表面干燥时间；试样的实际干燥时间。

四、结果报告

测试结果记录参见表4-11。

表4-11　测试结果

所执行标准编号	
试验日期	
待测样品信息（厂商、商标名称、批号）	
试验结果	
备注	

思考习题

1. 影响涂膜干燥时间的因素有哪些？
2. 为了缩短涂膜干燥时间，可从哪几个方面调整涂料配方？

任务九　涂膜、腻子膜打磨性的测定

任务引导

掌握打磨性的测定原理，会准确测定不同类底漆或腻子的打磨性。

GB/T 1770—2008《涂膜、腻子膜打磨性测定法》规定了涂膜、腻子膜在规定的负载下，经规定的次数打磨后，以涂膜表面的变化和打磨的难易程度来评定其耐打磨性能的经验性的试验方法。该标准适用于涂膜、腻子膜打磨性的测定，适用于液态或粉末状色漆和清漆，也适用于其湿膜或干膜及其原材料。

任务实施

操作13　测定不同类底漆或腻子的打磨性

一、仪器与试剂

适用的打磨性测定仪主要参数：摩擦速度0～135次/min（单程）；摩擦行程155mm±5mm（单程）；置数范围0～9999；打磨头荷重（570±20）g；附加砝码荷重：50g、100g、200g。

平整且无变形的马口铁板或者钢板（200mm×80mm）；水砂纸或者砂布。

涂料：环氧底漆、环氧腻子、醇酸底漆、醇酸面漆。

二、操作步骤

① 按 GB/T 9271—2008《色漆和清漆 标准试板》的规定处理每一块试板，按产品标准规定的方法涂覆受试产品或体系。控制涂膜的厚度，用 GB/T 13452.2—2008《色漆和清漆 漆膜厚度的测定》中规定的一种方法测定涂层的干膜厚度，对于腻子膜则用湿膜制备器制备，规定湿膜制备器的规格来控制湿膜厚度。

② 将每一块已涂漆的试板在规定的条件下干燥并放置规定的时间，一般来说，试验前试板应在温度为 (23±2)℃和相对湿度为 (50±5)%的条件下至少放置 16h。

③ 将试板放在打磨性测定仪器的吸盘中央，使试板吸附在吸盘上，选择规定规格型号的水砂纸或砂布，将其收紧固定在打磨头上，根据涂膜、腻子膜不同的需求添加砝码置于打磨头上。如果要求湿打磨，则接好进水管和出水管，调节水的流量使其刚好可连续滴加在打磨头上；若要求干打磨，则不需要滴加水。

④ 接通电源，按标准要求设定打磨次数。打开电源开关，按动置数开关，使计数显示设定值。选择摩擦速度和预摩擦的次数。

⑤ 按动启动开关，仪器开始工作（若打开电源后有数值显示，请按复位开关），基数显示器开始自动计数，由设定值减至为零时，仪器自动停止工作，试验完毕。若想中途停机，按动暂停开关即停。

⑥ 按动复位开关，取出试板，观察并判断试验结果。在散射日光下目视观察，以三块试板中两块现象相似的样板评定结果。根据需要可以评定打磨后样板涂膜表面出现的现象，如表面是否平滑、有无未研细的颜料颗粒或其他杂质，也可以依据打磨前后涂膜的失重或砂纸上黏附磨出物的程度来评定打磨的难易程度。

三、注意事项

① 仪器在工作中，计数器不得随意设定。

② 仪器的放置应以水平为准后方可做实验。

③ 每次试验需要重换砂纸。

④ 仪器使用较长时间后，应将仪器拆开，向变速箱内注入 20# 机油。在两导杆的油孔中亦应注入机油，但不应过量。

四、结果报告

测试结果记录参见表 4-12。

表 4-12 测试结果

所执行标准编号	
试验日期	
待测样品信息 （厂商、商标名称、批号）	
所用水砂纸或砂布的规格型号	
摩擦速度、摩擦次数及所加负荷	
试验结果	
备注	

思考习题

1. 影响涂膜、腻子膜打磨性测定的因素有哪些?
2. 为了提高涂膜、腻子膜打磨性，可从哪几个方面调整涂料配方?

任务十　涂料遮盖力的测定

任务引导

理解涂料遮盖力的定义；了解涂料遮盖力测定的标准；掌握涂料遮盖力测定方法；会计算涂料遮盖力；会用反射率仪测定漆膜对比率；了解涂料产品标准中对遮盖力测定的规定。

遮盖力是指将有色、不透明的涂料均匀地涂在物体表面上，其遮盖被涂物表面底色的能力。涂料的遮盖力是其施工性能的重要指标之一，遮盖力好的色漆只需施涂一道漆或二道漆就可遮住底材，涂料用量少，可大大节省施工成本；同样重量的涂料产品，在相同的施工条件下，遮盖力高的产品可涂装更多的面积。一般比较优良的涂料应有较好的遮盖力。通常深色漆比浅色漆遮盖力强。

GB/T 1726—1979《涂料遮盖力测定法》中规定遮盖力指采用目视法，把色漆均匀涂布在黑白格玻璃板或黑白格纸等物体表面上，使其底色不再呈现的最小用漆量，用 g/m^2 表示。

GB/T 25249—2010《氨基醇酸树脂涂料》规定白色漆遮盖力≤$110g/m^2$、黑色漆遮盖力≤$40g/m^2$。GB/T 25251—2010《醇酸树脂涂料》规定白色调和漆遮盖力≤$200g/m^2$、白色磁漆遮盖力≤$120g/m^2$、黑色调和漆遮盖力≤$45g/m^2$、黑色磁漆遮盖力≤$45g/m^2$。

目测黑白格板遮盖力有时终点不准确，用反射率仪对遮盖力进行测定可直接用对比率表示。相关的测定方法标准有 GB/T 239811—2019《色漆和清漆　遮盖力的测定　第1部分：白色和浅色漆对比率的测定》。

GB/T 9757—2001、GB/T 9756—2018 等合成树脂乳液内外墙涂料产品标准规定用对比率表示遮盖力大小，即把被测试样以不同厚度涂布于透明聚酯膜黑、白卡纸上，分别测定其反射率，其比值为对比率。测定时，在标准的聚酯膜或黑白格纸板上制备 100μm 厚漆膜，并在实验室条件下干燥 24h，把聚酯膜放在黑、白陶瓷板上，使用反射率测定仪分别测定反射率，黑板与白板的反射数据比值即为对比率。产品的遮盖力越强，黑板与白板上的数据差别越小，其比值越接近 1.0。当对比率等于 0.98 时，即为全部遮盖，根据漆膜厚度就可求得遮盖力。

GB/T 9756—2018《合成树脂乳液内墙涂料》对白色和浅色内墙面漆规定对比率≥0.90 的为合格品，一等品的对比率须≥0.93，优等品的对比率须≥0.95。

GB/T 23997—2009《室内装饰装修用溶剂型聚氨酯木器涂料》对家具厂和装修用面漆的色漆规定遮盖力指标须商定，规定刮涂法制板，养护1天，采用聚酯膜对比率法测定。

任务实施

操作 14　测定涂料的遮盖力

一、仪器与试剂

宽 25～35mm 漆刷；刻度尺；反射率测定仪；标准板与模板；聚酯膜。

玻璃板：100mm×100mm×(1.2～2)mm、100mm×250mm×(1.2～2)mm。

木板：100mm×100mm×(1.2～2)mm。

天平：感量为0.001g。

底材：底材采用未经处理的无色透明聚酯膜，厚度为30～50μm，尺寸不小于100mm×150mm。

漆膜涂布器：40～60μm湿膜厚度规格的漆膜涂布器，制得漆膜尺寸不小于60mm×60mm。100μm线棒涂布器或自动涂漆器，以获得更为均匀的涂料涂层。

涂料：内墙乳胶面漆、外墙面漆、弹性涂料面漆。

黑白格板与黑白遮盖力卡纸（图4-21）。

图4-21 黑白格板与黑白遮盖力卡纸

刷涂法制作黑白格玻璃板。将100mm×250mm×(1.2～2)mm玻璃板的一端遮100mm×50mm（留作试验时手执之用），然后在剩余的100mm×200mm的面积上喷一层黑色硝基漆。待干后用小刀仔细地间隔划去25mm×25mm的正方形，再将玻璃板放入水中浸泡片刻，取出晾干，间隔剥去正方形漆膜处，再喷上一层白色硝基漆，即成具有32个正方形的黑白间隔的玻璃板。然后再贴上一张光滑牛皮纸，刮涂一层环氧胶（以防止溶剂渗入破坏黑白格漆膜），即制得牢固的黑白格板。

喷涂法黑白格木板：在100mm×100mm×(1.2～2)mm的木板上喷一层黑硝基漆。待干后漆面贴一张同面积大小的白色厚光滑纸，然后用小刀仔细地间隔划去25mm×25mm的正方形，再喷上一层白色硝基漆，待干后仔细揭去存留的间隔正方形纸，即制得具有16个正方形的黑白格间隔板。

木制暗箱：600mm×500mm×400mm。暗箱内用3mm厚的磨砂玻璃将箱分成上下两部分，磨砂玻璃的磨面向下，使光源均匀。暗箱上部均匀地平行安装15W日光灯2只，前面安一挡光板，下部正面敞开用于检验，内壁涂上无光黑漆。

二、操作步骤

1. 目视法测定涂料遮盖力

（1）刷涂法　根据产品标准规定的黏度（如黏度太大无法涂刷，则将试样调至可涂刷的黏度，但稀释剂用量在计算遮盖力时应扣除），在感量为0.01g天平上称出盛有油漆的杯子和漆刷的总重量。用漆刷将油漆均匀地涂刷于玻璃黑白格板上，放在暗箱内，距离磨砂玻璃片15～20cm，有黑白格的一端与平面倾斜成30°～45°交角，在1只和2只日光灯下进行观察，以都刚看不见黑白格为终点。然后将盛有余漆的杯子和漆刷称重，求出黑白格板上油漆重量。涂刷时应快速均匀，不应将油漆刷在板的边缘上。

遮盖力（g/m^2）按下式计算（以湿漆膜计）：

$$X=\frac{W_1-W_2}{S}\times 10^4=50(W_1-W_2)$$

式中　W_1——未涂刷前盛有油漆的杯子和漆刷的总质量，g；

W_2——涂刷后盛有余漆的杯子和漆刷的总质量，g；

S——黑白格板涂漆的面积，cm^2。

平行测定两次，结果之差不大于平均值的5%，则取其平均值，否则必须重新试验。

（2）喷涂法　将试样调至适于喷涂的黏度，按《漆膜一般制备法》（GB 1727—1992）喷涂法进行。先在感量0.001g天平上分别对两块100mm×100mm的玻璃板称重，用喷枪薄薄地分层喷涂，每次喷涂后放在黑白格木板上，置于暗箱内距离磨砂玻璃片15～20cm，有黑白格的一端与平面倾斜成30°～45°交角，在1只和2只日光灯下进行观察，以都刚看不见黑白格为终点。然后把玻璃板背面和边缘的漆擦净，各种喷涂漆类按不挥发物含量中规定的焙烘温度烘至恒重。

遮盖力（g/m^2）按下式计算：

$$X=\frac{W_2-W_1}{S}\times 10^4=100(W_1-W)$$

式中　W_1——未喷涂前玻璃板的质量，g；

W_2——喷涂漆膜恒重后的玻璃板质量，g；

S——玻璃板喷涂漆的面积，cm^2。

平行测定两次，结果之差不大于平均值的5%，则取其平均值，否则必须重新试验。

2. 对比率法测定涂料遮盖力

按GB/T 9271—2008《色漆和清漆 标准试板》的规定处理每一块试板，按产品标准规定的方法涂覆受试产品或体系。控制涂膜的厚度，用GB/T 13452.2—2008《色漆和清漆 漆膜厚度的测定》中规定的一种方法测定涂层的干膜厚度，对于腻子膜则用湿膜制备器制备，规定湿膜制备器的规格来控制湿膜厚度。

在一至少6mm厚的平玻璃板上，滴几滴200号油漆溶剂油，将聚酯膜铺在上面。借助200号油漆溶剂油的表面张力使聚酯膜贴在玻璃板上表面，在聚酯膜与玻璃板之间不应有气泡。必要时可用一洁净白绸布将气泡消除。

把色漆搅拌均匀，以破坏任何触变性结构，但不产生气泡，并立即使用。按照所要求的厚度，在聚酯膜一端，沿短线倒上2～4mL色漆，立即使用适宜的涂布器以匀速刮涂，使色漆铺展成均匀涂层。选定能给出湿膜厚度40～60μm或40～100μm范围的不同规格的涂布器，各制备两块漆膜。涂过漆的聚酯膜被固定在平整的底材上，在水平条件下干燥。干燥时间或烘烤条件取决于受试样品的类型，按产品标准中规定执行。

在进行反射率测定之前，应将每一块已涂漆的试板在规定的条件下干燥并放置规定的时间，一般来说，干燥了的涂漆聚酯膜在（23±2）℃和相对湿度（50±5）%的条件下，至少保持24h，但不应超过168h。在黑、白玻璃板（或陶瓷板）上，滴几滴200号油漆溶剂油，借助其表面张力，依次贴住涂膜聚酯膜，使之保证光学接触。

在无色透明聚酯薄膜（厚度为30～50μm）上，或者在底色黑白各半的卡片纸上均匀地涂布被测涂料，在标准条件［温度（23±2)℃，湿度（50±5)%］下至少放置24h。

然后在至少四个位置上测量每张涂漆聚酯膜的反射率，并分别计算出平均反射率 R_B（黑板上）和 R_W（白板上），进而计算出每张涂漆聚酯膜的对比率 R_B/R_W。

M4-8 对比率法测定漆膜遮盖力

平行测定两次，如两次测定结果之差不大于0.02，则取两次测定结果的平均值。

3. 以对比率转化计算遮盖力（g/m²）

（1）干漆膜表面密度的测定　在干燥的涂漆聚酯膜中心，利用模板，用立刀截取和模板面积相等的试片，进行称量（精确至1mg），再用对聚酯膜干燥量无影响的溶剂除去漆膜，经完全干燥后，再次称取聚酯膜的质量。按下式计算干漆膜表面密度 ρ_A（g/mm²）：

$$\rho_A=\frac{m_2-m_1}{A}$$

式中　m_1——未涂漆的聚酯膜质量，g；

m_2——涂漆聚酯膜质量，g；

A——切下的聚酯膜的面积，mm²。

（2）湿膜厚度的计算　测定色漆的密度，测定并计算色漆的不挥发物百分含量，按下式计算膜厚度（mm）：

$$t=\frac{\rho_A}{\rho \cdot NV}\times 10^5$$

式中　ρ——色漆的密度，g/mL；

ρ_A——干漆膜表面密度，g/mm²；

NV——不挥发物含量，%。

（3）涂布率的计算　涂布率 SR（m²/L）是湿膜厚度的倒数，由下式得到：

$$SR=1/t=\frac{\rho \cdot NV}{\rho_A}\times 10^{-5}$$

将干膜表面密度 ρ_A 公式代入，则得到：

$$SR=1/t=\frac{A \cdot \rho \cdot NV}{m_2-m_1}\times 10^{-5}$$

（4）涂布率为20m²/L时对比率的测定　由于在限定的漆膜厚度范围内，对比率和涂布率近似呈线性函数关系，故而可用六个漆膜的对比率值和相应的涂布率值绘成曲线，再通过线性内插法由图得到涂布率为20m²/L时的对比率。也可用线性回归法进行计算。

三、注意事项

① 涂料产品的干遮盖力和湿遮盖力有一定的差别。对高档产品来说，一般湿遮盖力优于干遮盖力；对低档产品来说，则正好相反。因此，评价涂料遮盖力的好坏不能仅看施工时的情况（湿遮盖力的好坏），关键要看漆膜干燥后的遮盖力。

② 对比率测定适用于白色及浅色漆，反映的是产品的干遮盖力，能体现涂料的最终使用效果。

③ 对比率测定时，黑格上至少测定 4 个点，白格上至少测定 4 个点，边缘的点不要选。

④ 黑白工作板和卡片纸的反射率为：黑色，不大于 1%；白色，(80±2)%。

四、结果报告

检验报告参见表 4-13 和表 4-14。

表 4-13　目视法测定遮盖力检验报告

所执行标准编号	
试验日期	
待测样品信息（厂商、商标名称、批号）	
数据记录	
测定结果	

表 4-14　对比率法测定遮盖力检验报告

所执行标准编号	
试验日期	
待测样品信息（厂商、商标名称、批号）	
仪器规格型号	
漆膜厚度	
测定数据记录	
测定结果	

思考习题

1. 影响遮盖力测定的因素有哪些？
2. 为了提高涂料的遮盖力，可从哪几个方面调整涂料配方？

任务十一　漆膜光泽的测定

任务引导

理解镜面光泽的定义；了解光泽测定的相关标准；能正确选择合适的光泽测定角；会校准与维护光泽计；会正确操作光泽计测定镜面光泽。

光线投射到物体的表面会发生光线的反射，物体表面对光线的反射能力称为光泽。镜面光泽是指对于规定的光源和接收器角，从物体镜面方向反射的光通量与从折射率为1.567的玻璃镜面方向反射的光通量之比。漆膜光泽是漆膜表面的一种光学特征，以其反射光的能力来表示，是衡量漆膜外观质量的主要指标。高光泽漆膜不仅外观亮丽，对被涂物表面起到良好的装饰作用，而且也对被涂物体起到一定的保护作用。涂装应用的实践表明，漆膜保护作用的降低，往往都是从其表面光泽下降开始的。

涂料的光泽视品种不同，可分为五档。以60°的反射光泽划分的漆膜光泽分类见表4-15。有光漆的光泽度一般在70%以上，磁漆多属此类。室内乳胶漆光泽度多为20%～40%。底漆一般光泽度不高于10%。

表4-15　漆膜光泽分类（以60°的反射光泽划分）

类型	光泽度/%	类型	光泽度/%
高光泽	＞70	平光	2～6
半光	30～70	无光	＜2
蛋壳光(亚光)	6～30		

漆膜光泽测定的相关标准有GB/T 9754—2007《色漆和清漆 不含金属颜料的色漆漆膜的20°、60°和85°镜面光泽的测定》、GB/T 13891—2008《建筑饰面材料镜向光泽度测定方法》。但以上标准不适于含金属颜色色漆漆膜的光泽测量。

光泽度仪由光源、透镜（使平行光束射向受试表面）和接收器器体（包含透镜、视场光阑和接收所需反射光锥的光电池）组成。常见的光泽度仪有单角度光泽度仪和多角度光泽度仪，见图4-22和图4-23。

一般来说，60°几何条件可适用于所有的漆膜，但是对于光泽度很高和接近无光的漆膜，20°和85°更适用一些。20°几何条件适用于较小的接收器孔，对于60°镜面光泽度高于70%的高光泽漆膜的情况能给出较好的分辨率。85°几何条件对于60°镜面光泽度高于10%的低光泽漆膜也能给出较好的分辨率。

在某些情况下，镜面光泽的测定值可能会与目视评定不一致。漆膜表面光泽度高低，不仅取决于漆膜表面的平整和粗糙程度，光的入射角度也会对光泽产生影响，入射角越大，反射光的强度越高。在中光泽区域，目测光泽与仪器测定光泽近似直线关系；而在高光泽区域，目测光泽往往低于仪器测定光泽；在低光泽区域，由于颜料（消光剂）加入量不同以及漆膜表面的粗糙程度不同，将会使目测光泽高于仪器实测结果。

图 4-22　单角度（60°角）光泽度仪

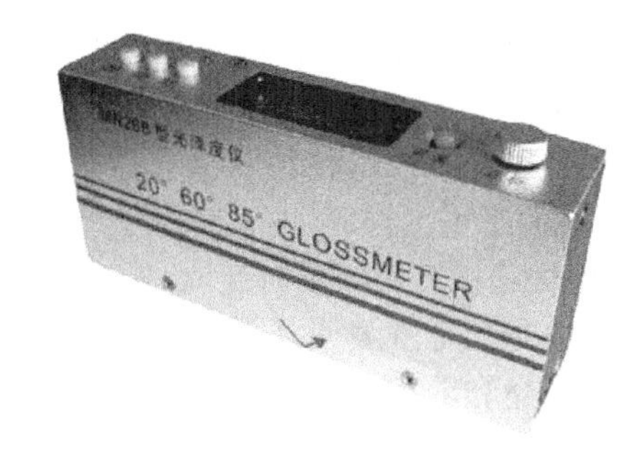

图 4-23　多角度光泽度仪

对同一系列的产品进行测量，即使光泽不在所建议的几何条件范围内，最好还是采用相同的几何条件进行测定。

平行光路的镜面光泽度仪的测量原理如图 4-24 所示。

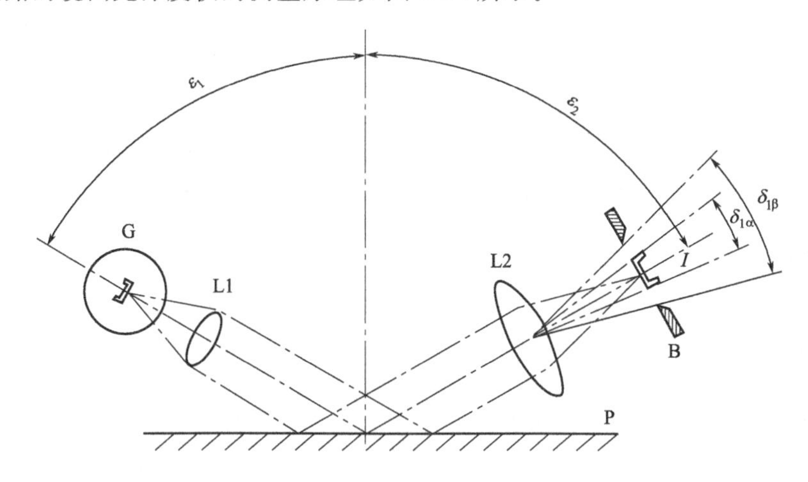

图 4-24　平行光路的镜面光泽度仪的测量原理

光源 G 发射一束光经过透镜 L1 到达被测面 P，被测面 P 将光反射到透镜 L2，透镜 L2 将光束汇聚到位于光阑 B 处的光电池，光电池进行光电转换后将电信号送往处理电路进行处理，然后仪器显示测量结果。

任务实施

操作 15　测定漆膜的光泽

一、仪器与试剂

光泽度仪；平板玻璃（150mm×100mm，3mm）；槽深（150±2）μm 的块状涂布器。待测涂料试样；高度抛光的黑玻璃参照标准板。

二、操作步骤

① 制板。根据 GB/T 3186—2006《色漆、清漆和色漆与清漆用原材料 取样》的要求取样，根据 GB/T 20777—2006《色漆和清漆 试样的检查和制备》进行试样的检查与制备，充分搅拌试样，注意不要带入空气泡。

② 按 GB/T 9271—2008 中 7.2 的规定对玻璃板进行脱脂处理。

③ 在底材平整的玻璃（150mm×100mm，3mm）上的一端放上约 2mL 的涂料试样，用槽深（150±2）μm 的块状涂布器以固定的压力、约 100mm/s 的速度进行刮涂，制成约 75μm 厚的平整的湿膜。

④ 从试样开始涂装时计时，在温度为（23±2）℃和相对湿度为（50±5）%的条件下按试样的产品标准要求干燥和养护规定的时间，如 GB/T 25251—2010《醇酸树脂涂料》中规定干燥和养护时间为 72h。测试前在同样的温度和相对湿度下至少调节 16h。注意不要暴露于阳光下。

⑤ 开启光泽度仪，选取测量用的几何条件。如醇酸树脂涂料，按 GB/T 9754—2007《色漆和清漆 不含金属颜料的色漆漆膜的 20°、60°和 85°镜面光泽的测定》的规定，选取 60°进行测试。

⑥ 进行光泽度仪的零点校准。在每个操作周期的开始和测量操作过程中要常以足够的间隔来校准仪器，以保证仪器灵敏度基本上是恒定的。将仪器置于盒子自带的黑丝绒上，检查仪器的示值是否为零。如果读数不在零的±0.1 范围内，则从以后的各测量值中减去零读数。

⑦ 光泽度仪的校准。将仪器用高光泽工作标准板进行校准，调节光泽计的读数使之与高光泽工作板的光泽值一致。再将仪器置于低光泽工作标准板上，调节光泽计的读数使之与低光泽工作板的光泽值一致。反复校准，直至工作参照标准板能以要求的精度进行测量。

⑧ 光泽度仪校准后，对玻璃板上试验漆膜在不同位置，以平行于施涂方向取得 3 个读数，每一系列测量后都以较高光泽的工作参照标准进行校验，以保证校准过程中无漂移。如果各读数之差小于 5 个光泽单位，则记录平均值作为镜面光泽值，否则再读取另外 3 个读数，并记录全部 6 个值的平均值和这 6 个值的范围。

⑨ 重复性的评定。当同一操作者在同一实验室内使用标准试验方法，在一个短的时间间隔里对在玻璃板上漆膜测得的两组（各 3 个读数的平均值）数据之差的绝对值低于 1 个光泽单位（60°和 85°几何条件）和 2 个光泽单位（20°几何条件）时，认为有 95%的置信水平。

⑩ 再现性的评定。当不同操作者在不同的实验室使用标准试验方法，对在玻璃板上同一产品的漆膜测得的两组（各 3 个读数的平均值）数据之差的绝对值低于 6、4、7 个光泽单位（分别对 20°、60°和 85°几何条件）时，认为有 95%的置信水平。

三、注意事项

① 原始参照标准板是高度抛光的黑玻璃，是测量和计算漆膜光泽的主要基准，将直接影响样品光泽测定的准确性，因此应精心保存，防止表面损伤，不能用于日常校准。原始标准板可能老化，光泽度计及光泽度板的检定周期一般不超过 1 年。如果出现老化破坏，可用氧化铈进行光学抛光，可以使原始光泽恢复。

② 工作参照标准板可以是表面平整度良好的瓷砖、搪瓷、不透明玻璃、抛光黑玻璃或具有均匀光泽的其他材料，并且已用原始参照标准板在给定区域范围和给定光照方向进行过校准。工作参照标准板也应该均匀和稳定，并且由计量部门校核过。多角度光泽度仪一般配备高光泽度工作板和低光泽度工作板。

③ 影响漆膜光泽的因素比较多，通过这个项目的检查，可以了解涂料产品所用树脂、颜（填）料和树脂的比例等是否适当。油漆中颜料的粒度及在基料中的分散性将影响漆膜

光泽。颜料细度越细，在基料中的分散均匀性越好，有助于形成平整光滑的漆膜。油漆中的颜基比对漆膜光泽产生影响。由于漆膜中颜料颗粒弱化了镜面反射致使光泽降低，而且随着颜料体积浓度（P. V. C）的增加光泽逐渐下降。颜基比一定时，颜料的吸油量越大，光泽越低。各色颜料对光的吸收和反射程度不同，由于黑漆对光完全吸收，而白漆对光完全反射，所以黑色漆比白色漆显示高光泽。油漆中选用的溶剂种类直接影响其挥发速度的快慢，而过快或过慢都会影响漆膜的平整程度，降低漆膜光泽。烘干时的光泽比自干时高。

四、结果报告

光泽测定精密度评定记录参见表 4-16。

受试产品的编号：________________；受试产品的类型：________。

温度：________℃；湿度：______%；干燥和养护时间：______h。

表 4-16　光泽测定精密度评定

精密度项目	重复性		再现性	
编号	第一组数据	第二组数据	第一组数据	第二组数据
位置 1 的光泽				
位置 2 的光泽				
位置 3 的光泽				
光泽平均值				
光泽差的绝对值				

思考习题

1. 影响漆膜光泽的因素有哪些？
2. 若希望调配一个高光泽涂料样品，涂料配方可从哪几个角度进行调整？

任务十二　漆膜颜色与色差的测定

任务引导

了解漆膜颜色的测定方法；掌握三刺激值的基本概念；能进行三刺激值的测定；会选择相应的光源和观测方法；能正确使用 datacolor 测色系统进行颜色和色差的测定。

色相、明度、饱和度是色彩性能的三要素。按照 CIE 标准色度学系统规定，任何物体的颜色都可以用 X、Y 和 Z 三个数值来表示，称为三刺激值。CIE $L^*a^*b^*$ 色空间是由 L^*、a^* 和 b^* 构成的直角坐标系。其中，L^* 表示明度，颜料的鲜艳程度是由明度决定的，明度越大，颜色越鲜艳；a^*、b^* 值的具体变化对色相和饱和度具有一定的影响，a^*、b^* 表示色度坐标，$+a^*$ 为红色方向，$-a^*$ 为绿色方向，$+b^*$ 为黄色方向，$-b$ 为蓝色方向。ΔE 对色彩的变化作一个整体评价。

L^*、a^*、b^* 值可由三刺激值共同确定，其良好的平衡结构是基于一种颜色不能同时既是绿又是红，也不能同时既是蓝又是黄这个理论建立的。

L^*、a^* 和 b^* 值可由式(1)～式(3) 计算得出：

$$L^* = 116(Y/Y_n)^{1/3} - 16 \tag{1}$$

$$a^{*}=500[(X/X_{n})^{1/3}-(Y/Y_{n})^{1/3}] \tag{2}$$

$$b^{*}=200[(Y/Y_{n})^{1/3}-(Z/Z_{n})^{1/3}] \tag{3}$$

式中　X，Y，Z——物体的三刺激值，无量纲；

X_n，Y_n，Z_n——理想的反射散光器的三刺激色数值，无量纲；

L^{*}——明度，无量纲；

a^{*}，b^{*}——色度坐标，无量纲。

因此，可以利用L^{*}、a^{*}和b^{*}三个数值的变化表示着色效果的变化。

颜色色调环图见图 4-25。

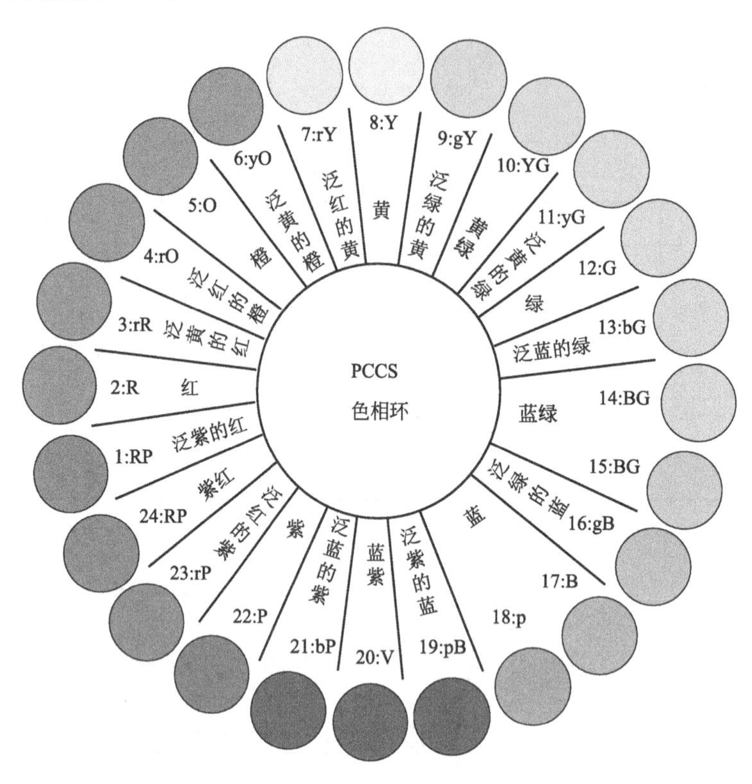

图 4-25　颜色色调环图

任务实施

操作 16　测定漆膜的颜色与色差

一、仪器与试剂

标准白卡纸，标准黑白格，工字涂布器，datacolor 测色系统（图 4-26）。

二、操作步骤

① 启动仪器，连接电脑，打开操作软件系统。

② 校准 datacolor 测色系统，分别采用标准黑板、标准白板和标准青色板进行校准。

③ 先取标准色板进行测试，获得标准值。

④ 将测试漆膜进行测试，与标准值对比，获得色差值和三刺激值数据。

⑤ 平行测定 3 次，求平均值。

图 4-26 datacolor 测色系统

三、注意事项

使用 datacolor 测试系统一定要进行校准；选取的测试点不能靠近边缘；制备的测试漆膜应该均匀，不存在明显的厚薄不均现象。

四、结果报告

颜色测定结果记录参见表 4-17。

测试日期：____年____月____日。

实验温度：________℃；湿度：________%。

检测物质：________________________。

使用标准：________________________。

表 4-17 颜色测定结果

项目	L^*	a^*	b^*	ΔE
颜色 1-1				
颜色 1-2				
颜色 1-3				
颜色 2-1				
颜色 2-2				
颜色 2-3				

注：每个样品选取三个点以上进行测试。

思考习题

1. 如何测定与表征漆膜颜色与色差？
2. datacolor 测色系统如何进行校准？

任务十三 漆膜附着力测定与划格试验

任务引导

理解附着力的定义；了解附着力测定与划格试验测定的标准；掌握漆膜划格试验方法和

附着力测定方法；会正确操作划格试验；会评定划格试验等级；了解涂料产品标准中对漆膜划格试验的规定。

漆膜与被涂物表面在物理和化学力的作用下结合在一起的坚牢程度被称为附着力。漆膜的牢固附着是涂料实现对基体材料保护的重要基础。漆膜附着力是油漆涂膜的最主要的性能之一。

根据吸着学说，这种附着强度的产生是由涂膜中聚合物的极性基团（如羟基或羧基）与被涂物表面极性基团相互结合所致，因此影响附着力大小的因素很多，比如表面污染、有水等等。附着力不好的产品，容易和物面剥离而失去其防护和装饰效果。通常要求底漆附着力高，面漆次之。目前测附着力的方法有划圈法、划格法和扭力法等，还有划痕法、胶带附着力法、剥落试验法。

附着力测定的现行传统方法所执行的标准有 GB/T 1720—1979（1989）《漆膜附着力的测定法》，该方法是用专用附着力测定仪在漆膜样板上划圆滚线，按圆滚线划痕范围内漆膜的完整程度评定的，分为 1～7 级，1 级最好，完整无损。这种方法操作简单，评定方法直观，现在仍然广泛使用。

拉开强度法的现行标准为 GB/T 5210—2006《色漆和清漆拉开法附着力试验》，是用胶黏剂将表面涂漆的专用试样在定中心装置上对接干燥后，以规定的速度（10mm/min）在试样的胶结面上施加垂直、均匀的拉力，以测定涂层间或涂层与底材间附着破坏时所需的力，以 kg/cm^2 表示。表现形式以产生附着破坏、内聚破坏、胶结破坏为有效，实验结果以附着力和破坏形式组合表示。拉开强度法定量测定附着力，适于单层或者复合涂层与底材间或涂层附着力定量测定，对于研究涂层附着力、对比涂料性能有显著的意义，在现行标准中应用不多。

拉开强度法测定时，将制备好的试样放入拉力机的上下夹具，并调至对中，使其横截面均匀地受到张力，接着将夹具以 10mm/min 的拉伸速度进行拉开试验，直至破坏，记下试样拉开的负荷值，并观察断面的破坏形式。

试样被拉开破坏时的负荷值（kg）除以涂覆被测涂层试柱的横截面积（cm^2）即得涂层的附着力值。涂层与底材复合涂层界面间的破坏为附着破坏，以 A 表示；涂层自身破坏为内聚破坏，以 B 表示；胶黏剂自身破坏或被测涂层的面漆部分被拉破，这表明涂层与底材的附着力或涂层间的界面附着力均大于所得数值，以 C 表示；若胶黏剂与未涂漆的试柱脱开或与被测涂层的面漆完全脱开，则为胶结失败，以 D 表示。破坏形式为 A、B 或 C 时，其测量结果是符合附着力试验要求的，如出现两种或两种以上的破坏形式则应注明破坏面积的百分数，大于 70％为有效。

GB/T 9286—1998《色漆和清漆 漆膜的划格试验》规定了以直角网格图形切割涂层穿透至底材时，评定涂层从底材上脱离的抗性的一种试验方法。该标准规定了用切割刀具在准备好的规定试板上纵横垂直交叉切割 6 条平行切割线（间距由涂层厚度和底材硬度确定），硬底材实验时用透明胶粘带粘贴涂层切断处，均匀撕去胶粘带，检查切割涂层破坏情况。试验结果分 0～5 级，0 级为完好无损。对于一般用途，前 3 级可以符合使用要求。

GB/T 25251—2010 醇酸树脂涂料规定划格试验（划格间距 2mm）结果应≤1 级；GB/T 23997—2009 室内装饰装修用溶剂型聚氨酯木器涂料规定划格试验用底材规格为150mm×70mm，施工为 1 底 1 面，结果（划格间距 2mm）应≤1 级；GB/T 23998—2009 室内装饰装修用溶剂型硝基木器涂料规定制板时喷涂 4 道，每道 10～15μm，间隔 1h，放置 48h 测试，结果（划格间距 2mm）应≤2 级。

任务实施

操作 17　测定漆膜附着力和划格试验

一、仪器与试剂

马口铁板（50mm×100mm，0.2～0.3mm）；四倍放大镜；宽 25～35mm 漆刷；漆膜附着力测定仪（图 4-27）；划格器（图 4-28）；胶粘带。

图 4-27　漆膜附着力测定仪

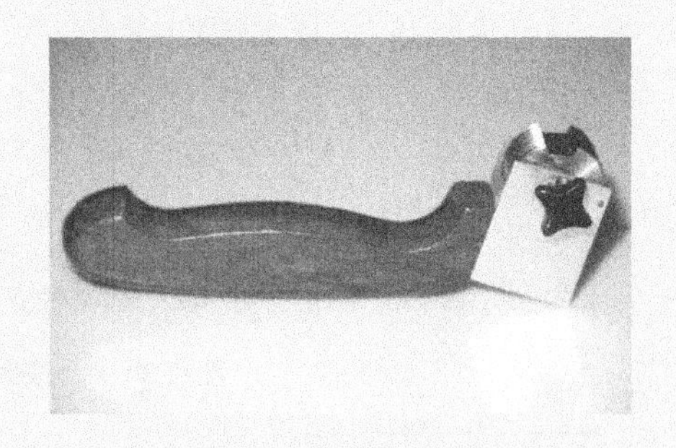

图 4-28　划格器

二、操作步骤

① 在马口铁板上制备样板 3 块，待漆膜实际干燥后，于恒温恒湿的条件下测定。

检查附着力测定仪的针头，如不锐利则更换针头。针尖距工作台面约 3cm。检查划痕与标准回转半径是否相符，若不符合，则松开卡针盘后面的螺栓、回转半径调整螺栓，适当移动卡针盘，依次紧固上述螺栓，划痕与标准圆滚线图比较，直至与标准回转半径 5.25mm 的圆滚线相同为调整完毕（图 4-29）。

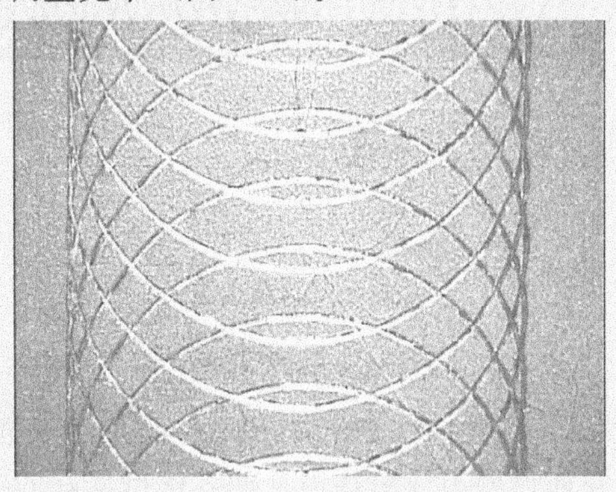

图 4-29　圆滚线图

② 将样板正放在试验台上，拧紧固定样板螺栓和调整螺栓，向后移动升降棒，使指针的尖端接触到漆膜，检查划痕是否刚好穿透漆膜至底材（图 4-30）。如划痕未露底材，则酌情增加砝码。按顺时针方向均匀摇动摇柄，转速以 80～100r/min 为宜，圆滚线划痕标准图长为（7.5±0.5）cm。向前移动升降棒，使卡针盘提起，松开固定样板的螺栓，取出样板，用漆刷除去划痕上的漆屑，以四倍放大镜检查划痕并评级。

③ 划圆滚线法评级。以样板上划痕的上侧为检查的目标，依次标出 1～7 七个部位，相应分为 7 个等级（图 4-31）。1 级圈纹最密，7 级圈纹最稀，按顺序检查各部位的漆膜完整程度，如某一部位的格子有 70%以上完好，则定为该部位是完好的，否则就认为损坏。

如果1级圈纹的每个部位涂膜都完好，则附着力最佳，定为一级。反之，不能通过1级圈纹等级的，附着力就太差而无使用价值了。通常比较好的底漆附着力并没有达一级，面漆的附着力是二级左右。结果以至少有两块样板的级别一致为准。

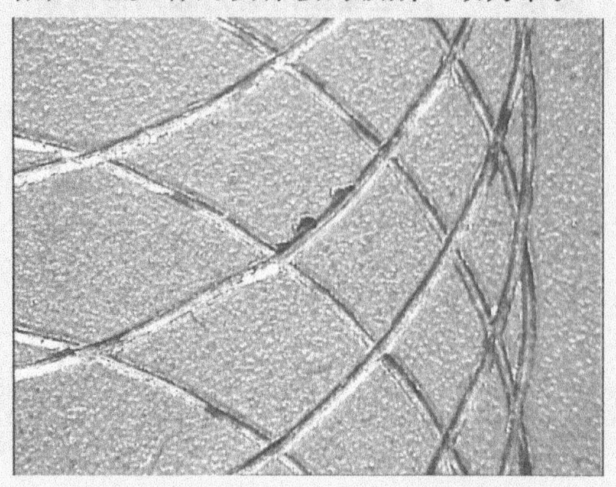

图4-30 圆滚线刚好穿透漆膜至底材

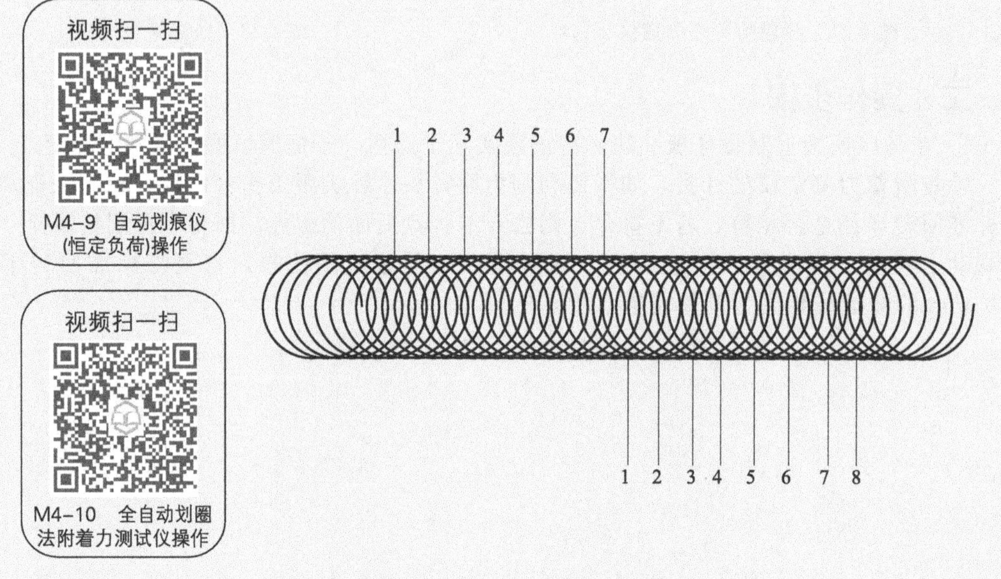

图4-31 标准划痕圆滚线

④ 划格试验测定。制板，将样板在GB 9278规定的条件下至少放置16h。

检查刀具的切割刀刃并通过磨刃或更换刀片使其保持良好的状态。根据涂层厚度和底材类型选择刀刃间隔与安装刀刃。一般来说，产品标准上对刀刃间隔会进行规定。

测定常用的刀刃间隔一般有1mm、2mm、3mm。涂层厚度在0～60μm的硬底材应选用1mm间隔，涂层厚度在0～60μm的软底材则选用2mm间隔，涂层厚度在61～120μm的硬底材或软底材都应选用2mm间隔，120μm以上的涂层选用3mm间隔。

如果样板是木质材料或类似木材料制成的，则在与木纹方向呈约45°方向进行切割，用均匀的切割速率在涂层上形成6条切割数，所有切割都应划透至底材表面。再作相同数量的平行切割线与原先切割线成90°角相交，以形成网格图形。

用软毛刷沿网格图形每一条对角线轻轻地向后扫几次，再向前扫几次，只有硬底材才另外施加胶粘带，按均匀的速度拉出一段胶粘带，除去最前面的一段，然后剪下长约75mm

的胶粘带把该胶粘带的中心点放在网格上方，方向与一组切割线平行，然后用手指把胶粘带在网格区上方的部位压平。胶粘带长度至少超过网格 20mm。

为了确保胶粘带与涂层接触良好，用手指尖用力压胶粘带，透过胶粘带看到涂层全面接触胶粘带。在贴上胶粘带 5min 内拿住胶粘带悬空的一端，并在尽可能接近 60°的角度，在 0.5～1.0s 内平稳地撕离胶粘带，立即用目视放大镜仔细检查试验涂层的切割区。

在样板上至少三个不同位置进行试验，如果三次结果不一致，差值超过一个单位等级，在三个以上不同位置重复上述试验，必要的话另用样板，并记下所有的试验结果。

⑤ 划格试验结果评定。划格试验结果分级见表 4-18。0 级完整无损，5 级剥落最严重。若切割边缘完全平滑，无一格脱落，则评为 0 级；若在切口交叉处有少许涂层脱落，但交叉切割面积受影响不明显大于 5%，则为 1 级；若在切口交叉处和（或）沿切口边缘有涂层脱落，受影响的交叉切割面积明显大于 5%，但不明显大于 15%，则为 2 级；若涂层沿切割边缘部分或全部以大碎片脱落和（或）在格子不同部位上部分或全部剥落，受影响的交叉切割面积明显大于 15%但不明显大于 35%，则为 3 级。对于一般性的用途，前三级是令人满意的，要求评定通过或者不通过时采用前三级。交叉切痕法测定附着力的原理基本与划格法相同。

表 4-18　划格试验结果分级

级别	发生脱落的十字交叉切割区的表面外观	说明
0	—	切割边缘完全平滑，无一格脱落
1		在切口交叉处有少许涂层脱落，交叉切割面积受影响，但不明显大于 5%
2	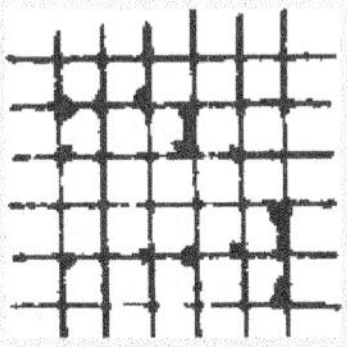	在切口交叉处和(或)沿切口边缘有涂层脱落，受影响的交叉切割面积明显大于 5%，但不明显大于 15%
3	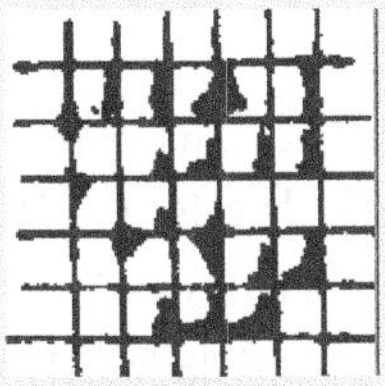	涂层沿切割边缘部分或全部以大碎片脱落，和(或)在格子不同部位上部分或全部剥落，受影响的交叉切割面积明显大于 15%，但不明显大于 35%
4	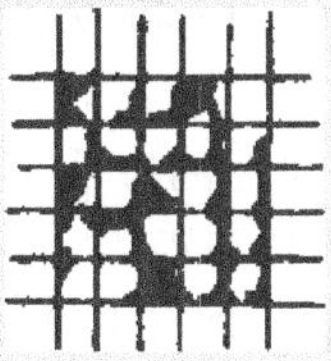	涂层沿切割边缘以大碎片脱落，和(或)一些方格不同部位上部分或全部脱落，受影响的交叉切割面积明显大于 35%，但不明显大于 65%
5	—	剥落的程度超过 4 级

三、注意事项

① 划格器有单刃划格器和多刃划格器两种，一般来说，最好用单刃划格器，但多刃划格器使用更方便。若使用单刃划格器，则最好借助导向和刀刃间隔装置。

② 划格试验在产品标准中应用普遍，适用于硬底材（如钢材）上的涂料的测定，也适用于软底材（如木材与塑料）上的涂料的测定，需要经验丰富的操作人员完成。但划格试验的测定结果不仅取决于涂料对上层涂层或底材的附着力，故不能看作测定附着力的方法，不适于涂膜厚度大于 250μm 的涂层，不适于有纹理的涂层。

③ 对于多层涂层体系的划格试验，要报告界面间出现的任何脱落。如果试验结果不同，则需要报告每个试验结果。在多层涂层体系的情况下，需要报告脱落的部位是涂层之间还是涂层与底材之间。

④ 一根钢针一般只使用 5 次，试验时针必须刺到涂料膜底，以所划的图形露出板面为准。

思考习题

1. 如何测定与表征漆膜附着力?
2. 划圈法与划格法表征的是否是同一性能? 为什么?

任务十四　漆膜柔韧性的测定

任务引导

理解漆膜柔韧性的含义；掌握柔韧性测定的标准与方法；了解漆膜弯曲试验的标准；掌握漆膜弯曲试验测定方法；会正确操作弯曲试验仪；会正确表示弯曲试验结果；了解涂料产品标准中对弯曲试验的规定。

柔韧性是漆膜重要的物理机械性能之一，也是涂料的必要性能之一。漆膜柔韧性试验可从物理机械观点来判断涂料的品质，对涂料品种的选择和应用具有重要的实际意义。比如，有些在外力作用下容易发生伸展，但在撤除负荷后，漆膜则产生不明显的收缩，如果涂饰在那些经常受到膨胀、压缩和振动的物体上则不合适。因为当上述物体发生热膨胀时，漆膜发生不明显的伸展，而当物体恢复原状时，漆膜又产生收缩，将会导致漆膜形成网纹，尤其对于附着力很好的漆膜，有可能引起漆膜的龟裂甚至剥离现象。

漆膜的柔韧性是指涂膜受外力作用而发生弯曲时，所表现出的弹性、塑性和附着力等综合性能。常用轴棒测定器检测法相对应的现行国家标准为 GB/T 1731—1993《漆膜柔韧性测定法》；圆柱轴弯曲试验仪检测法相对应的标准为 GB/T 6742—2007《色漆和清漆 弯曲试验（圆柱轴）》；圆锥轴弯曲试验仪检测法相对应的标准为 GB/T 11185—2009《色漆和清漆 弯曲试验（锥形轴）》。GB/T 6742 和 GB/T 11185 均明确规定了试验的标准条件。

GB/T 1731—1993 规定了使用柔韧性测定仪测定漆膜柔韧性的方法，并以不引起漆膜破坏的最小轴棒直径表示漆膜的柔韧性。这种试验方法被我国长期沿用，方法简单，易于操作，能近似地判断出金属底材上高附着力的漆膜的实际延展性，但不能用来测定附着力较差的漆膜的柔韧性，比如测定硝基漆就不是很合适。此外，在弯曲试样时，双手的动作、速度以及时间等，都会对测定结果产生不同程度的影响，试验的精度与性能评价方面有所欠缺。

圆柱或圆锥形轴弯曲试验采取在标准条件下使试板绕圆柱或圆锥形轴变曲180°后，评定色漆、清漆或相关产品的涂层在标准条件下绕圆柱轴弯曲时的抗开裂性和（或）从金属或塑料底材上剥落的性能，是一种经验性的试验方法。

GB/T 9753—2007《色漆和清漆 杯突试验》规定中的杯突试验是在标准条件下，使涂层经受以每秒（0.2±0.1)mm的恒定速度推进的逐渐变形后，评价其抗分裂或从金属底材上分离的性能。该方法采用冲压变形的方式测定漆膜的延展性，是对以弯曲变形的方法测定漆膜柔韧性方法的补充和完善。

任务实施

操作18 测定漆膜的柔韧性

一、仪器与试剂

柔韧性测定仪（图4-32)，由7个直径不同的钢制轴棒固定在底座上组成；马口铁板，尺寸为120mm×25mm×(0.2～0.3)mm，应平整、无扭曲，板面应无任何可见裂纹和皱纹。

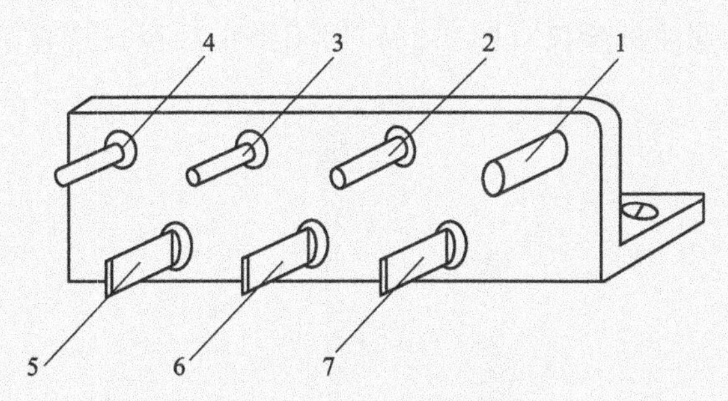

图4-32 柔韧性测定仪

1～7为直径依次减小的轴棒

Ⅰ型弯曲试验仪（图4-33)，适用于厚度不大于0.3mm的试板，轴不能有扭曲，轴的直径为2mm、3mm、4mm、5mm、6mm、8mm、10mm、12mm、16mm、20mm、25mm、32mm。

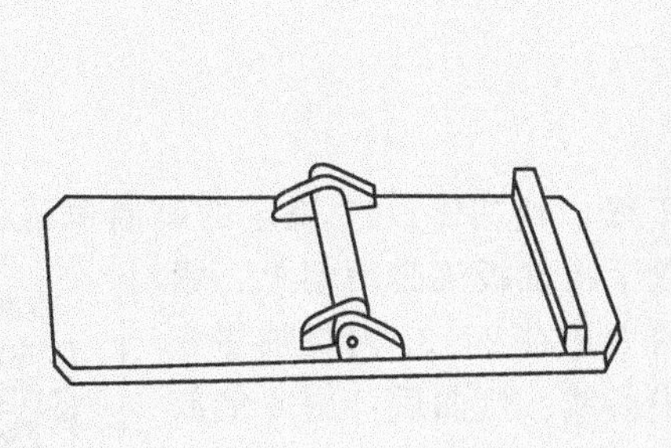

图4-33 Ⅰ型弯曲试验仪

Ⅱ型弯曲试验仪（图4-34）适用于厚度不大于1.0mm的试板，轴的直径为2mm、3mm、4mm、5mm、6mm、8mm、10mm、12mm、16mm、20mm、25mm、32mm，轴不能有变形，用单一轴测定，测定引起涂层破坏的最大轴径。

图 4-34 Ⅱ型弯曲试验仪

长方形试板，其尺寸适用于所有类型的试验仪。Ⅰ型弯曲试验仪的试板厚度不超过0.3mm，Ⅱ型弯曲试验仪的试板厚度不超过1.0mm，如果使用塑料板，则厚度可达4.0mm。只要试板不发生变形，可在涂覆并干燥后切割成所需的尺寸。

锥形轴弯曲试验为非常通用的测试方法，用于测量涂层在受到弯曲应力时的柔韧性和附着力性能。锥形轴弯曲试验仪（图 4-35）用于判定涂层在弯曲后，其表面破裂处的最大锥形轴直径。

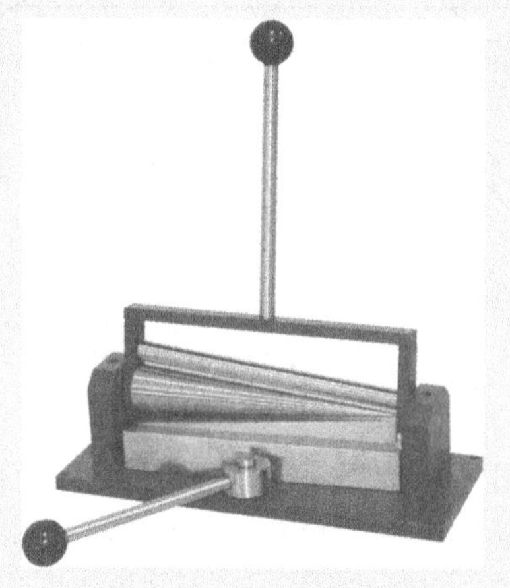

图 4-35 锥形轴弯曲试验仪

二、操作步骤

1. 柔韧性测定仪测定

将试板按产品标准规定的干燥时间干燥，按 GB 1727 规定的恒温恒湿条件进行状态调节，并在同样的条件下进行测定。用双手将试板漆膜面朝上，紧压于规定直径的轴棒上，利用两大拇指的力量在2～3s内绕轴棒弯曲试板，弯曲后两大拇指应对称于轴棒中心线。弯曲后，用4倍放大镜观察漆膜，检查漆膜是否产生网纹、裂纹及剥落等破坏现象。

视频扫一扫

M4-11
圆柱弯曲试验仪操作

2. Ⅰ型弯曲试验仪测定

取两块试板，按 GB 9271 的规定处理每一块试板，按规定的方法涂覆受试产品或体系，采用刷涂法涂覆受试产品，刷痕应平行于试板的长边。将每一块已涂漆的试板在规定的条件下干燥或烘烤，并放置规定的时间。在 GB 1727 规定的恒温恒湿条件下进行状态调节至少 16h。用 GB 13452.2中规定的一种方法测定涂层的干膜厚度。将I型弯曲试验仪完全打开，装上合适的轴棒，插入样板，并使涂漆面朝座板，在 1～2s 内以平稳的速度而不是突然地合上仪器，使试板绕轴棒弯曲 180°，在充足的光照条件下立即检查涂层的破坏程度。

3. Ⅱ型弯曲试验仪测定

将仪器置于靠近试验台边缘，使其在测试过程中不发生位移且操作者可自由操作螺旋手柄。在弯曲部件和轴棒之间以及止推轴承与夹紧鄂之间，从上面插入试板，使待测涂层背朝轴棒。拉动调节螺栓移动止推轴承，使试板处于垂直位置，并与轴接触。通过旋转调节螺栓用夹紧鄂将试板鼓动。转动螺旋手柄使弯曲部件与涂层接触。实际的弯曲过程是在 1～2s 内以恒定的速度抬起螺旋手柄使其转过 180°，从而使试板弯曲 180°。取出试板，在充足的光照条件下立即检查涂层的破坏程度。

4. 结果评定

检查试板，依次用不同的轴进行试验，直至涂层开裂或从底材上剥落。找出使涂层开裂或剥落的最大直径的轴，用相同的轴在另一块试板上重复测定步骤，确认结果后记录其直径。如果用最小直径的轴也未能使涂层出现破坏，则记录该涂层在最小直径的轴上也没有破坏。

5. 锥形轴试验仪测定

每个样品进行三次平行测定。将样板涂漆面朝着拉杆插入，使其一个短边与轴的细端相接触，夹住试板，用拉杆均匀平稳地弯曲试板，使其在 2～3s 内绕轴弯曲 180°。在距离轴的细端最远的涂层开裂处做上标记，然后放下试板。沿着试板量出从轴的细端到最后可见开裂处的距离来表示试板上开裂范围的长度，以 mm 计。每次测定平行测定 3 次，计算 3 次测定的平均值，精确到 1mm。同一操作者采用相同仪器在较近时间范围内两次重复测试同一试样的报告结果的绝对差值不得低于 23mm。

6. 杯突试验测定

将试板的涂层面朝向冲模，牢固地固定在固定环与冲模之间，当冲头处于零位时，顶端与试板接触。冲头的半球形顶端以每秒（0.2±0.1mm)的恒定速度推向试板，直至达到规定的深度，并以正常视力或者 10 倍放大镜检查涂层的破坏情况。结果为涂层是否能通过规定的压陷深度或者涂层能通过的最大压陷深度，以两次平行测定一致的试验值表示，精确到 0.1mm。

三、注意事项

① 底材的厚度和性质应在报告中注明。距离试板边缘 10mm 内的涂层不能用来检查涂层的破坏程度。

② 影响漆膜柔韧性的因素很多。涂料的极性与板材的极性是否一致是一个影响因素，通常极性涂料与极性板材相结合则柔韧性会比较好。板材的打磨程度也是影响因素之一，板材打磨得均匀彻底可得到较好的柔韧性。温度对柔韧性有影响，在一定的温度范围内，高温比低温的漆膜柔韧性要好，在相同的试验条件下，薄漆膜比厚漆膜测得的柔韧性要好。此外，漆膜的内聚力对漆膜的柔韧性影响很大，漆膜的内聚力大，漆膜对底材的湿润性能下降，漆膜柔韧性降低。

四、结果报告

(1) 柔韧性测定仪测定的结果（表 4-19）

实验日期：__________。

温度：________℃。
湿度：__________%。
受试产品的编号：________________。
受试产品的类型：________________。
底材的厚度与性质：________________________________。
干燥和养护时间：________________h。
执行标准：____________________。

表 4-19 柔韧性测定仪测定的结果

内容	测定结果	
	试板 1	试板 2
涂层的干膜厚度/μm		
引起涂层开裂的最大轴径		
引起涂层剥落的最大轴径		
备注		

(2) Ⅰ型弯曲试验仪测定的结果（表 4-20）
实验日期：________
温度：________℃。
湿度：________%。
受试产品的编号：__________________。
受试产品的类型：__________________。
底材的厚度与性质：__________________________。
干燥和养护时间：________________h。
执行标准：____________________。

表 4-20 Ⅰ型弯曲试验仪测定的结果

内容	测定结果	
	试板 1	试板 2
涂层的干膜厚度/μm		
引起涂层开裂的最大轴径		
引起涂层剥落的最大轴径		
备注		

(3) Ⅱ型弯曲试验仪测定的结果（表 4-21）
实验日期：________。
温度：________℃。
湿度：________%。
受试产品的编号：________________。
受试产品的类型：________。
底材的厚度与性质：__________________________。
干燥和养护时间：________h。
执行标准：____________________。

表 4-21　Ⅱ型弯曲试验仪测定的结果

内容	测定结果	
	试板 1	试板 2
涂层的干膜厚度/μm		
引起涂层开裂的最大轴径		
引起涂层剥落的最大轴径		

(4) 圆锥形弯曲试验仪测定的结果（表 4-22）

实验日期：____________。

温度：________℃。

湿度：____________%。

受试产品的编号：____________。

受试产品的类型：____________。

底材的厚度与性质：________________。

干燥和养护时间：____________h。

执行标准：____________。

表 4-22　圆锥形弯曲试验仪测定的结果

内容		测定结果					
		试板 1			试板 2		
重复性测定	涂层的干膜厚度/μm						
	开裂范围的长度/mm						
	绝对差值/mm						
	平均值/mm						
再现性测定	涂层的干膜厚度/μm						
	开裂范围的长度/mm						
	绝对差值/mm						
	平均值/mm						

(5) 杯突试验测定的结果（表 4-23）

实验日期：____________。

温度：________℃。

湿度：________%。

受试产品的编号：____________。

受试产品的类型：____________。

底材的厚度与性质：________________________。

干燥和养护时间：________________h。

执行标准：________________。

表 4-23　杯突试验测定的结果

内容	测定结果	
	试板 1	试板 2
涂层的干膜厚度/μm		
涂层能通过的最大压陷深度/mm		
备注		

思考习题

1. 为什么要测定涂层膜厚？

2. 测定漆膜性质的弯曲试验、杯突试验对涂料产品配方调整有何指导意义？

任务十五　漆膜硬度的测定

任务引导

理解漆膜硬度的含义；了解硬度测定的标准；掌握漆膜硬度测定方法；会正确操作摆杆阻尼硬度仪；会正确操作铅笔硬度测定仪；会正确表示漆膜硬度；了解涂料产品标准中对漆膜硬度的规定。

硬度是表示漆膜机械强度的重要性能，是指漆膜干燥后具有的坚实性，即漆膜表面对作用其上的另一个硬度较大的物质所表现出的阻力。这个阻力可以通过一定重量的负荷作用在比较小的接触面积上，通过测定漆膜抗变形的能力而表现出来。

漆膜硬度高可减少由碰撞或摩擦所引起的损坏。如车辆在高速行驶时，要受风沙阻力的损害，如果漆膜硬度不够，就会引起损坏。通过漆膜硬度的检查，可以发现漆料的硬树脂用量是否适当。漆膜的硬度和柔韧性是互相制约的，硬树脂多了，漆膜坚硬，但不耐弯曲，反之，软树脂多了，耐弯曲而不坚硬。要使漆膜既坚硬又柔韧，树脂和油脂的配比必须合理。

目前漆膜硬度的测试有三种方法：摆杆硬度测定法、克利曼硬度测定法、铅笔硬度测定法。漆膜硬度测定的相关标准与方法有 GB/T 1730—2007《色漆和清漆 摆杆阻尼试验》、GB/T 6739—2006《色漆和清漆 铅笔法测定漆膜硬度》。

摆杆阻尼测试的原理是静止在涂膜表面的摆杆开始摆动，用在规定摆动周期内测得的数值表示振幅衰减的阻尼时间，阻尼时间越短，硬度越低。该测试方法分为 A 法和 B 法，A 法为科尼格和珀萨兹摆杆式试验，B 法为双摆杆阻尼试验。摆杆阻尼硬度测定实际工作中，采用较多的是双摆杆阻尼测试方法，如 GB/T 25251—2010《醇酸树脂涂料》就规定采用双摆杆阻尼试验测定漆膜硬度。本实验采用摆杆硬度测定法，其优点是灵敏度比较高，对漆膜是非破坏性的测定。

双摆杆阻尼试验测定硬度时，涂膜硬度以摆杆在被测涂膜上从 5°到 2°摆动衰减的阻尼时间与在未涂漆玻璃板上从 5°到 2°摆动衰减的阻尼时间的比值表示。涂膜硬度应以同一块试板上两次测量值的平均值（精确到两位小数）表示。两次测量值之差不应大于平均值的 5%。一般常见漆膜的硬度为 0.2～0.4，硬度好的可达 0.5。

铅笔硬度是指用具有规定尺寸、形状和硬度铅笔芯的铅笔推过漆膜表面时，漆膜表面耐划痕或耐产生其他缺陷的性能。铅笔硬度法是通过在漆膜上推压已知硬度标号的铅笔来测定漆膜硬度的方法，可在色漆、清漆及相关产品的单涂层上进行，也可在多涂层体系的最上层进行。铅笔硬度法仅适用于光滑表面。这种快速、经济的试验方法用于比较不同涂层的铅笔硬度是有效的，对于铅笔硬度有明显差异的一系列已涂漆试板提供相对等级评定则更为有效。用铅笔芯在漆膜表面划痕会使漆膜表面产生一系列缺陷，这些缺陷的定义如下：

① 塑性变形：漆膜表面永久的压痕，但没有内聚破坏。

② 内聚破坏：漆膜表面存在可见的擦伤或刮破。

③ 以上情况的组合。

受试产品或体系以均匀厚度施涂于表面结构一致的平板上。漆膜干燥或固化后，将样板放在水平位置，通过在漆膜上推动硬度逐渐增加的铅笔来测定漆膜的铅笔硬度。试验时，铅笔固定，这样铅笔能在 750g 的负载下以 45°角向下压在漆膜表面上。逐渐增加铅笔的硬度直到漆膜表面出现相关缺陷。

任务实施

操作 19　测定漆膜的硬度

一、仪器与试剂

双摆杆阻尼硬度测定仪，其中双摆（图 4-36）的总质量为（120±1)g，摆杆上端至下端的长度是（500±1)mm；玻璃板，尺寸为 90mm×120mm×(1.2～2.0)mm。

铅笔硬度测定仪（图 4-37）；9B～9H 的铅笔一套；400 号砂纸；削笔刀；绘图橡皮；软笔或脱脂棉；溶剂；马口铁板；试样若干。

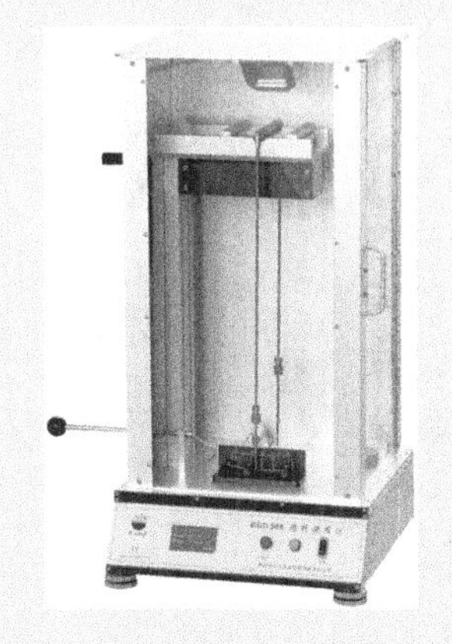

图 4-36　双摆杆阻尼硬度测定仪

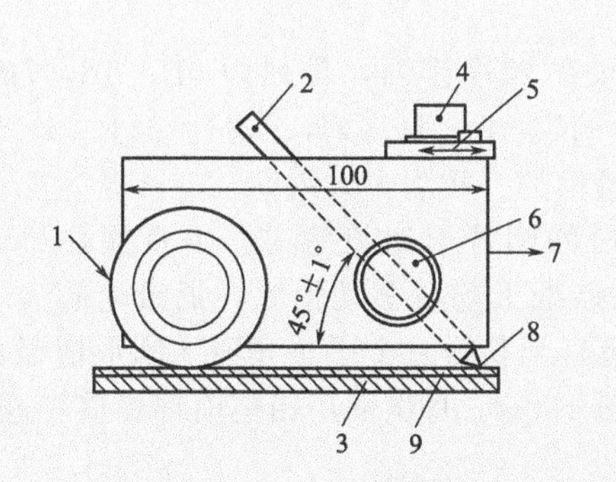

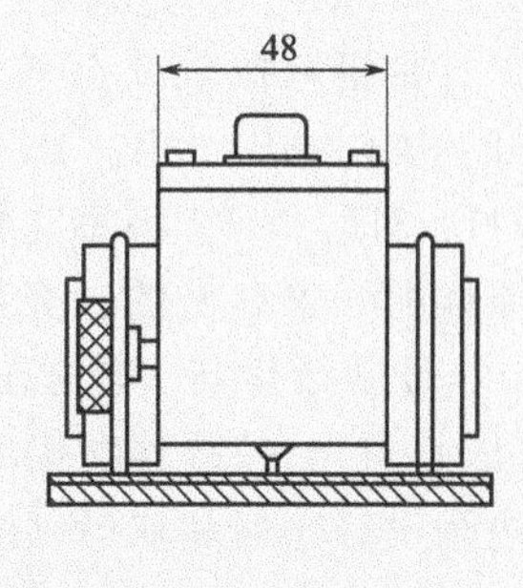

图 4-37　铅笔硬度测定仪（单位：mm）

1—橡胶 O 型圈；2—铅笔；3—底材；4—水平仪；5—可拆卸砝码；6—夹子；7—仪器移动方向；8—铅笔芯；9—漆膜

目前，手动或电动式铅笔硬度测度机械装置（图 4-38）的应用越来越普遍，该装置由一个两边各装有一个轮子的金属块组成，在金属块的中间，有一个圆柱形的、以 45°角倾斜的孔。借助夹子，铅笔能固定在仪器上并始终保持在相同的位置。在仪器的顶部装有一个水平仪，用于确保试验进行时仪器的水平。

图 4-38　铅笔硬度测度机械装置

二、操作步骤

1. 取样制板、处理和涂装、干燥和状态调节

试验必须在温度（23±2)℃、相对湿度（50±5)%条件下至少调节 16h。测定涂层厚度，涂层厚度应符合规定和商定的厚度要求。试验必须在温度（23±2)℃、相对湿度（50±5)%条件下进行。

2. 双摆阻尼硬度测定、校准仪器

视频扫一扫

M4-12
智能摆杆硬度计操作

仪器校准阻尼时间应为（440±6)s。将被测试板涂膜朝上放置在水平工作台上，然后使摆杆慢慢降落到试板上。摆杆的支点距涂膜边缘应不少于 20mm。将移动框架垂直，使摆杆紧贴移动框架，摆杆指针指在零点上。移动框架置于水平位置，在钢球没有横向位移的情况下，将摆杆偏转，停在大于 5°的合适位置处。松开摆杆，记录摆幅由 5°到 2°的时间，以秒计。在同一试板的两个不同位置上进行测量，记录每次测量的结果及两次测量的平均值。

3. 摆杆阻尼硬度的结果计算

以被测涂膜从 5°到 2°摆动衰减的阻尼时间与在未涂漆的玻璃板上从 5°到 2°摆动衰减的阻尼时间的比值表示。计算公式如下：

$$X=\frac{t}{t_0}$$

式中 X——涂膜硬度值；

t——摆杆在涂膜上从 5°到 2°摆动衰减的阻尼时间，s；

t_0——摆杆在未涂漆的玻璃板上从 5°到 2°摆动衰减的阻尼时间，s。

涂膜硬度应以同一试板上两次测量值的平均值表示，结果精确至两位小数，两次测量值之差不应大于平均值的 5%。

4. 铅笔硬度测定

视频扫一扫

M4-13 铅笔硬度法测定漆膜硬度

将铅笔按较软至较硬的顺序排列，排列为 9B、8B、7B、6B、5B、4B、3B、2B、B、HB、F、H、2H、3H、4H、5H、6H、7H、8H、9H。将每支铅笔的一端削去大约 5～6mm 的木头，留下原样的、未划伤的、光滑的圆柱形铅笔笔芯。垂直握住铅笔，与 400 号砂纸保持 90°角在砂纸上前后移动铅笔，把铅笔芯尖端磨平（成直角）。持续移动铅笔直至获得一个平整光滑的圆形横截面，且边缘没有碎屑和缺口（图 4-39）。每次使用铅笔前都要重复这个步骤。

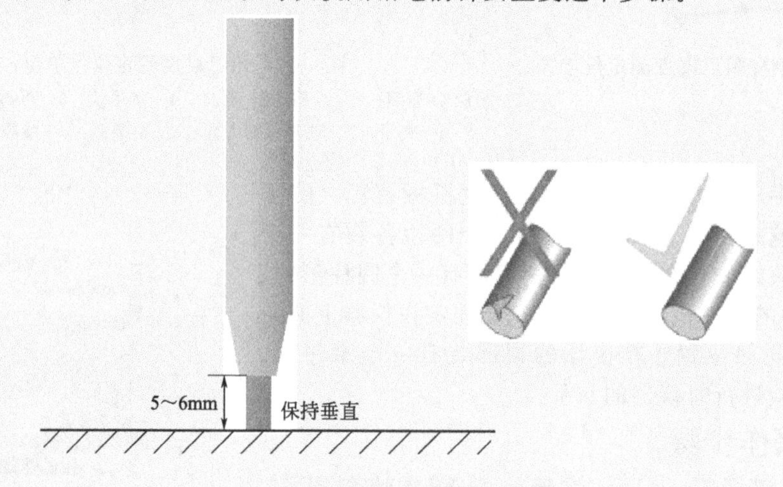

图 4-39 铅笔正确使用示意图

将涂漆样板放在水平、稳固的表面上，将铅笔插入仪器中并用夹子将其固定，调整仪器使之处于水平位置，铅笔尖端施加在漆膜表面上的负载应为（750±10)g。当铅笔的尖端刚接触到涂层后立即推动试板，以 0.5～1mm/s 的速度朝离开操作者的方向推动至少 7mm 的距离。

30s 后以裸视检查涂层表面，看是否出现缺陷。如果未出现划痕，在未进行过试验的区域重复试验，更换较高硬度的铅笔直到出现至少 3mm 长的划痕为止。如果已经出现划痕，则降低铅笔的硬度重复试验，直到超过 3mm 的划痕不再出现为止。确定是否出现了缺陷。以没有使涂层出现 3mm 及以上划痕的最硬的铅笔的硬度表示涂层的铅笔硬度。平行测定两次。如果两次测定结果不一致，应重新试验。若使用放大倍数为 6～10 倍的放大镜来评定破坏，则应在报告中注明。

重复性以同一实验室的不同操作者使用相同的铅笔和试板获得的两个结果之差大于一个铅笔硬度，则认为结果是可疑的。

再现性以不同实验室的不同操作者使用相同的铅笔和试板或者是不同的铅笔和相同的试板获得的两个结果（每个结果均为至少两次平行测定的结果）之差大于一个铅笔硬度，则认为是可疑的。

三、注意事项

① 玻璃板应平整、无划痕。摆杆应避免气流和振动。

② 对于对比试验，建议使用同一生产厂的铅笔。不同生产厂和同一生产厂不同批次的铅笔都可能引起结果的不同。国内常用的中华牌高级绘图铅笔可从全国涂料和颜料标准化委员会秘书处购得。

四、结果报告

(1) 摆杆阻尼硬度测定的结果与计算参见表4-24。

实验日期：________。

温度：________℃。

湿度：________%。

受试产品的编号：________。

受试产品的类型：________________。

干燥和养护时间：________h。

执行标准：________。

表4-24　摆杆阻尼硬度测定的结果与计算

内容	摆杆阻尼硬度	
	位置1的硬度	位置2的硬度
涂膜上的摆动时间/s		
玻璃板上的摆动时间/s		
涂膜硬度值		
测定值之差		
测定值平均值		
测定值之差/测定值平均值		

(2) 铅笔硬度测定的结果与计算参见表4-25。

实验日期：____________。

温度：________℃。

湿度：________%。

受试产品的编号：________________。

受试产品的类型：________________。

干燥和养护时间：________________h。

执行标准：________________。

表4-25　铅笔硬度测定的结果与计算

内容	重复性		精密度	
	试板1硬度	试板2硬度	试板1硬度	试板2硬度
涂膜硬度值				
测定值之差				
硬度测定结果				

思考习题

1. 漆膜硬度测定有哪些方法？
2. 摆杆阻尼硬度测定法其结果如何表示，适用于测定什么类型的涂料？
3. 铅笔硬度法其结果如何表示，适用于测定什么类型的涂料？

任务十六　漆膜耐冲击性的测定

任务引导

理解漆膜耐冲击性的含义；了解耐冲击性测定的标准；掌握漆膜耐冲击性测定方法；会正确操作耐冲击性测定仪；会正确表示漆膜耐冲击性；了解涂料产品标准中对漆膜耐冲击性的规定。

漆膜耐冲击性指涂于底材上的涂膜在高速率的重力作用下发生快速变形而不出现开裂或从金属底材上脱落的能力，它表现了被试涂膜的柔韧性和对底材的附着力。

冲击试验仪以固定质量的重锤从高处自由坠落在涂膜样板上，使样板与涂膜在经受强力冲击下产生伸长变形而不引起漆膜破坏的最大高度（cm）预测涂在底材上的涂层所受到的破坏性撞击作用。如，GB/T 25249—2010《氨基醇酸树脂涂料》对耐冲击性的要求是清漆≥50cm，色漆≥40cm，制板要求是马口铁板喷涂 1 道，漆膜厚度要求为清漆 20μm、色漆 23μm。

GB/T 1732—1993《漆膜耐冲击性测定法》规定了以固定质量的重锤落在样板上而不引起漆膜破坏的最大高度（cm）表示的漆膜耐冲击性试验方法。但该方法有一定的局限性，该方法固定了重锤质量为 1kg、重头直径为 8mm、滑筒高度为 50cm，难以适应各种不同要求的漆膜。

GB/T 4893.9—2013《家具表面漆膜理化性能试验 第 9 部分：抗冲击测定法》规定了家具表面漆膜抗冲击性能的试验方法和评定方法，适用于评定家具木制件表面漆膜抗冲击的能力。

GB/T 20624.2《色漆和清漆快速变形（耐冲击性）试验第 2 部分：落锤试验（小面积冲头）》规定了用一直径为 12.7mm 或 15.9mm 的球形冲头撞击涂层及底材而引起其快速变形并对变形结果进行评定的试验方法。例如，GB/T 23997—2009《室内装饰装修用溶剂型聚氨酯木器涂料》中规定其清漆产品的耐冲击性测定方法为应用 GB/T 20624.2 测定，底材为实木地板，刷涂两道，刷涂量分别约为 1.5g、1.3g，采用 12.7mm 冲头、300g 重锤，在 3.6～4.0mm 内划定印痕，检查涂膜有无脱落和开裂，两块试板各 5 个点，至少 3 个点无脱落和开裂。当采用数值结果评定时，本试验方法再现性较差，故限定在同一实验室内进行试验，如用等级评定代替数值结果可以提高实验室之间的一致性。

任务实施

操作 20　测定漆膜的耐冲击性

一、仪器与试剂

冲击试验仪（符合 GB/T 1732—1993《漆膜耐冲击性测定法》），冲头的钢球直径为 8mm（图 4-40）。

滑筒上的刻度应等于（50±0.1）cm，分度为1cm。重锤质量为（1000±1）g，应能在滑筒中自由移动。

冲头上的钢球应符合GB 3088 Ⅳ的要求，冲击中心与铁砧凹槽中心对准，冲头进入凹槽的深度为（2±0.1）mm。

铁砧凹槽应光滑平整，其直径为（15±0.3）mm，凹槽边缘曲率半径为2.5～3.0mm。

校正冲击试验器用的金属环［外径30mm，内径10mm，厚（3±0.05）mm］；金属片［30mm×50mm，厚（1±0.05）mm］；4倍放大镜。

材料和尺寸除另有规定或商定外，试板为马口铁板，应符合GB 9271的技术要求，尺寸为50mm×120mm×0.3mm；薄钢板应符合GB 708的技术要求，尺寸为65mm×150mm×（0.45～0.55）mm（供测腻子耐冲击性用）。

图4-40　漆膜冲击试验仪简单原理示意图

1—底座；2—管座；3—枕垫块；4—冲杆；5—锁紧螺栓；6—定位标；7—挂钩；8—管盖；9—控制器组；10—重锤；11—带刻度管身；12—冲击垫块；13—螺钉；14—冲击块螺母；15—支柱

二、操作步骤

① 取样制板、处理和涂装、干燥和状态调节。取样按GB 3186的规定进行。试验样板的处理及涂装应按GB 1727的规定进行。漆膜厚度按GB 1767的规定测定，将干燥试板在温度（23±2）℃和相对湿度（50±5）%的环境条件下至少调节16h。

视频扫一扫

M4-14
耐冲击仪操作

② 校正冲击试验仪。将滑筒旋下来，将3mm厚的金属环套在冲头上端，在铁砧表面上平放一块（1±0.05）mm厚的金属片，用一个底部平滑的物体从冲头的上部按下去，调整压紧螺母使冲头的上端与金属环相平，而下端钢球与金属片刚好接触，则冲头进入铁砧凹槽的深度为（2±0.1）mm。

视频扫一扫

M4-15
漆膜耐冲击性测定

③ 将涂漆试板漆膜朝上平放在铁砧上，试板受冲击部分距边缘不少于15mm，每个冲击点的边缘相距不得少于15mm。根据产品标准要求，重锤借控制装置固定在滑筒的某一高度，按压控制钮，重锤即从一定高度自由落于冲头上。冲杆将冲力传给枕垫块上的样块。

④ 提起重锤，重锤上的挂钩自动被控制器挂住，取出试板。记录重锤落于试板上的高度。

⑤ 用4倍放大镜查看，判断漆膜有无裂纹、皱皮和剥落。

⑥ 当漆膜没有裂纹、皱皮、剥落现象时，可增大重锤落下高度，继续进行漆膜冲击强度的测定，直至漆膜破坏或漆膜能经受起50cm高度的重锤冲击为止。每次增加5～10cm。

⑦ 同一试板测定3次。

三、注意事项

① 钢球表面必须光洁平滑，如发现不光洁或者不平滑时，应更换钢球。

② 当比较不同类型的冲击试验仪时，冲头直径、铁砧孔径和压入深度是主要因素。

③ 测试试板必须在标准条件下至少调节16h以上。

④ 相同的底材经受不同的表面打磨处理，对漆膜耐冲击性的测定值影响很大。一般底材打磨越彻底，漆膜与底材结合越牢固，底漆的耐冲击性会高一些。

⑤ 不同的底材影响耐冲击性，马口铁板耐冲击性如果能通过，则薄钢板的更容易通过。

⑥ 每次试验都应在样板上的新的部位进行。

四、结果报告

耐冲击性测试结果记录参见表 4-26。

表 4-26 耐冲击性测试结果

试验日期		测试仪器型号	
受试产品的型号		受试产品的名称	
批次		出厂日期	
有关标准的标准号及标准名称			
由商定或其他原因导致的与规定的测定程序的任何不同之处			
试验的详细记录			

思考习题

1. 漆膜耐冲击性测定有何意义?
2. 应用于哪些场所的涂料需要测定漆膜耐冲击性?

任务十七 涂料耐磨性的测定

任务引导

理解涂料耐磨性的含义；了解耐磨性测定的标准；掌握漆膜耐磨性测定方法；会正确操作耐磨性测定仪；会正确表示漆膜耐磨性；了解涂料产品标准中对涂料耐磨性的规定。

磨损是致使材料破坏、失效的原因之一。涂料耐磨性是指涂膜对摩擦作用的抵抗能力。目前国内外涂料镀层耐磨性试验方法多样，各具特色。

工业发达国家对于不同材料均有相应的磨损试验方法，如日本工业标准 JIS H8503 规定了有关金属镀膜耐磨性试验方法；JIS H8615 叙述了铬电镀层的耐磨性试验；美国材料试验协会标准 ASTM D 968—93 和 ASTM D 658—81（86）分别规定用落砂法和喷砂法测定有机涂层的耐磨性；国际标准 ISO 7784.2 中则采用旋转摩擦橡胶轮法测定色漆和清漆的耐磨性；在 ISO 8251 和 JIS H8682 中均规定用摩擦轮磨耗试验机测定铝和铝合金表面阳极氧化膜的耐磨系数。

我国关于涂料耐磨性的测试标准有 GB/T 1768—2006《色漆和清漆耐磨性的测定 旋转橡胶砂轮法》、GB/T 23988—2009《涂料耐磨性测定 落砂法》。近年又在 GB/T 5237.5—2017 中规定用落砂耐磨试验机测定铝合金建筑型材表面漆膜的耐磨性。

涂层耐磨性系指涂层表面抵抗某种机械作用的能力，通常采用砂轮研磨或砂粒冲击的试验方式来测定，它是使用过程中经常受到机械磨损的涂层的重要特征之一，而且与涂层的硬度、附着力、柔韧性等其他物理性能密切相关。

落砂法是通过将磨料落在涂层上来测定色漆、清漆或相关产品的单层涂膜或多层涂膜的耐磨性，以磨损涂层的单位膜厚所需的磨料量来表示耐磨性。采用石英砂为磨料，使砂通过导管，撞击到涂漆试板上，重复操作，直至涂层破坏。落砂法结果表示如下式所示，取两次平行试验的结果的算数平均值，保留一位小数：

$$A=V/T$$

式中　A——耐磨性，L/μm；

V——磨料使用量，L；

T——涂层厚度，μm。

GB/T 23997—2009《室内装饰装修用溶剂型聚氨酯木器涂料》中旋转橡胶砂轮法测定耐磨性，耐磨性（750g，500r）要求家具厂和装修用面漆≤0.050g、地板用面漆≤0.040g。制板要求为在直径100mm的铝板或玻璃板上刷涂两道（清漆刷涂量第一道约1.0g，第二道约1.0g；色漆刷涂量第一道约1.1g，第二道约1.1g），养护1天。

ASTM D 968—93规定用落砂耐磨试验器测定有机涂层的耐磨性，即采用规定产地的天然石英砂作磨料，通过试验器导管从一定高度自由落下，冲刷试样表面，以磨损规定面积的单位厚度涂层所消耗磨料的体积（L），并通过计算耐磨系数来评价涂层的耐磨性。采用这种试验方法，天然砂磨料的选择将对试验结果产生直接影响，因此对砂粒的硬度、粒度和几何形状要求严格。

国家标准GB/T 5237.5—2017规定采用符合GB/T 17671标准要求的标准砂作磨料，按GB/T 8013.3规定进行落砂试验。GB/T 5237.5—2017规定，膜层固化24h后，经落砂试验，漆膜磨耗应不超过1.6g/μm。

ASTM D 658—81（86）为喷砂冲击试验法，规定用鼓风磨蚀（喷砂）试验测定有机涂层的耐磨性，这种方法是通过调节气泵输出压力，使试验器喷管处的空气流速为0.07m^3/min，以保证每分钟平均喷出（44±1)g的金刚砂束冲击涂层，并以磨损规定面积的单位厚度涂层所消耗磨料的质量（g），并通过计算其耐磨系数来评价涂层的耐磨性。因此必须按标准规定选用粒度范围为75～90μm的碳化硅作磨料，而气源输出压力和磨料的均一喷速成为影响试验结果的决定性因素。

旋转摩擦橡胶轮法可广泛用于涂层、镀层和金属、非金属材料的耐磨性试验，但是用作研磨的橡胶砂轮需要经常修整和适时更新。

国际标准ISO 7784.2—1997规定用旋转摩擦橡胶轮法测定涂层的耐磨性，即在旋转盘转速为60r/min、加压臂承载一定负荷的规定试验条件下，采用嵌有金刚砂磨料的硬质橡胶摩擦轮磨耗涂层表面，其耐磨性可分别以经规定研磨转数研磨后涂层质量损耗的平均值（失重法）或以磨损某一厚度涂层所需的平均研磨转数（转数法）2种方法表示与评价。二者相比较，失重法对试样的称重精度要求严格，但它不受涂层厚薄的影响；而转数法测定时直观方便，不需称重，但对涂层研磨厚度的测量要求甚严。

任务实施

操作21　测定涂料的耐磨性

一、仪器与试剂

落砂耐磨耗试验机（图4-41）；漆膜磨耗仪及其配套修磨机与砝码（图4-42）；吸尘器；精确度万分之一的天平。

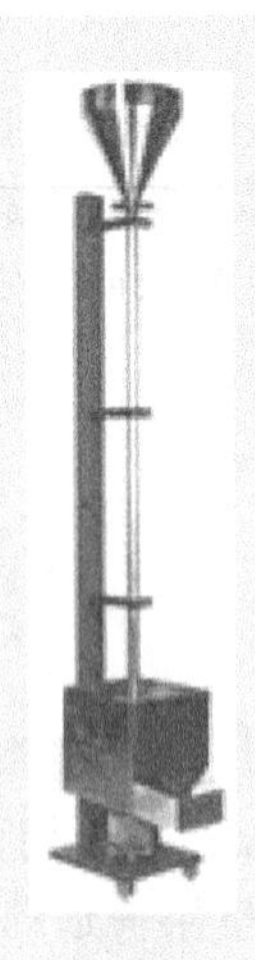

图 4-41 落砂耐磨耗试验机　　　　图 4-42 漆膜磨耗仪及其配套修磨机与砝码

落砂耐磨耗试验机用来测试标准条件下有机涂层的耐磨性。其原理是通过单位膜厚的磨耗量来表示试板上涂层的耐磨性。本仪器的测试方法符合美国工业标准 ASTM D 968—83 以及 JG/T 133—2000 标准。

漆膜磨耗仪仪器主机由传动、加压、工作盘、记数等部分组成，并配置辅机修磨机一台、吸尘器一台，是用两个磨耗砂轮配置于工作盘上，当工作盘旋转时，右侧的一个磨耗砂轮由试样表面中心向外摩擦，而左侧的一个磨耗砂轮则由外向中心摩擦。每当工作盘旋转一周，在试样表面形成由互相重合并呈 X 形相交的两个圆环组成的磨耗痕迹。这种磨耗方式可以使试样表面在各方面都受到影响，因为摩擦是无方向性的，这样更接近于实际，从而克服了一个方向往复运动的磨耗的缺点。

漆膜磨耗仪主机传动部分由电动机出轴经弹性联轴器与 1：20 涡轮减速箱连接，通过涡轮轴带动工作盘旋转；加压部分是在机座上装有四根销轴，左右加压臂即以此为轴心平衡地固定在其上，左右加压套安装在加压臂前端孔内，以螺钉固定之。加压套芯轴上装配砂轮，外以螺母拧紧。加压臂末端有销轴（20g 砝码），供安放其余砂轮平衡砝码用。左右砂轮外侧与工作盘中心保持 40mm 等距。工作盘由圆盘、试样板、螺钉、垫圈、螺母组成，用销定位，固定于输出轴上。采用运转周数记数，每转一周记录一个数字，达到整定数字时自动停车。待修整的一对砂轮直接装在修磨机电动机出轴上，用螺母拧紧。金刚钻头装在滑块螺孔内，可以进退调整。滑块由手轮与丝杆操纵，在滑槽内左右移动而完成修磨动作。

二、操作步骤

1. 取样制板、处理和涂装、干燥和状态调节

试验必须在温度（23±2)℃、相对湿度（50±5)%条件下至少调节 16h。

测定涂层厚度，涂层厚度应符合规定和商定的厚度要求。

试验必须在温度（23±2)℃，相对湿度（50±5)%的条件下进行。称量状态调节后的试板或已预磨且已用不起毛的纸擦净的试板，精确到 0.1mg，记录质量。

2. 橡胶砂轮的修整

橡胶砂轮由白刚玉、天然橡胶等组成，其粒度分＃100 和＃120 两种规格。把成对的新橡胶砂轮装在电动机出轴上，用螺母拧紧。

调节金刚钻磨头于适当位置，用定位螺母固定，放下防护罩。

摇动手轮，使滑块左右往复移动进行修整砂轮，直至金刚钻头不再与砂轮接触。砂轮表面应呈均匀的原有色泽，否则需将金刚钻头稍旋进些，直至修好为止。

关全部开关。退出金刚钻头，旋出螺母，取下螺母，取下修磨好的砂轮。取下时应拿在砂轮两侧，以防手指污染砂轮表面而影响测试的准确性。同时需把砂轮两侧倾角用砂皮修光滑。橡胶砂轮上需附“左外侧”“右外侧”标记，以免拆装互换位置而影响测试结果。

已用过的橡胶砂轮，每次使用前应将表面出新。用直径为 100mm 的 2# 砂纸平套于工作盘上，加荷重砝码与前相同，直至砂轮表面呈均匀的原有色泽为止。如用砂纸不能清除黏着物或砂轮变形时，仍需用修磨机修整。砂轮使用到最小直径为 45mm。

3. 漆膜磨耗仪运转前准备工作

校正仪器的水平，查看各个开关都应在“关”的位置，计数器在“零”位，然后插上总电源。插上吸尘器插头，并将吸尘的软管插入主机吸尘管内。

4. 装配橡胶砂轮

先旋开螺母，揩清轴上尘埃，然后将技术条件规定的已修正的砂轮称重装上并旋紧螺母。

在加压套端装上技术条件规定的荷重砝码。砝码标示重量等于砝码自重加上加压套自重 250g。

旋出工作盘上螺母，取出垫圈，然后将试样板套进螺钉，再放垫圈，旋紧螺母，轻轻放下加压臂，以免损坏试样。

调节吸尘嘴高度，保持嘴口离试样表面 1～1.5mm，以免损坏试样。在加压臂末端加上平衡砝码。平衡砝码总重量等于砂轮重量。

5. 运转

拨电源开关，整定记数继电器：揿复位按钮，使记数轮全部为零，同时打开透明圆弧罩。

放松按钮，用手指拨动整定轮到需要的整定数，再把透明圆弧罩关紧，以免引起误操作（如不规定转数时，则拨到 9999）。

打开吸尘装置，拨转动开关，启动转台工作盘。

砂轮在试样表面上正常摩擦，当达到整定转动时自动停车。

运转结束后，关闭全部开关。揿记数继电器复位按钮，卸下砂轮、荷重砝码和平衡砝码，抬起加压臂和吸尘嘴。

6. 取出试样，按要求评定结果

经过规定的转数后，用不起毛的纸将残留在试板上的任何疏松的磨屑除去，再次称量试板并记录这一质量，检查试板，看涂层是否被磨穿。

通过以一定的间隔中断实验来更精确地测量磨穿点并计算经过规定转数的摩擦循环后的平均质量损耗。

在另外两块试板上平行测定并记录结果。

7. 对每一块试板，用减量法计算经商定的转数后的质量损耗

计算所有三块试板的平均质量损耗并报告结果，精确至 1mg，也可计算中断试验的每个间隔的质量损耗。

计算涂层或多涂层体系中的面涂层被磨穿所需的平均转数。

三、注意事项

① 停车注意事项：测试结束后，应切断电源，清理仪器，用防护罩罩好；长期不用时，应将砂轮取下放好；每隔1～2年维修加油一次。

② 在测试每个试样前以及每运转500r后都要整新橡胶砂轮，使摩擦面刚好呈圆柱形，并且摩擦面与侧面之间的边是锐利的，没有任何弯曲半径。首次使用前也需要整新新的橡胶砂轮。

③ 如果涂层表面因橘皮、刷痕等原因而不规则时，在测试前要先预磨50r，再用不起毛的纸擦净。如果进行了这项操作，需要在试验报告中注明。

④ 涂层磨穿后，质量损耗受底材磨损的影响。

四、结果报告

涂料磨耗试验结果记录参见表4-27。

表4-27　涂料磨耗试验结果记录

试验日期		测试仪器型号	
受试产品的型号		受试产品的名称	
批次		出厂日期	
有关标准的标准号及标准名称			
橡胶砂轮的类型与橡胶砂轮的负载			
试验详细记录			
表面是否因为不规则而进行预磨			
与规定的试验方法的任何不同之处			

思考习题

1. 哪些类型的涂料需要测定耐磨性？该项目指标有何指导意义？
2. 如何提高耐磨性测定的准确性？

任务十八　涂膜耐洗刷性的测定

任务引导

掌握耐洗刷性的测定原理；会准确测定建筑涂料的耐洗刷性能。

耐洗刷性是指在规定的条件下，漆膜抵抗蘸有洗涤介质的刷子（或海绵）反复刷洗而不损坏的能力。内墙涂料经过一定时间后，污垢、灰尘、划痕需要清洗或擦拭干净，使之恢复原来的面貌；外墙涂料经常经受雨水的冲刷，都要求涂料具备一定的耐洗刷性。

测试原理：用规定质量的刷子在涂层表面进行往复直线运动，观察漆膜耐受洗刷介质洗刷的能力。相应的测试标准有GB/T 9266—2009《建筑涂料涂层耐洗刷性的测定》。

任务实施

操作 22　测定涂膜的耐洗刷性

一、仪器与试剂

涂料耐洗刷试验仪；水泥平板；pH 试纸及色板（图 4-43）；100μm 线棒涂布器；刷子［使用前，将刷毛 12mm 浸入（23±2)℃水中 30min，取出用力甩净水，再将刷毛 12mm 浸入符合规定的洗刷介质中 20min，刷子经此处理方可使用，刷毛磨损至长度小于 16mm 时，须重新更换刷子］。

洗刷介质：将洗衣粉溶于蒸馏水中，配制成质量分数为 0.5%的洗衣粉溶液，其 pH 值为 9.5～11.0。

涂料：乳胶基础漆。

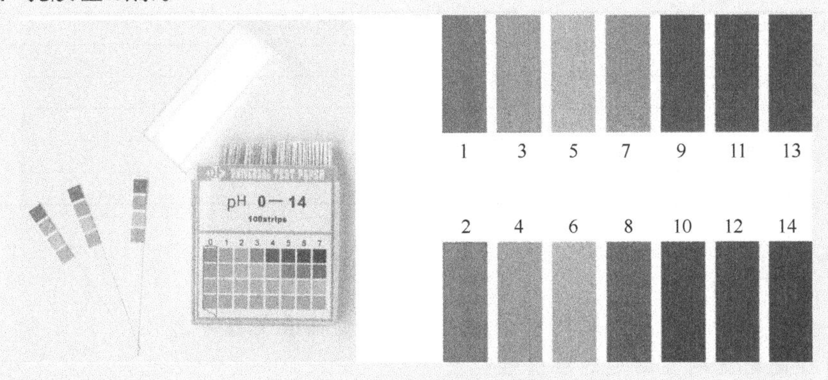

图 4-43　pH 试纸及色板

二、操作步骤

① 检验用试板的底材为无石棉水泥平板（或石棉水泥平板），按 GB/T 9271—2008《色漆和清漆 标准试板》的规定处理每一块试板，水泥板须清除表面的浮灰后，经浸水使底板 pH 值小于 10，并用 200 号砂纸将表面打磨平整，清洗干净后，存放在温度（23±2)℃、相对湿度（50±5)%的空气流通的环境下至少一周。

② 按产品标准规定的方法涂覆受试产品或体系。控制涂膜的厚度，合成树脂乳液外墙涂料、合成树脂乳液内墙涂料面漆、弹性涂料等在测定本项目时采用线棒涂布器制备试板，施涂二道，第一道 100μm，第二道 80μm，两道间隔 6h，养护 7 天（弹性涂料养护 14 天）。合成树脂乳液内墙涂料底漆用刷涂法制板，施涂一道 80μm，在温度为（23±2)℃和相对湿度为（50±5)%的条件下养护 7 天，制样前要测定涂料的密度，计算质量。

③ 将试验样板涂漆面向上，水平地固定在耐洗刷试验仪的试验台板上。

④ 将预处理过的刷子置于试验样板的涂漆面上，使刷子保持自然下垂，滴加约 2mL 洗刷介质于样板的试验区域，立即启动仪器，往复洗刷涂层，同时滴加（速度为每秒钟滴加约 0.04mL）洗刷介质，使洗刷面保持润湿。

⑤ 洗刷至规定次数或洗刷至样板长度的中间 100mm 区域露出底材后，取下试验样板，用自来水清洗干净。

⑥ 在散射日光下检查试验样板被洗刷过的中间长度100mm区域的涂层，观察其是否破损露出底材。

⑦ 对同一试样采用两块样板进行平行试验。

⑧ 洗刷到规定的次数，两块试板中至少有一块试板的涂层不破损至露出底材，则评定为“通过”。洗刷到涂层刚好破损至露出底材，以两块试板中洗刷次数多的结果报出。

三、注意事项

① 水泥板尺寸：430mm×150mm×(4～6)mm。

② 所检产品未明示稀释比例时，搅拌均匀后制板。所检产品明示了稀释比例时，应按规定的稀释比例加水搅匀后制板，若所检产品规定了稀释比例的范围时，应取其中间值。

四、结果报告

测试结果记录参见表4-28。

表4-28 耐洗刷试验测试结果

所执行标准编号	
试验日期	
待测样品信息(名称、型号)	
试验过程记录	
试验结果	
备注	

思考习题

1. 哪些类型的涂料需要测定耐洗刷性？该项目指标有何指导意义？
2. 如何提高耐洗刷性测定的准确性？

任务十九 涂膜耐热性、耐湿热性和耐干热性的测定

任务引导

掌握涂膜耐热性、耐湿热性和耐干热性的测定原理；会准确测定不同类涂膜的耐热性和耐湿热性；会测定家具涂料的漆膜耐干热性。

GB/T 1735—2009《色漆和清漆 耐热性的测定》适用于漆膜耐热性的测定。采用鼓风恒温烘箱或高温炉加热，达到规定的温度和时间后，以物理性能或漆膜表面变化现象表示漆膜的耐热性能。

涂料漆膜的耐湿热性是指涂料漆膜对高温、高湿环境作用的抵抗能力。GB/T 1740—2007《漆膜耐湿热测定法》规定了色漆、清漆及其相关产品的抗高温、高湿环境能力的试验方法，适用于漆膜耐湿热性能的测定，即采用调温调湿箱控制一定的温度、湿度和时间进行试验，以样板的外观破坏程度评定等级。

漆膜耐干热性能测定的相关标准有GB/T 4893.3—2005《家具表面漆膜耐干热性测定法》，适用于所有经涂饰处理的家具的固化表面，不适用于皮革涂层和涂饰织物的涂层，其测定原理是将一块加热到规定试验温度的标准铝合金块放置到试验样板上，经过规定的一段时间后，移走铝合金块并擦净试验区域。让试验样板静置至少16h后在规定的光线条件下检查试样损伤及标记（变色、变泽、鼓泡或其他缺陷），根据分级标准表评定损伤程度等级。

任务实施

操作 23　测定涂膜的耐热性、耐湿热性和耐干热性

一、仪器与试剂

马口铁板：50mm×120mm×(0.2～0.3)mm。

薄钢板：50mm×120mm×(0.45～0.55)mm。

透明有机玻璃板：70mm×150mm×(0.5～2)mm，划成一百等份。

鼓风恒温烘箱；高温炉；调温调湿箱；蒸馏水；软湿布；隔热垫；温度计（或其他测温设备）。

漫射光源：在试验区域上提供均匀漫射光，可采用亮度至少为 2000lx 的具有良好漫射效果的自然光，也可以采用符合 GB/T 9761—2008 的比色箱的人造光。

直射光源：60W 的磨砂灯泡，经磨砂处理后，保证光线只照射到试验区域，而不会直接射入试验者的眼中。光线投射到检查区域与水平面呈 30°～60°。

涂料：醇酸底漆、醇酸面漆。

二、操作步骤

1. 耐热性的测定

按 GB 1727—1992《漆膜一般制备方法》在四块薄钢板（或按产品标准规定的样板）上制备漆膜。待漆膜实际干燥后，将三块涂漆样板放置于已调节到按产品标准规定温度的鼓风恒温烘箱（或高温炉）内。另一块涂漆样板留作比较。

待达到规定时间后，将涂漆样板取出，冷却至室温，与预先留下的一块涂漆样板比较，检查其有无起层、皱皮、鼓泡、开裂、变色等现象或按产品标准规定检查，以至少两块样板均能符合产品标准规定为合格。

2. 耐湿热性的测定

根据产品标准规定选用底材和配套底漆，取待测涂料产品（或符合涂层体系中的每个产品）的代表性样品。选择尺寸为 150mm×70mm×1mm 的底材，按 GB/T 9271—2008《色漆和清漆 标准试板》的规定方法处理试板。

按 GB/T 1765—1979《测定耐湿、耐盐雾、耐候性（人工加速）的漆膜制备法》制成漆膜样板。将待测试样板进行封边和封背，若试板背面与边缘的涂料样品不同，则应采用比待测试涂料的抗高温高湿性能更好的涂料。

将每一块已涂装的试板在规定的条件下干燥（或烘烤）并放置规定时间。除非另有规定，试验前试板应在温度为 (23±2)℃和相对湿度为 (50±5)%的条件下至少调节 16h。测样板干涂层的厚度。

将样板垂直悬挂于样板架上，样板正面不相接触。放入预先调到温度为 (47±1)℃、相对湿度为 (96±2)%的调温调湿箱中。当回升到规定的温度、湿度时，开始计算试验时间。试验中样板表面不应出现凝露。连续试验 48h 检查一次。两次检查后，每隔 72h 检查一次。每次检查后，样板应变换位置。试验进行到约定时间以及双方约定的停止指标。

按产品标准规定的时数进行最后一次检查，无产品标准的检查时间可根据具体情况确定。检查时，样板表面必须避免指印，在光线充足或灯光直接照射下与标准比较，结果以三块样板中级别一致的两块为准。分别评定试板生锈、起泡、变色、开裂或其他破坏现象。按表 4-29 评定等级。

表 4-29 漆膜耐湿热性试验等级评定

等级	破坏程度
一级	轻微变色;漆膜无起泡、生锈等现象
二级	明显变色;漆膜表面起微泡面积小于 50%,局部小泡面积在 4%以下,中泡面积在 1%以下;锈点直径在 0.5mm 以下;漆膜无脱落
三级	严重变色;漆膜表面起微泡面积超过 50%,小泡面积在 5%以上,出现大泡;锈点面积在 2%以上;漆膜出现脱落现象

3. 耐干热性的测定

试验可以在涂饰后的家具表面进行，但通常是在试验样板上进行。样板大小应满足试验要求，并且采用与涂饰家具相同的材料和涂饰方法。

试验样板应近乎平整，其大小应足够容纳所需进行的试验数目。相邻的试验区域周边之间，试验区域周边与样板边沿之间，至少应留有 15mm 的间隔。在试验同时开展处，试验区域的周边最少应隔开 50mm。如有必要，可用软湿布蘸取温和的清洁液擦洗试验样板表面，然后再用干净的软湿布蘸取蒸馏水或纯净水揩拭干净。

在试验开始前，应将涂层干透的试样在温度为 (23±2)℃、相对湿度为 (50±5)%的环境中至少存放 48h。根据试验要求，试验温度从下列温度中选取：70℃、85℃、100℃、120℃、140℃、160℃、180℃、200℃。

试件调制处理后，立即放入温度为 (23±2)℃的环境中开展试验。将温度计或其他测温设备插入热源中心孔内，打开烘箱，将热源升温到至少高于规定的试验温度 10℃，用软湿布擦净试验区域。当热源温度高于规定的试验温度至少 10℃时，将热源移到隔热垫上。当热源温度达到规定的试验温度±1℃时，立即将热源放到试验区域上。20min 后，移开铝合金块，用软湿布擦净试验区域。在样板表面靠近试验区域处，采用任何合适的方法，标注试验温度。试验后样板至少单独放置 16h。用软湿布揩干每一个试验区域并检查样板。

试验样板的检查：观察距离为 0.25～1m，仔细检查每个试验区域的损伤情况，例如是否有变色、变泽、鼓泡或其他正常视力、矫正视力（如有必要）可见的缺陷。采用两种光源中的任意一种单独照亮试样表面，使光线从试样表面反射进入观察者眼中，从不同角度包括角度间区域进行检查。使光线平行或垂直于试样表面纹理方向（如果有的话），在每个位置，将试验区域与非试验区域做比较。如果另有规定，应在更长的规定时间后再一次检查样板。

试验结果的评定：根据表 4-30 评定试验区域的等级。建议对每个试验区域的评定，应由一人以上且富有该类评定经验的检验人员担任，评定结果应取多个观察者中相同的评定值或人数最多的评定值。如果采用两种相同光源取得的试验结果不同，应记录最低等级。

表 4-30 分级评定表

等级	说明
1	无可见变化(无损伤)
2	仅在光源投射到试样表面,再反射到观察者眼中时,有轻微可视的变色、变泽或不连续的印痕
3	轻微印痕,在数个方向上可视,例如近乎完整的圆环或圆痕
4	严重印痕,明显可见,或试样表面出现轻微变色或轻微损坏区域
5	严重印痕,试样表面出现明显变色或明显损坏区域

三、注意事项

① 鼓泡面积计算：使用百分格板，其中百分之一的面积只要有泡，则算为1%的面积，以此类推。

② 鼓泡等级如下：微泡为肉眼仅可看见者；小泡则肉眼明显可见，直径在0.5mm以下；中泡为直径0.6～1.0mm；大泡在直径1.1mm以上。板的四周边缘（包括封边在内）及孔周围5mm不考虑，对外来因素引起的破坏现象不做计算。

③ 漆膜破坏现象凡符合表4-29、表4-30等级中的任何一条，即属该等级。

四、结果报告

涂料漆膜耐热性、耐湿热性、耐干热性检验报告参见表4-31～表4-33。

表4-31 涂料漆膜耐热性检验报告

所执行标准编号	
试验日期	
待测样品信息	
调温调湿箱型号	
试验时间	
测定结果	
与规定试验方法的不同之处	
补充内容备注	

表4-32 涂料漆膜耐湿热性检验报告

所执行标准编号	
试验日期	
待测样品信息（样品名称、厂商、商标名称、批号）	
调温调湿箱的类型和型号	
设备是以连续还是非连续方式操作	
试验时间	
测定结果	
与规定试验方法的不同之处	

表4-33 涂料漆膜耐干热性检验报告

所执行标准编号	
试验日期	
涂料种类、厂商、商标名称、批号	
试验样板基材或试件	
试验温度	
对试验区域进行的评定情况记录	
试验结果	
与规定试验方法的不同之处	
检验机构与人员	

思考习题

1. 涂膜耐热性、耐湿热性和耐干热性的测定有何意义?
2. 如何提高涂膜的耐热性、耐湿热性和耐干热性?

任务二十 漆膜耐水性、耐碱性及其他耐液性的测定

任务引导

了解漆膜耐水性、耐碱性以及其他耐液性能的测定方法与标准;会按标准方法测定漆膜耐水性、耐碱性以及耐其他液体介质的性能。

外墙涂料耐水性的好坏直接影响到涂料在基材上的附着能力。在室内较为潮湿的场所如厨房、卫生间及南方的室内也要考虑涂料的耐水性。相关的方法标准有 GB/T 1733—1993《漆膜耐水性测定法》、GB/T 5209—1985《色漆和清漆耐水性测定法 浸水法》。GB/T 1733—1993《漆膜耐水性测定法》规定了漆膜耐水性能的测定方法，包括浸水试验法和浸沸水试验法两种。在达到规定的试验时间后，以漆膜表面变化现象表示其耐水性能。

涂层耐碱性是指涂膜对碱的抵抗能力，建筑材料的基材如混凝土、水泥砂浆、石膏板等均呈碱性，要求涂料有一定的耐碱性。相关的方法标准有 GB/T 9265—2009《建筑涂料涂层耐碱性的测定》、GB/T 9274—1988《色漆和清漆耐液体介质的测定》、GB/T 4893.1—2005《家具表面耐冷液测定法》。其测定原理是先固化干燥试板，再用熔融的石蜡或松香与石蜡的 1∶1 混合物或同种涂料将试板封边封背，浸泡在蒸馏水或指定的液体介质中至规定时间，取出吸干，目视检查鼓泡、起皱、开裂或剥落，放置规定时间后比对检查光泽和颜色的变化。

任务实施

操作 24 测定漆膜的耐水性、耐碱性

一、仪器与试剂

玻璃水槽;底板［底板应平整、无扭曲，板面应无任何可见裂纹和皱纹，除另有规定外，底板应是 120mm×25mm×(0.2～0.3)mm 马口铁板］。

石棉水泥板;氢氧化钙、石蜡、松香;蒸馏水或去离子水(符合 GB 6682 中三级水规定的要求)。

碱溶液(饱和氢氧化钙)的配制:在温度 (23±2)℃条件下，在符合 GB/T 6682—2008《分析实验室用水规格和试验方法》规定的三级水中加入过量的氢氧化钙(分析纯)配制碱溶液并进行充分搅拌，密封放置 24h 后取上层清液作为试验用溶液。

二、操作步骤

1. 漆膜耐水性的测定

(1) 测定前试板的制备

① 取样:除另有规定外，按 GB 3186 规定进行。

② 底板的处理和涂装:除另有规定外，按 GB 1727 的规定在三块马口铁板上制备漆膜。

③ 试板的干燥：除另有规定外，样板按产品标准规定的干燥条件和时间干燥，然后按 GB 1727 规定的恒温恒湿条件和时间进行状态调节。

④ 漆膜厚度的测定：除另有规定外，干膜厚度按 GB 1764 规定的方法进行。

⑤ 试样边缘的涂装：除另有规定外，试样投试前应用 1∶1 的石蜡和松香混合物封边，封边宽度为 2～3mm。

(2) 浸水试验法

① 试板的浸泡：在玻璃水槽中加入蒸馏水或去离子水。除另有规定外，调节水温为 (23±2)℃，并在整个试验过程中保持该温度。将三块试板放入其中，并使每块试板长度的 2/3 浸泡于水中。

② 试板的检查：在产品标准规定的浸泡时间结束时，将试板从槽中取出，用滤纸吸干，立即或按产品标准规定的时间状态调节后目视检查试板，并记录是否有失光、变色、起皱、脱落、生锈等现象和恢复时间。三块试板中至少有两块试板符合产品标准规定则为合格。

(3) 浸沸水试验法

① 试板的浸泡：在玻璃水槽中加入蒸馏水或去离子水。除另有规定外，保持水处于沸腾状态，直到试验结束。将三块试板放入其中，并使每块试板长度的 2/3 浸泡于水中。

② 试板的检查：在产品标准规定的浸泡时间结束时，将试板从槽中取出，用滤纸吸干，立即或按产品标准规定的时间状态调节后目视检查试板，并记录是否有失光、变色、起皱、脱落、生锈等现象和恢复时间。三块试板中至少有两块试板符合产品标准规定则为合格。

(4) 湿滤纸法　在试板中央放 5 层湿滤纸片，保持湿润 24h。

试板的检查和结果评定：在产品标准规定的浸泡时间结束时，将试板从槽中取出，用滤纸吸干，立即按产品标准规定的时间状态调节后目视检查试板，并记录是否有失光、变色、起泡、起皱、脱落、生锈等现象和恢复时间。三块试板中至少有两块试板符合产品标准规定则为合格。

2. 漆膜耐碱性的测定

底板及其处理：底板为石棉水泥板（150mm×70mm×3mm），按 GB 9271 中 5.3 条规定制样以及干燥养护处理。取三块按 5.3 条规定制备好的试板，用石蜡和松香的混合物（质量比为 1∶1）将试板四周边缘和背面封闭，封边宽度 2～4mm，在玻璃或搪瓷容器中加入氢氧化钙饱和水溶液，将试板长度的 2/3 浸入试验溶液中，加盖密封产品标准规定的时间（外墙涂料 48h、内墙涂料 24h），观察试板是否有起泡、粉化、明显变色等现象。或者将试板封边和封底后，将 2/3 浸入温度为 (23±2)℃的 50g/L 的碳酸氢钠溶液中，试验 1h，放 1h 后观察。

试板的检查和结果评定：浸泡结束后，取出试板，用水冲洗干净，甩掉板面上的水珠再用滤纸吸干，立即观察涂层表面是否出现起泡、裂痕、剥落、粉化、软化和溶出等现象。以两块以上涂层现象一致试板的结果作为试验结果；三块试板中至少有两块符合标准规定则为合格。如三块试板中有两块未出现起泡、掉粉、明显变色等涂膜病态现象，可评定为“无异常”。如出现以上涂膜病态现象，按 GB/T 1766—2008《色漆和清漆　涂层老化试验方法》进行描述，如表 4-34 所示。

表 4-34 涂膜病态现象描述

起泡密度	起泡大小(直径)	粉化程度	变色程度
无泡	10 倍放大镜下无可见的泡	无粉化	无变化
很少,几个泡	10 倍放大镜下才可见的泡	很轻微,试布上刚可观察到微量颜料粒子	很轻微变色
有少量泡	正常视力下刚可见的泡	明显,试布上沾有较多颜料粒子	轻微变色
有中等数量的泡	<0.5mm 的泡	较重,试布上沾有很多颜料粒子	明显变色
有较多数量的泡	0.5～5mm 的泡	严重,试布上沾满大量颜料粒子,或样板出现露底情况	较大变色
密集型的泡	>5mm 的泡	—	严重变色

三、注意事项

① 涂料耐碱性检测浸泡结束后观察涂层表面现象时，试板距边缘约 5mm 以内和液面以下约 10mm 以内的涂层区域评定时不计。

② 试验报告应包括下列内容：受试产品的型号及名称；说明采用国家标准（GB/T 1733）及何种方法（甲法或乙法）；与本国标准所规定内容的任何不同之处；试验结果（漆膜破坏的详细记录及评定结果）；试验日期。

③ 溶剂型木器涂料耐污染性（醋、茶）、耐醇性（70％乙醇，8h）的测定方法类似。

四、结果报告

自行设计实验报告方案，报告测定结果。

思考习题

1. 漆膜耐水性、耐碱性以及其他耐液性能测定有何意义？
2. 如何提高漆膜耐水性、耐碱性以及其他耐液性能？

任务二十一　涂膜耐沾污性的测定

任务引导

掌握耐沾污性的测定原理；会准确测定建筑涂料的耐沾污性。

耐沾污性是指涂层抵抗空气中灰尘、煤烟粒子、大气悬浮物等污物污染而不变色的能力。外墙建筑涂料涂膜长期暴露在大自然环境中，能否抵抗外来污染，保持外观清洁，对保护与装饰作用来说十分重要。

外墙涂料涂层耐沾污性试验采用试验用灰标准样品作污染源，将其制成悬浮液，用涂刷法或浸渍法将其附着在涂层试板上，通过测定试验前后反射系数的变化或者根据基本灰卡的色差登记评定涂层试板的耐沾污性。外墙涂料涂层耐沾污性试验方法分为涂刷法和浸渍法，涂刷法适用于平涂层，浸渍法适用于凹凸状或表面粗糙的涂层。内墙涂料涂层耐沾污性试验采用常用的生活污渍作为污染源，用浸敷法或刮涂法将其附着在涂层试板上进行测试，通过对涂层对不同生活污渍的耐沾污性进行加权来评价其耐沾污综合能力。

相应的测试标准有 GB/T 9780—2013《建筑涂料 涂层耐沾污性试验方法》。冲洗装置由水箱、水管和样板架用防锈硬质材料制成。在标准条件下取样制作试板，按规定养护处理试板后，用一容积为 15L、高度为 2m 的箱水，在 1min 内流完，冲洗涂料层样板。

任务实施

操作 25　测定涂膜的耐沾污性

一、仪器与试剂

反射率仪；天平（感量 0.1g）；冲洗装置（图 4-44，水箱、水管和样板架用防锈硬质材料制成）；软毛刷；线棒涂布器；水泥平板；标准灰；乳胶基础漆。

标准灰水的配制：称取适量标准灰于混合用容器中，与水以 1∶1（质量比）比例混合均匀。

二、操作步骤

① 检验用试板的底材为无石棉纤维水泥平板，按 GB/T 9271—2008《色漆和清漆 标准试板》的规定处理每一块试板，水泥板须清除表面的浮灰后，经浸水使底板 pH 值小于 10，并用 200 号砂纸将表面打磨平整，清洗干净后，存放在温度（23±2)℃、相对湿度 (50±5)％的空气流通的环境下至少一周。

② 污染源采用国家标准样品（建筑涂料涂层耐沾污性试验用灰标准样品），称量适量灰标准样品，将之与水按质量比 1∶1 充分混合制成污染源悬浮液，每次试验前现配现用。

③ 按要求进行制板，板规格 150mm×70mm×(4～6)mm，涂布两道，第一道用 100μm 线棒涂布器，第二道用 80μm 线棒涂布器，水性产品两道间隔 6h，溶剂型产品间隔 24h，置于标准环境条件［温度 (23±2)℃，相对湿度（50±5)％］中，养护 168h。

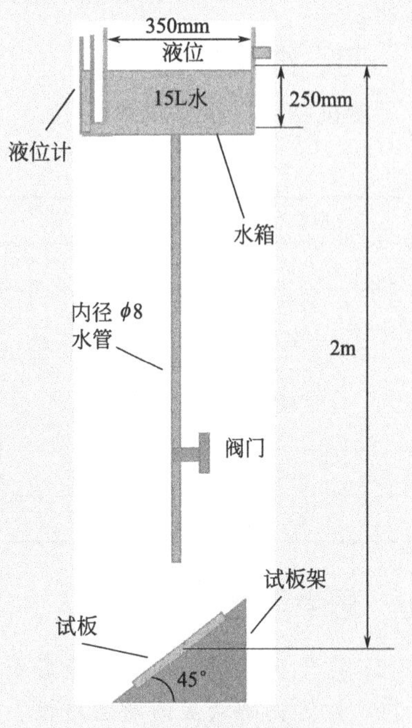

图 4-44　耐沾污性测定冲洗装置

④ 在上、中、下至少三个位置上测定经养护后的涂层试板的原始反射系数，取其平均值，记为 A。用软毛刷将污染源悬浮液按先横向后纵向的顺序均匀地涂刷在涂层表面上，控制污染源悬浮液涂刷量为每块试板（0.7±0.1)g。在（23±2)℃、相对湿度 (50±5)％条件下干燥 2h 后，放在样板架上。也可按规定在（60±2)℃烘箱中快速干燥 30min 后在（23±2)℃、相对湿度（50±5)％条件下干燥 2h 进行处理。

⑤ 将冲洗装置水箱中加入 15L 水，打开阀门至最大冲洗试板。冲洗时应不断移动涂层试板，使试板各部位都能被水流均匀冲洗。冲洗 1min，关闭阀门，将试板在（23±2)℃、相对湿度（50±5)％条件下干燥至第二天，此为一个循环，约 24h。按上述涂刷和冲洗方法继续试验至循环 5 次后，在上、中、下至少三个位置上测定涂层样板的反射系数，取其平均值，记为 B。每次冲洗试板前均应将水箱中的水添加至 15L。

⑥ 涂层的耐沾污性由反射系数下降率表示：

$$X=\frac{A-B}{A}\times 100\%$$

式中　X——涂层反射系数下降率；

A——涂层初始平均反射系数；

B——涂层经耐沾污性后的平均反射系数。

⑦ 对同一试样采用3块样板进行平行试验，结果取其算术平均值，保留有效数字，平行测定结果相对误差不应超过15%。

三、注意事项

① 水泥板尺寸：150mm×70mm×(4～6)mm。

② 所检产品未明示稀释比例时，搅拌均匀后制板。所检产品明示了稀释比例时，应按规定的稀释比例加水搅匀后制板。若所检产品规定了稀释比例的范围时，应取其中间值。

四、结果报告

测试结果记录参见表4-35。

表4-35 测试结果

所执行标准编号	
试验日期	
待测样品信息（名称、型号）	
试验过程记录	
试验结果	
备注	

思考习题

1. 在什么环境下应用的涂层需要测定耐沾污性？
2. 如何提高涂层的耐沾污性？

任务二十二　清漆用树脂酸值的测定与比较

任务引导

理解酸值的定义；掌握酸值测定的原理、方法；会测定涂料用树脂的酸值；会根据实验结果进行酸值的计算。

酸值是中和1g树脂试样所需消耗KOH的质量（mg）。对不饱和聚酯树脂来说，酸值是一个重要参数，表征树脂中游离羟基的含量或合成不饱和聚酯树脂时聚合反应进行的程度。生产醇酸树脂时，投料时加有机酸和过量的有机醇反应生成醇酸树脂，有机酸需充分反应完，测定酸值可以指示反应的终点，用来判断有机酸是否已经全部反应。

任务实施

操作26 测定清漆用树脂的酸值

一、仪器与试剂

滴定管；精度万分之一的天平；锥形瓶；1%酚酞指示液；0.05mol/L KOH-乙醇标准溶液；邻苯二甲酸氢钾；乙酸丁酯等。

二、操作步骤

① 取 1g 酚酞与 99g 乙醇混合配成滴定终点指示剂。

② 称取 5.6g KOH 试剂溶于约 1000mL 蒸馏水中，然后称取 0.1g（精确到 0.2mg）左右的邻苯二甲酸氢钾，以酚酞溶液作指示剂，用 KOH 溶液滴定至粉红色，并以 15s 不褪色为终点。计算其浓度（mol/L）。

③ 用 KOH-乙醇标准溶液中和溶剂乙酸丁酯。

④ 取适量树脂试样（1～2g）于锥形瓶中，取 30～50mL 已中和的溶剂注入树脂试样瓶中和空白锥形瓶中，摇动使树脂完全溶解。

⑤ 在树脂试样瓶和锥形瓶中各滴入 3～4 滴酚酞指示剂，并用 KOH-乙醇标准溶液分别滴定，当两瓶内的液体分别出现粉红色且以 15s 不褪色为滴定终点，分别记录所耗 KOH-乙醇标准溶液的体积 V 和 V_0。

⑥ 按下式计算酸值：

$$\text{酸值}=\frac{56.1\times(V-V_0)c}{m}$$

式中　m——树脂试样的质量，g；

V——试样所耗 KOH 体积，mL；

V_0——空白试验所耗 KOH 体积，mL；

c——KOH 标准溶液的浓度，mol/L；

56.1——KOH 的摩尔质量，g/mol。

三、注意事项

① 若测定粉料酸值，则须用一定量已测定酸值的树脂将待测粉料分散后按本法测定，计算后减去树脂部分的酸值，求得粉料的酸值。

② 0.05mol/L KOH-乙醇标准溶液的配制及标定：称取约 6g KOH（分析纯），溶于 50mL 95%乙醇中，再用 95%乙醇分多次洗涤转入 2.5L 的试剂瓶中，用 95%乙醇稀释至 2000mL，摇匀，放置 48h 待标。准确称取于 105～110℃下烘至恒重的基准邻苯二甲酸氢钾（精确至 0.0001g）0.15～0.20g，置于干燥的 250mL 锥形瓶中，用 50mL 新鲜蒸馏水溶解，摇匀。加 2～3 滴 1%的酚酞指示剂，用配制好的 KOH-乙醇标准溶液滴定至呈粉红色即为终点。同时做空白试验。

$$c_{\text{KOH-乙醇}}=\frac{m}{(V_1-V_2)\times 204.20}\times 1000$$

式中　V_1——滴定基准物所消耗待标液体积，mL；

V_2——空白试验所消耗待标液的体积，mL；

m——基准物邻苯二甲酸氢钾的质量，g；

204.20——邻苯二甲酸氢钾的摩尔质量，g/mol。

四、结果报告

请自行设计实验报告方案，报告测定结果。

思考习题

1. 哪些涂料及其原材料需要测定酸值？
2. 如何提高涂料酸值测定的准确性？

3. 涂料及其原材料酸值较高对涂料产品性能有何影响?

任务二十三　涂料用粉料吸油量的测定

任务引导

了解吸油量的测定原理；理解颜（填）料吸油量的定义；会正确测定粉料吸油量；能准确把握吸油量测定终点；会正确计算吸油量结果。

粉料的吸油量影响配方中成膜物的用量，吸油量高，需更多的树脂或乳液，增加生产成本。比如，对同一个配方，乳胶漆中粉料吸油量高，则涂膜的耐洗刷性、耐水性、耐酸碱性都比较差。

吸油量实际上是油料浸润颜料颗粒的表面及填满颗粒之间空隙所需的最低油量，具体量化的方法是指每100g颜料所能吸收的纯亚麻仁油的最低量。吸油量的表示方法可用体积/质量或质量/质量表示，即 V/m 或 m/m。

任务实施

操作27　测定涂料用粉料的吸油量

一、仪器与试剂

长约140～150mm锥形刀身的调漆刀；10mL滴定管（分度值0.05mL）；尺寸不小于300mm×400mm的平板磨砂玻璃。酸值为5.0～7.0mg KOH/g的精制亚麻仁油；钛白粉；重钙；高岭土样品。

二、操作步骤

取两份试样平行测定。称取2g试样，放于平板磨砂玻璃上，用10mL滴定管滴加精制亚麻仁油，每次加油量不超过10滴，在加油过程中用调漆刀充分仔细研压，使油渗入受试样品，继续以此速度滴加至油和试样形成团块为止。开始时可以加3～5滴，近终点时可逐滴加入，每加一滴后需用调漆刀充分研磨，当形成稠度均匀的膏状物，恰好不裂、不碎、不粘刀时为终点，记录消耗的油量。

全部操作应在20～25min内完成。吸油量以每100g产品所需油的体积或质量表示，按以下公式计算：

试样吸油量 $=100V/m$

式中　V——所需油的体积，mL；

　　m——试样的质量，g。

三、注意事项

对颜（填）料进行吸油量测定时与标样同时测定，当待检品的吸油量与标样吸油量相比，误差大于5%时，则判定为吸油量不合格。称样量的多少可参照表4-36。

表4-36　吸油量的范围与所取待测样品的质量对应表

吸油量范围/(mL/100g)	≤10	>10～30	>30～50	>50～80	>80
试样质量/g	20	10	5	2	1

四、结果报告

自行设计实验报告方案，报告测定结果。

思考习题

1. 哪些涂料及其原材料需要测定吸油量？
2. 如何提高涂料吸油量测定的准确性？
3. 涂料用粉料吸油量较高对涂料产品性能有何影响？

任务二十四　涂料稀释剂馏程的测定

任务引导

掌握馏程相关的概念，包括初馏点、终馏点、馏程、馏出液收集量和蒸馏残留物量；了解馏程仪的基本结构及使用方法；掌握溶剂馏程的测定方法。

在规定条件下，蒸馏100mL试样，观察温度计读数与馏出液的体积，并根据所得数据，通过计算得到被测样品的馏程。

任务实施

操作28　测定涂料稀释剂的馏程

一、仪器与试剂

沸程测定仪（图4-45），温度计，量筒，蒸馏装置（图4-46）。稀释剂（乙酸丁酯），涂料稀释剂试样。

图4-45　沸程测定仪

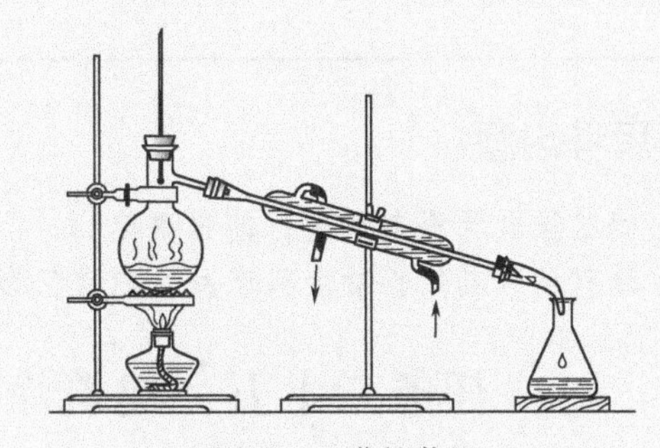

图4-46　蒸馏装置

二、操作步骤

① 量取100mL试样，将其完全注入蒸馏瓶中；

② 安装好温度计，尤其注意安装方法；

③ 安装好蒸馏装置，将装有试样的蒸馏瓶置于上部耐火口的开口处，使其连接管伸入冷凝管中25～30mm，用一个空木塞将连接管与冷凝管进行密闭连接；

④ 安放量筒，直接将量筒放置在冷凝管下方，使冷凝管的管头伸入量筒25mm以上，但不能超过100mL的刻度线；

⑤ 打开冷凝水，然后进行加热；

⑥ 观察初馏点、终馏点等温度点，并记录馏出液的体积，计算蒸馏残留物量等结果。

三、注意事项

① 留意第一次出现分解的典型征兆，比如活塞上出现雾化现象，或者温度出现起伏等；

② 注入试样过程中，试样不得流入连接管；

③ 温度计应置于瓶颈直径的中心位置，水银管的上端与连接管内侧最低点相平；

④ 量筒使用前无须进行干燥；

⑤ 冷凝管伸入量筒大于 25mm，但不能低于 100mL 的刻度线，管头不能碰到量筒壁；

⑥ 选择冷凝方法：冷凝水温度应低于试剂馏点的 35℃；对于沸点高于 150℃的物质，应使用空气冷凝。

四、结果报告

馏程测定实验记录参见表 4-37。

测试日期：____年____月____日。

实验温度：____________℃；湿度：____________%。

检测物质：________________________________。

使用标准：________________________________。

表 4-37　馏程测定实验记录

项目	结果	项目	结果
初馏点 /℃		馏出液收集量 /mL	
终馏点 /℃		蒸馏残留物量 /mL	
馏程 /℃		蒸馏残留物体积分数/%	

思考习题

1. 哪些涂料稀释剂需进行馏程测定？
2. 涂料稀释剂馏程对涂料产品性能有何影响？

任务二十五　建筑涂料用乳液性能的测定

任务引导

掌握乳液 pH 值测定的方法；了解最低成膜温度的概念及测定方法；掌握稀释稳定性的测定方法；掌握机械稳定性的测定方法；掌握钙离子稳定性的测定方法。

一、乳液市场基本情况

占涂料市场高达 38%的水性建筑涂料（内外墙漆）是用乳液做的，近几年来，在中国市场异常火爆的水性漆（PUD，PUA）也是用乳液做的。采用乳液做的涂料低毒，对环境几乎无损害，而这正是民用涂料非常看重的。现行合成树脂乳液涂料产品标准有 GB/T 9756—2018《合成树脂乳液内墙涂料》、GB/T 9756—2018《合成树脂乳液外墙涂料》等。

据不完全统计，水性建筑涂料在中国市场上目前约占涂料总产量的38%。在水性建筑涂料用乳液市场当中，丙烯酸乳液系列（纯丙乳液、苯丙乳液、乙丙乳液）市场占有率竟高达92%，其次是VAE乳液6%、丁苯胶乳1%，另外是氟碳乳液及乙叔乳液各0.5%。

国内丙烯酸乳液厂家可统计在册的约35家，年产能10万吨以上的仅五家，基本占据乳液总产量的大半壁江山。另外，产量在5万～10吨的企业也有8家，市场占有率在35%～40%。其余是年产能在5万吨以下的小型企业，市场占有率在10%～15%左右。目前国内乳液品牌价格层次分明，以陶氏集团、BASF集团、瓦克、阿科玛和塞拉尼斯五家外企为一阵容，他们在中高端领域占据较大优势，同类品种售价高出本土企业约5%～10%；本土企业组成了第二阵营，但伴随外企与本土企业市场竞争的日趋白热化，相邻层级价差已由原来的300～400元/吨左右压缩至150～200元/吨左右甚至更低。

二、乳液的种类与特点

建筑涂料用乳液大多为非交联型的热塑性乳液。通常按其单体组成分类，主要的品种有：①乙酸乙烯-乙烯共聚乳液（VAE乳液）；②乙酸乙烯-叔碳酸乙烯酯共聚乳液（乙叔乳液）；③乙酸乙烯-丙烯酸酯共聚乳液（乙丙乳液、醋丙乳液）；④纯丙烯酸酯共聚乳液（纯丙乳液）；⑤苯乙烯-丙烯酸酯共聚乳液（苯丙乳液）；⑥有机硅改性丙烯酸乳液（硅丙乳液）；⑦氟碳乳液。

除热塑性乳液外，近几年还出现了室温交联乳液，如含交联单体*N*-羟甲基丙烯酰胺的纯丙自交联乳液、通过金属离子交联的室温交联乳液及随着水分蒸发而交联的“逃逸型”室温交联乳液等。在众多乳液品种中，聚合方法不同，导致乳液性能各异，除一般滴加聚合工艺外，还有无皂乳液聚合、互穿网络乳液聚合、核-壳乳液聚合等。较常用的有苯丙乳液、纯丙乳液、乙丙乳液、硅丙乳液等。

1. 纯丙烯酸酯共聚乳液

纯丙烯酸酯共聚乳液简称纯丙乳液，它由丙烯酸酯类单体共聚而成。常用的硬单体是甲基丙烯酸甲酯等，软单体为丙烯酸丁酯和丙烯酸乙酯等。在共聚乳液中，加入少量丙烯酸或甲基丙烯酸，对乳液的附着力和冻融稳定性的提高有帮助。纯丙乳液具有很好的耐水性、耐碱性、耐候性、耐光性、成膜性和少气味等特点。纯丙乳液主要用于高档外墙乳胶漆、高档真石漆等，占比在10%左右。

自1953年罗门哈斯公司推出了第一代100%纯丙乳液Rhoplex AC-33，丙烯酸乳液产业高速发展。由于丙烯酸乳液具有干燥快速、容易操作和施工、易清理等优点，在随后的60多年中，它成为全球最流行的墙面材料。

纯丙乳液各方面性能都比苯丙乳液好，但是其市场份额增长较缓慢，并且近两年其表观需求量增速有限。分析原因主要是其价格高，普通中小涂料厂家用不起，并且目前部分苯丙乳液性能基本已达到了纯丙乳液的要求，所以厂家在考虑成本及保证产品质量的情况下，多半会选择苯丙乳液。目前纯丙乳液主要推荐给客户做中高档外墙乳胶漆、高档真石漆、罩面清漆和超耐候性外墙乳胶漆，并且有时为节省成本，在做弹性涂料时代替部分弹性乳液使用。

2. 苯乙烯-丙烯酸酯共聚乳液

利用丙烯酸活性，多年来已形成了性能各异、性价比不同的丙烯酸乳液系列。据卓创资讯统计，目前市场上建筑涂料用丙烯酸乳液约65%是苯乙烯-丙烯酸酯共聚乳液，即俗称的苯丙乳液。

苯乙烯与丙烯酸酯共聚比较简单，由于苯乙烯玻璃化温度高达100℃，属硬单体，加入比较软的丙烯酸酯单体共聚成的乳液性价比合理。利用价格低廉的苯乙烯与丙烯酸酯共聚而成的苯丙乳液被更多地用于制作内墙涂料。苯乙烯吸水性低，价格便宜，但受紫外线照射易变黄（内墙涂料正好不强调此性能）、质脆、耐冲击性差，与丙烯酸酯共聚，性能得到改善。在中国以外地区，例如北美，苯丙乳液使用较少。

3. 乙酸乙烯-丙烯酸酯共聚乳液

除了采用乙烯、叔碳酸乙烯酯和乙酸乙烯酯共聚进行改性外，人们也常采用丙烯酸酯同乙酸乙烯共聚改性，因为如果用丙烯酸酯改性乙酸乙烯，由此共聚成的乳液其内增塑性、耐水性、耐碱性和附着力等都明显优于纯乙酸乙烯制成的乳液。乙酸乙烯-丙烯酸酯共聚乳液简称乙丙乳液或醋丙乳液。在北美，因为乙丙乳液便宜，颜料结合力好，所以在内墙建筑乳胶漆中应用最多。

乙丙乳液是适用于建筑内墙涂料和丝光涂料的乳液。这种乳液虽成本低，但是耐水性、抗蠕变性、耐碱性和抗老性较差，适于低PVC内墙建筑涂料使用。另外，乙丙乳液主要用于做商品漆，像立邦、多乐士等比较大的涂料企业做商品漆时大多用乙丙乳液，因为其展色性好。所以乙丙乳液主要是做内墙乳胶漆时使用。

4. 乙酸乙烯-乙烯共聚乳液

乙酸乙烯-乙烯共聚乳液简称VAE乳液。1988年北京有机化工厂首次从美国引进年产1.5万吨VAE乳液的装置，1991年四川维尼纶厂再次从美国引进同样一套VAE乳液装置。近几年，随着VAE乳液越来越得到市场青睐，国内生产装置虽已经得到较大改善，但与实际需求相比仍然存在较大缺口，只能靠进口予以补足，所以VAE乳液的市场前景良好。

VAE乳液具有永久的柔韧性，较好的耐酸碱性，耐紫外线老化性，良好的混溶性、成膜性和粘接性等，因此在实际应用中有着十分广泛的用途。其在水性建筑涂料中的用量在迅速增长中。VAE乳液主要用于两个方面。一方面是用作涂料的基料。VAE乳胶漆可用作内外墙涂料和屋面防水涂料、防火涂料、防锈涂料。VAE乳胶漆涂膜耐起泡性好，耐老化，不易龟裂，与多种基材有较好的附着力，安全无毒，使用方便；不仅能够涂覆于木材、砖石和混凝土上，也能涂覆于金属、玻璃、纸、织物表面；它与油漆的亲和力也很好，可以相互在表面上涂刷。另一方面可用于水泥改性剂。水泥是建筑工程中应用最广泛的材料之一，但是单纯的水泥制品存在容易龟裂和耐水性、耐冲击力、耐酸性差的缺点，在一定程度上影响了水泥的实用效果。从20世纪20年代起，人们就致力于对水泥的改性研究。随着研究的不断深入，人们发现许多合成乳胶在水泥改性上有较好的效果，其中VAE乳液由于具有良好的耐水性、耐酸碱性和耐候性，价格也比同类产品便宜，因此作为新材料正在被广泛应用于土建工程中。

5. 乙酸乙烯-叔碳酸乙烯酯（VeoVa）共聚乳液

乙酸乙烯和叔碳酸乙烯酯这两种单体对人体几乎没有危害，乙叔乳液由其共聚而成。将叔碳酸乙烯酯与乙酸乙烯共聚的好处是在共聚物链中随机地引进具有非极性和空间屏障结构的VeoVa。当VeoVa的含量达到或超过20%时，就能保护共聚物酯键免于水解并具有良好的耐碱性，从而适用于内墙乳胶漆；当VeoVa的含量达到或超过25%时，还能获得良好的耐候性，从而也能用于外墙乳胶漆。VeoVa的加入还能降低乳液的表面张力，提高拒水性。随着生活水平的提高，人们对装饰材料的要求也越来越严格，如低毒性、耐水性、美观性、方便性，而乙叔乳液因其环保性、好的光泽及滑爽的手感越来越成为内墙装饰涂料首先考虑的成膜物质之一。

据统计，目前国内生产乙叔乳液的企业主要有天津四友、山东宝达新材料、衡水新光、上海保立佳等企业。其中以天津四友的乙叔项目产能最大，其技术也最为成熟。目前我国乳液厂家的乙叔乳液产量一般在2000～4000t/a，主要是由于生产乙叔乳液的技术水平要求较高，设备投入较大，中小企业难以做到。在我国乙叔乳液市场上，还有相当一部分乙叔乳液需依靠进口。国际市场上乙叔乳液生产仍被SHELL（壳牌）等少数大公司所垄断，国内的乳液在质量方面仍不稳定。

6. 有机硅改性丙烯酸乳液

有机硅改性丙烯酸乳液简称硅丙乳液，是在丙烯酸聚合物主链上引入带烷氧基的硅氧烷或聚硅氧烷，从而把有机硅优异的耐高温性、耐候性、耐化学品性、低表面能、拒水性及较好的耐沾污性与丙烯酸酯类聚合物的高保色性、柔韧性以及价格适宜等结合起来，使其兼具有机和无机的特性。目前最常用也是最有效的方法之一，是含乙烯基有机硅氧烷和丙烯酸类单体共聚，由于在聚合时硅氧烷在水相中易发生水解、缩聚，导致硅丙乳液中有机硅含量超过10%困难，对乳胶漆性能改善有限。通过有机硅接枝改性的丙烯酸乳液，比较适合制作外墙乳胶漆，其拒水透气性、耐久性、耐沾污性都得到提高。有机硅化学改性的丙烯酸乳液，与其共混改性的丙烯酸乳液相比，几乎无迁移倾向，相容性好，但共混改性简单，并可引入较多的有机硅。

市场应用上，目前硅丙乳液主要用于制备真石漆、质感漆。真石漆是一种新型的建筑涂料，其装饰效果似类于大理石和花岗石，是以天然花岗岩碎石、石粉为主要材料，加入合成树脂乳液作为主要黏结剂，并辅以多种助剂配制而成的涂料。目前市场上做真石漆的有七八成都是用硅丙乳液。硅丙乳液在真石漆里面的添加量在6%～13%左右。

7. 氟碳乳液

氟碳乳液是将有机氟、（甲基）丙烯酸酯、特种湿附着力单体、反应型乳化剂等用先进的种子工艺、核壳技术聚合而成，从而制得的性能比较全面的新一代氟碳乳液。其产品特点是有机氟元素超过6%，从而使得乳液具有极佳的耐水性、超长的耐候性，抗沾污，不黄变，抗碱，抗酸雨，抗盐雾，并且漆膜光亮、丰满，流动性好。此款乳液广泛用于超耐候高级外墙乳胶漆、弹性乳胶漆面涂。目前市面上氟碳乳液占有率较少，仅占水性建筑涂料用乳液的0.5%左右。近几年，水性氟碳乳液的开发受到业界人士的高度关注。氟碳乳液属于新兴的乳液，由于乳液聚合物链中引入键能较大的氟碳键，赋予乳液极好的性能，从而满足环保和高性能双方面的要求，这使氟碳乳液具有广泛的应用领域。水性氟碳涂料凭借其优异的性能，在业界有“涂料王”的美称。

三、乳液的质量检测方法

GB/T 20623—2006《建筑涂料用乳液》规定了由丙烯酸酯类、甲基丙烯酸酯类、酸酯或其他有机酸的乙烯基酯类、苯乙烯等单体通过乳液聚合而成的以水作为分散介质的各类合成树脂乳液的要求、试验方法、检验规则、标志、包装和贮存，适用于在建筑内外墙涂料中起成膜黏结作用的通用型合成树脂乳液。

GB/T 11175—2002《合成树脂乳液试验方法》等效采用日本工业标准JIS K6828：1996《合成树脂乳液试验方法》，规定了乳液基本性能测定试验方法，适用于聚乙酸乙烯酯、聚丙烯酸酯乳液和乙酸乙烯酯-乙烯共聚乳液等合成树脂乳液的试验方法，增加了“机械稳定性”和“粗粒子”两项试验方法，删去了“灰分”和“薄膜耐水性质”两项试验方法，试验温度和湿度规定为GB/T 2918中的标准环境2级。

JC/T 1017《建筑防水涂料用聚合物乳液》规定了建筑防水材料用聚合物乳液的术语和定义、分类和标记、一般要求、技术要求、试验方法、检验规则、标志、包装、贮存与运输，适用于建筑防水材料中起成膜、固结作用的聚合物乳液。

乳液质量检测的一般方法如下：

1. 化学稳定性（钙离子稳定性）

化学稳定性是指乳液对添加的化学药品的稳定性。对分散液具有很大破坏力的化学药品大都是水溶性的，可分为电解质和非电解质两类，前者一般是无机盐类，后者一般是极性有机化合物。在实用上多数是指添加电解质的稳定性问题，因此从狭义上来说是指电解质稳定性。检测方法通常为在小烧杯中加入 30mL 乳液，然后加入质量分数为 0.5%的 $CaCl_2$ 溶液 6mL，搅匀后置于 50mL 带盖的广口瓶中，于 1h、24h、48h 后观察是否发生分层、沉淀、絮凝等现象，有即认为不合格。也可用规格为 120μm 的涂布器将试样均匀地涂在玻璃板上，观察有无絮凝物的存在。

2. 机械稳定性

机械稳定性是指乳液在经受机械操作时的稳定性。因为在制备涂料过程中，要经泵送、搅拌及涂装时的喷涂等操作，因此乳液及其涂料要经受得住机械操作。测定时，在直径约 100mm、高度约 180mm、容积约 1000mL 的容器中称入（400±0.5）g 已用孔径为 0.177mm 的滤网过滤的乳液，将其放在高速分散机座上，用夹子固定，开动分散机，调速达 2500r/min，分散 30min，再过滤，并用自来水将容器内壁上的残留物冲至滤网中，用自来水冲洗滤网，观察乳液是否破乳及有无明显的絮凝物。分散机的搅拌头为盘齿形，直径约 40mm。

3. 冻融稳定性

由于乳液体系主要由单体、水、乳化剂及溶于水的引发剂等基本组分组成，其中有一半是水，乳液及由其配制的涂料在很多情况下要被暴露于冻结的条件下，当聚合物乳液遇到低温条件时会发生冻结。冻结和融化会影响乳液的稳定性，轻则造成乳液表观黏度上升，重则造成乳液的凝聚。冻融稳定性即乳液经受冻结和融化交替变化时的稳定性。按 GB/T 11175 规定进行测定。其试验循环为三次，试验温度为−5℃。

4. 贮存稳定性

贮存稳定性是指贮存期间乳液发生变质的难易程度，包括因受重力影响粒子沉降或上浮形成浓缩层以及浓缩层是否凝集的稳定性、聚合物粒子对水解等化学变化的稳定性。可采用加速试验进行测定，也可以通过测定 ζ 电位来进行预测。一般情况测定方法是：将约 0.5L 的试样装入合适的塑料或玻璃容器中，瓶内留有 10%的空间，密封后放入（50±2）℃恒温干燥箱中，14d 后取出在（23±2）℃下放置 3h，打开容器，观察有无分层、结皮、硬块及絮凝现象。可用规格为 120μm 的涂布器将试样均匀地涂在玻璃板上后，观察有无絮凝物的存在。

5. 稀释稳定性

稀释稳定性是指乳液加水稀释后的稳定性。在 10mL 带有刻度的试管中，用漏管加入 2mL 乳液，然后用滴管加入 8mL 去离子水，充分摇匀后放置在试管架上，分别于 24h、48h 后观察有无分层、分水、沉淀发生，不发生上述现象即为通过。

视频扫一扫

M4-19 最低成膜温度试验仪操作

6. 最低成膜温度（MFFT）

MFFT 是指随水分蒸发，聚合物乳液粒子充分融结成连续透明薄膜时的温度。MFFT 过高会造成龟裂现象，可加入成膜助剂进行调节。可采用最低成膜温度仪进行测定，按 GB/T 9267—2008《涂料用乳液和涂料、塑料用聚合物分散体、白点温度和最低成膜温度的测定》进行测定。

7. 玻璃化温度

热塑性树脂有三态：玻璃态——脆性态（冬天塑性硬状态）；弹性态——可弯曲及拉伸的状态（夏天塑料软状态）；黏流态——可流动的状态（塑料挤出成形时被熔化状态）。玻璃化温度是指高聚物由弹性状态转变为玻璃态的温度，可采用示差扫描量热仪进行测定。

8. 外观、黏度、不挥发物含量

在空皿中用肉眼观察液体所处的状态及色相可得乳液。可采用旋转黏度法测定黏度，按GB/T 2794—2013的规定进行。乳液的不挥发物含量按GB/T 11175—2002中5.2规定进行，一般在45%～52%之间。

9. 乳液粒径

分散在水中的聚合物乳液，可采用动态光散射法测定乳液粒径大小与分布。乳液发蓝光，说明乳液粒径已经达到纳米级。

10. 24h吸水率

将乳液通过孔径为0.177mm的筛网后，注入内尺寸为145mm×145mm×5mm的硅橡胶试模中，一次涂覆成（1±0.2)mm（干膜厚度）。将盛有乳液的试模放置于水平架上，在实验室条件下养护168h后脱膜。制膜时根据乳液的黏度，可在乳液中加入适量水搅匀后再倒入试模，以提高流动性。从制备的胶膜中切下三个20mm×15mm试件，并称量（W_0），精确至0.1mg。将三个试件浸入处于标准条件下的水槽中，水面应高出试块至少10mm，浸泡24h。将试件从水中取出，用滤纸抹去表面附着水，立即称量（W_1），精确至0.1mg。计算试验结果，以三个试件测定值的算术平均值作为试验结果，试验结果计算精确至1%。

11. pH值

pH值为乳液中氢离子浓度（摩尔浓度）的负对数值，代表乳液的酸碱度。pH值越高碱性越大，反之酸性越大。按GB/T 8325规定进行测定。

12. 耐碱性

按规定条件制备试件后，从养护至龄期的胶膜中，切取三个20mm×15mm试件。将试件浸入处于标准条件下的0.1% NaOH溶液中，液面应高出试件至少10mm，浸泡168h后，取出观察试件表面有无起泡或溃烂。

乳液的技术要求汇总见表4-38。

表4-38　乳液的技术要求

序号	试验项目		技术指标
1	容器中状态		均匀液体，无杂质、无沉淀、不分层
2	不挥发物含量/%		规定值±1
3	pH值		规定值±1
4	残余单体总和/%	≤	0.10
5	冻融稳定性(3次循环，-5℃)		无异常
6	钙离子稳定性(0.5% $CaCl_2$溶液)，48h		无分层，无沉淀，无絮凝

续表

序号	试验项目		技术指标
7	机械稳定性		不破乳、无明显絮凝物
8	贮存稳定性		无硬块、无絮凝、无明显分层和结皮
9	吸水率(24h)/%	≤	8.0
10	耐碱性(0.1% NaOH溶液),168h		无起泡、溃烂

任务实施

操作29 测定苯丙乳液的性能

一、仪器与试剂

pH计（图4-47）、高速分散机（图4-48）、具塞量筒、适当大小的塑料杯、天平（精确到1mg）、玻璃板、搅拌棒（玻璃棒）；蒸馏水、苯丙乳液、氯化钙、标准缓冲溶液。

二、操作步骤

1. pH值

将试样充分搅拌均匀后，置于50mL的烧杯中，用精度为0.01的pH计测试样品的pH值。平行测定3次，求平均值。

2. 稀释稳定性

将试样用蒸馏水稀释到不挥发物含量为（3±0.5）%，将此分散液置于100mL具塞量筒中，静置72h，测出上层清液和底层沉淀部分的体积，计算出上层清液和底层沉淀部分的体积在100mL稀释液中所占的比例，结果取整数。

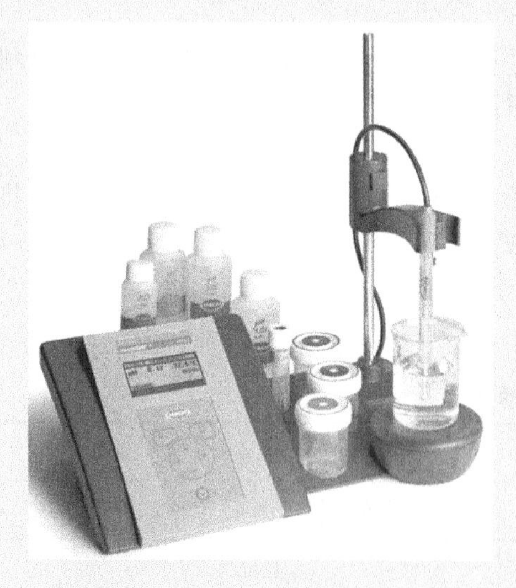

图4-47 pH计

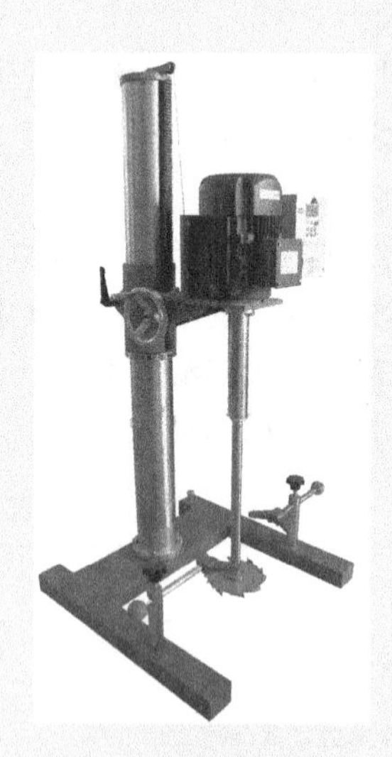

图4-48 高速分散机

3. 机械稳定性

使用80目滤网过滤乳液，取（400±0.5）g，置于1000mL的容器中，以2500r/min的速度分散0.5h，再过滤；用自来水将容器内壁上的残留物冲至滤网中，用自来水冲洗滤网，观察乳液是否破乳及有无明显的絮凝物。

4. 钙离子稳定性（0.5% $CaCl_2$）

在小烧杯中加入 30mL 的乳液，然后加入 6mL 0.5% $CaCl_2$ 溶液，搅拌均匀，置于50mL 的具塞量筒中，静置 48h 后观察有无分层、沉淀或絮凝等现象。

三、注意事项

① 需要保持涂料和室内温度都在 (23±2)℃。

② 样品若太稠，可以用去离子水以 1∶1 的比例稀释后进行测定。

③ 机械稳定性中，容器直径约为 100mm，高度约为 180mm，搅拌头为盘齿状，直径约为 40mm。

④ 在机械稳定性测试中，需要缓慢加快搅拌速度或缓慢减速，调整速度不宜过快，否则容易损坏搅拌电机。

⑤ 在机械稳定性和钙离子稳定性测试过程中，可以借助玻璃棒将试样在玻璃板上涂布成均匀的薄膜后观察有无絮凝物的存在。

四、结果报告

乳液测定结果记录参见表 4-39。

测试日期：____年____月____日。

实验温度：____________℃；湿度：____________%。

检测物质：________________________________。

使用标准：________________________________。

表 4-39　乳液测定结果

测试项目	指标	测试(观测)结果
pH 值	商定	
最低成膜温度	商定	
稀释稳定性	上、下层清液各≤5%	
机械稳定性	不破乳，无明显絮凝	
钙离子稳定性(0.5% $CaCl_2$)	48h 无分层，无沉淀，无絮凝	

思考习题

1. 简述乳液聚合概念。
2. 简述乳液聚合的物料组成。
3. 乳液有哪些基本性能？如何表征？

任务二十六　粉料白度的测定

任务引导

了解涂料用粉体的白度测定方法；会测定涂料用粉体的白度。

白度是指被测物体的表面在可见光区域内相对于完全白（标准白）物体漫反射辐射能的大小的比值，用百分数表示，即白色的程度。实际工作中，常用 100 表示钛白粉标样的白度，对比待测钛白粉与标样的白度，一般用近似不低于、微差于等来报告钛白粉的白度。

GB/T 23774—2009《无机化工产品白度测定的通用方法》规定了采用白度计测定无机化工产品中白度的方法的术语和定义、仪器设备、试验步骤和计算结果，该方法适用于无机化工产品中粉体产品白度的测定。

任务实施

操作 30 测定粉料的白度

一、仪器与材料

数字白度仪，陶瓷标准白板，工作标准白板，玻璃板，粉末皿，小药匙，擦镜纸，洗耳球；美国杜邦钛白粉，四川龙蟒钛白粉，澳洲美礼联钛白粉。

二、操作步骤

① 试样制备。将采取的试样充分混合，用四分法缩取总量不少于500g的平均样。用小药匙将料末置于粉末皿中，用表面光洁平整的玻璃板将样品表面压平整，将试样盒外侧擦拭干净。

② 白度仪开机前准备。用脱脂棉蘸无水酒精将仪器的试样座与测量口擦拭干净，以免沾污白板及被测试样品；将待用的6号参比白板用擦镜纸轻轻擦拭干净，再用洗耳球吹去表面可能留有的纤维束；用洗耳球将黑筒吹干净。

③ 开机预热。接上电源，开启仪器的电源开关，仪器进入预热阶段，预热时间约30min，同时按下仪器面板上“灯电流”键，灯电流在显示屏上显示的值持续不变，说明仪器已经稳定，可以进入测试阶段。

④ 校准。将4号滤光片插件插入仪器的入射光道孔中，1号滤光片插件插入仪器的反射光道孔中，旋转仪器的功能手轮置“R457”档，同时按下滑筒，在测量口放一张白纸，可看见一个完整的椭圆形紫蓝色光斑。注意：4号及1号滤光片及功能手轮在通常情况下已置正确位置，除非拆卸仪器，一般不用调整。

⑤ 揿下仪器面板上“测量”键，按下仪器的滑筒，将黑筒放在试样座上，把滑筒升至测量口，显示值稳定后，调整面板上“调零”旋钮，使仪器显示值为“+”或“-”的00.0。按下滑筒，取出黑筒，将6号参比白板放在试样座上，轻轻地将滑筒上升至测量口，显示值稳定后，调节面板上“标准”旋钮使仪器显示值与参比白板上的标定值一致，并能稳定在此数值。

⑥ 重复步骤⑤，直至不需调整“调零”与“标准”旋钮，仪器即能稳定地显示黑筒的“±00.0”或参比白板的标定值，此时仪器已校准完毕。

⑦ 测试试样。按下滑筒，取下标准的参比白板，将制备好的被测试样按测试要求放置在试样座上，让滑筒慢慢地上升，使试样和测试口紧密接触，待显示值稳定后，此读数即该试样实测值。同时测两平行样，两试样读数之差≤0.5，结果取两读数的平均值。

⑧ 关机。试样测试完毕后，切断仪器电源，拔下插头，待仪器稍冷即用防光罩将仪器盖好。

三、注意事项

钛白粉的杂质和粒子对白度有显著影响。

四、结果报告

请自行设计实验结果报告单，实事求是地记录数据并处理。

思考习题

1. 测定涂料用粉料的白度有何意义？
2. 如何提高白度测定准确性？

任务二十七　粉料水悬浮液 pH 值的测定

任务引导

1. 了解电位法测定水的 pH 值的原理和方法。
2. 学会使用酸度计测量溶液的 pH 值。

指示电极（玻璃电极）与参比电极（饱和甘汞电极）插入待测溶液中组成原电池：

Ag，AgCl | HCl | 玻璃 | 试液 ‖ KCl（饱和） | $HgCl_2$，Hg

|←——玻璃电极——→|　　|←——甘汞电极——→|

在一定条件（25℃）下，电池电动势 E 是 pH 值的直线函数：

$$E=K+0.059\mathrm{pH}$$

由测得的电动势即可求得被测溶液的 pH 值。但因上式中的 K 值是一个与外参比电极电位、电极系统的不对称电位和液接电位等有关的常数，难以计算求得。实际工作中，测定溶液的 pH 值时，必须用已知 pH 值的标准缓冲溶液来校正酸度计。校正时应选用与被测溶液的 pH 值接近的标准溶液。通常用两种不同 pH 值的标准缓冲溶液校正（误差应在 0.05pH 单位之内）。经过校正后的酸度计可直接测量水或其他溶液的 pH 值。

任务实施

操作 31　测定粉料水悬浮液的 pH 值

一、仪器与试剂

pH 计（图 4-49）、pH 玻璃复合电极。

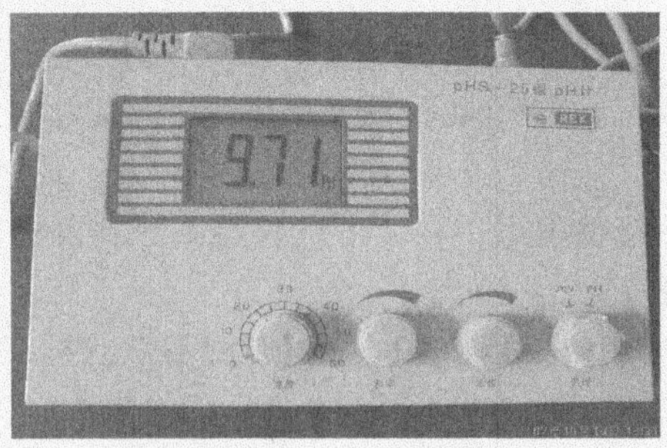

图 4-49　pH 计

pH 值为 4.00 的标准缓冲溶液（25℃）：称取在 115℃下烘干 2h 的分析纯邻苯二甲酸氢钾（$KHC_8H_4O_4$）10.12g，溶于不含 CO_2 的去离子水中，在容量瓶中稀释至 1000mL，混匀，贮于塑料瓶中（也可用市售袋装标准缓冲溶液试剂，用水溶解，按规定稀释制备）。

pH 值为 6.86 的标准缓冲溶液（25℃）：称取在 110℃下烘干 2h 的分析纯磷酸二氢钾（KH_2PO_4）3.40g 和分析纯磷酸氢二钠（Na_2HPO_4）3.55g，溶于不含 CO_2 的去离子水中，在容量瓶中稀释至1000mL，混匀，贮于塑料瓶中。

pH值为9.18的标准缓冲溶液（25℃）：称取分析纯$Na_2B_4O_7 \cdot 10H_2O$ 3.81g，溶于不含CO_2的去离子水中，在容量瓶中稀释至1000mL，贮于塑料瓶中。

上述标准缓冲溶液通常能稳定两个月。

二、操作步骤

1. 开机

（1）电源线插入电源插座；

（2）按下电源开关，电源接通后，预热30min。

2. 标定

仪器使用前先标定。一般来说，仪器在连续使用时，每天要标定一次：①在测量电极插座处拔下短路插头；②在测量电极插座处插上复合电极；③把“选择”旋钮调到pH挡；④调节“温度”旋钮，使旋钮红线对准溶液温度值；⑤把“斜率”调节旋钮顺时针旋到底（即调到100%位置）；⑥把清洗过的电极插入pH＝6.86的标准缓冲溶液中；⑦调节“定位”旋钮，使仪器显示读数与该缓冲溶液的pH值相一致（如pH＝6.86）；⑧用蒸馏水清洗电极（图4-50），再用pH＝4.00的标准缓冲溶液调节“斜率”旋钮到pH＝4.00；⑨重复⑥～⑧的动作，直至显示的数据重现时稳定在标准溶液pH值的数值上，允许变化范围为±0.01。

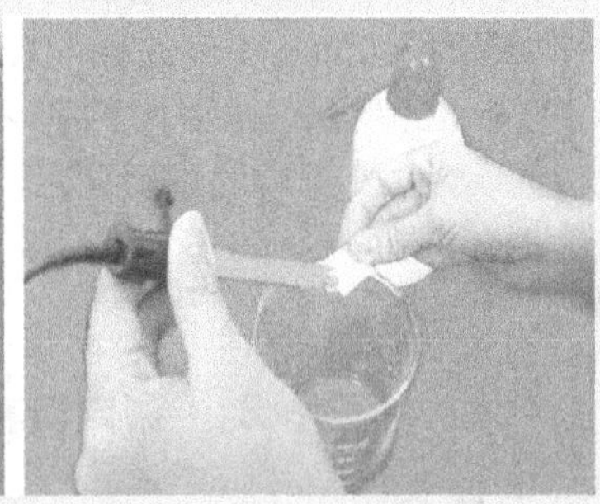

图4-50 清洗和擦干电极

注意：经标定的仪器“定位”调节旋钮及“斜率”调节旋钮不应再有变动。标定的标准缓冲溶液第一次用pH＝6.86的溶液，第二次应用pH值接近被测溶液pH值的缓冲溶液：如被测溶液为酸性时，应选pH＝4.00的缓冲溶液；如被测溶液为碱性时，则选pH＝9.18的缓冲溶液。一般情况下，在24h内仪器不需要再标定。

3. 测量待测溶液的pH值

经标定过的仪器，即可用来测量被测溶液，被测溶液与标定溶液温度相同与否，测量步骤也有所不同。

（1）被测溶液与标定溶液温度相同时，测量步骤如下：①“定位”调节旋钮不变；②用蒸馏水清洗电极头部，用滤纸吸干；③把电极浸入被测溶液中，搅拌溶液，使溶液均匀，在显示屏上读出溶液pH值；④测量结束后，将电极泡在3mol/L KCl溶液中，或及时套上保护套，套内装少量3mol/L KCl溶液以保护电极球泡的湿润。

（2）被测溶液与标定溶液温度不同时，测量步骤如下：①“定位”调节旋钮不变；②用蒸馏水清洗电极头部，用滤纸吸干；③用温度计测出被测溶液的温度值；④调节“温度”旋钮，使红线对准被测溶液的温度值；⑤把电极插入被测溶液内，搅拌溶液，使溶液均匀后，读出该溶液的 pH 值。

如果被测信号超出仪器的测量范围，或测量端开路，显示屏显示“1--” mV，作超载警报。如果在标定过程中操作失误或按键按错而使仪器测量不正常，可关闭电源，然后按住“确认”键后再开启电源，使仪器恢复初始状态，重新标定。经标定后，如果误按“标定”键或“温度”键，则可将电源关掉后重新开机，仪器将恢复到原来的测量状态。

三、注意事项

① 由于水样的 pH 值常常随空气中 CO_2 等因素的改变而改变，因此采集水样后应立即测定。

② 标准缓冲溶液的 pH 值会因温度不同稍有差异。

③ 用蒸馏水或去离子水冲洗电极时，应当用滤纸吸去玻璃膜上的水分，而不是擦拭电极。使用甘汞电极时，应注意检测甘汞电极内部的小玻璃管下端是否浸没于饱和 KCl 溶液中。电极下端塞有陶瓷芯，测量时允许少量 KCl 溶液渗出，而不允许被测液流入，因此，使用时应将电极上侧口的橡皮塞拔去，以保持足够的液位差。pH 玻璃电极在使用前应将电极的球膜部分在蒸馏水中浸泡一昼夜以上，以使其不对称电位变小，零电位值趋于稳定。使用过程中应防止电极膜沾污或表面磨损。由于玻璃电极的内阻很高，使用电磁搅拌可能引起电磁干扰，搅拌引起的涡流可能使液接电位波动，因此用玻璃电极测量 pH 值时，一般不使用电磁搅拌。正确的操作是将电极插入溶液中，用手摇动一下测量杯或开启搅拌使电极与溶液充分接触，然后停止搅拌进行测量。

pH 计为高阻抗测量仪器，它要求连接电极的两接线点之间有良好的绝缘性能。因而在使用时，仪器的负端插孔和电极插头均应保持干燥清洁。测量完毕，应将接续器插入插孔，以防灰尘及湿气进入。

四、结果报告

请自行设计实验结果报告单，实事求是地记录数据并处理。

思考习题

1. 电位法测定水的 pH 值的原理是什么？
2. 酸度计为什么要用 pH 值的标准缓冲溶液校正？校正时应注意什么？

任务二十八　PU 涂料中异氰酸酯基（—NCO）含量检测

任务引导

近年来，聚氨酯产品的应用相当广泛，在涂料行业中，聚氨酯涂料以其优异的性能及性价比成为广受欢迎的产品，木用涂料中聚氨酯涂料的比例占到 70%～80%。双组分聚氨酯涂料由含有异氰酸酯基（—NCO）的甲组分和含有羟基的乙组分组成，在生产含有异氰酸酯基（—NCO）的甲组分（通常为加成物或三聚体）时，需要通过检验其异氰酸酯基（—NCO）的含量来确定合成反应的终点，如反应过头会导致产品的异氰酸酯基（—NCO）含量降低，降低成膜时的交联密度，降低漆膜的多项性能，严重的会导致产品在反应釜内胶化，无法使用并严重影响生产，所以过程检验的及时性及准确性对聚氨酯涂料的生产来说是相当重要的。

利用异氰酸酯基与过量的二正丁胺反应生产脲，再用盐酸滴定过量的二正丁胺来定量计算异氰酸酯基的含量。

$$R{-}NCO + (C_4H_9)_2NH \longrightarrow RNHCON(C_4H_9)_2$$

$$(C_4H_9)_2NH + HCl \longrightarrow (C_4H_9)_2NH \cdot HCl$$

$$-NCO = \frac{(V_2 - V_1)c \times 4.202}{m} \times 100\%$$

式中 V_2——空白试验耗用 HCl-乙醇溶液的体积，mL；

V_1——滴定样品耗用 HCl-乙醇溶液的体积，mL；

c——HCl-乙醇溶液的物质的量浓度，mol/L；

m——试样质量，g。

任务实施

操作 32 测定 PU 涂料中异氰酸酯基（—NCO）的含量

一、仪器与试剂

天平，锥形瓶，移液管，电位滴定仪，定量加液器。

1.0mol/L 二正丁胺-甲苯溶液；0.5mol/L HCl-乙醇标准溶液；甲苯-环己酮溶液；1%溴甲酚绿-乙醇指示剂；乙酸乙酯；

有关溶液的配制：

① 甲苯-环己酮溶液：$V/V=1:1$。

② 0.5mol/L HCl-乙醇标准溶液：取 45mL 盐酸溶于乙醇中并稀释至 1000mL。其浓度用碳酸钠标定。

③ 1.0mol/L 二正丁胺-甲苯溶液：称取 129g 重蒸无水二正丁胺，用无水甲苯稀释至 1000mL。

二、操作步骤

方法一：准确称取 1～1.5g（精确至 0.001g）试样于锥形瓶中，加入 15mL 甲苯-环己酮溶液，待试样完全溶解后，用移液管准确加入 10mL 二正丁胺-甲苯溶液，摇匀，静置 20min 后加入 25mL 无水乙醇和 3 滴 1%溴甲酚绿-乙醇指示剂，用 0.5mol/L HCl-乙醇标准溶液滴定到蓝色变成黄色时为终点。同时做空白试验。

方法二：准确称取 3g 左右的样品于干净锥形瓶中，加入 20mL 无水甲苯（或 1+1 甲苯-环己酮溶液），使样品溶解，用移液管加入 10.0mL 二正丁胺-甲苯溶液，摇匀后，室温下放置 20～40min，加入 40～50mL 异丙醇（或乙醇），以几滴溴甲酚绿为指示剂，用 0.5mol/L HCl-乙醇标准溶液滴定，当溶液由蓝色变成黄色时为终点。并做空白试验。

方法三：称取试样（2±0.2）g（准确至 0.001g，—NCO 含量大于 20%时，称取样品 1g 左右）于 100mL 的锥形瓶中，加入 25mL 乙酸乙酯，摇匀使溶解，用定量加液器准确加入 10mL 二正丁胺-甲苯溶液（测定纯 TDI 样品时，二正丁胺-甲苯溶液的加入量为 20mL）。充分摇匀后，不需放置，置于电位滴定仪上，用已设置好的方法进行滴定，标准溶液为 0.5mol/L HCl-乙醇溶液，仪器会自动计算结果并显示在屏幕上（按同样的方式做空白试验）。

三、注意事项

二正丁胺与二异氰酸酯的反应速率很快，常温下，3min 内即可反应完全，所以在样品与二正丁胺充分混合均匀（时间为3～5min）后取消室温放置时间，直接进行滴定，对检测结果不会有明显影响。

四、结果报告

请自行设计实验结果报告单，实事求是地记录数据并处理。

思考习题

1. —NCO活性很强，哪些因素会影响其测定？
2. 如何提高—NCO含量测定的准确性？

项目五
涂料成分分析

项目引导

请和你的项目组成员通过查阅文献资源以及企业调研等多种途径，了解涂料及其原材料为何需要进行成分分析，了解其常见分析方法有哪些，分别能解决什么问题。通过项目实践，学会利用气相色谱仪分析溶剂组成，采用 X 射线衍射法鉴别真假钛白粉，采用卡尔·费休法进行原料水分测定，采用气相色谱、紫外可见分光光度法、原子吸收光谱法等多种仪器分析方法测定涂料中的禁用限用物质。

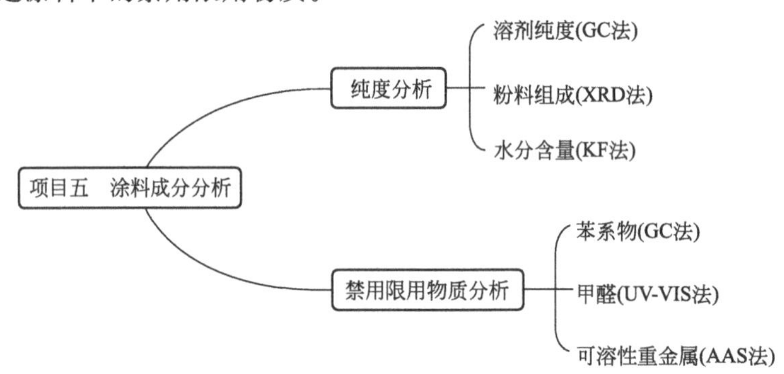

任务一　涂料用溶剂的水分卡尔·费休法检测

任务引导

学会操作水分卡氏测定仪；学会标定卡氏试剂；能准确计算测定结果。

1935 年，Karl Fischer 发现了一种用滴定法测定样品含水量（从 1×10^{-6} 到 100%）的方法。该方法测定水分含量的用途广泛、结果准确可靠、重复性好，能够最大限度地保证分析结果的准确性，滴定时间短，测定一个样品仅需 2～5min，适应现代化生产中快速检测的要求。因而卡尔·费休法（KF 法）得到了各界的一致认可，现在已成为国际上通用的经典水分测定法。

卡尔·费休水分测定法是一种非水溶液中的氧化还原滴定法，反应过程中，碘氧化二氧化硫时需要一定量的水参与反应，化学反应方程式如下：

$$I_2+SO_2+2H_2O \longrightarrow 2HI+H_2SO_4 \tag{5-1}$$

$$I_2+SO_2+H_2O+3RN+R_1OH \longrightarrow 2RNHI+RNHSO_4R_1 \tag{5-2}$$

卡尔·费休试剂（卡氏试剂，KF试剂）中含有分子碘而呈深褐色，当含有水的试剂或样品加入后，由于化学反应，生成甲基硫酸化合物（$RNHSO_4R_1$）而使溶液变成黄色，由此可用目测法判断终点，即由浅黄色变成橙色。终点判定若用目测法，则将观察到反应瓶中有碘存在时为深褐色，碘若反应完了则显示甲基硫酸化合物（$RNHSO_4R_1$）的黄色。

但是目测法误差较大，而且在测定有颜色的物质时会遇到麻烦。国家标准大都规定用“永停法”来判定卡氏反应的终点，其原理为：在反应溶液中插入双铂电极，在双铂电极两电极之间加上一固定的电压，若溶剂中有水存在，则溶液中不会有电对存在，溶液不导电，当反应到达终点时，溶液中存在 I_2 和 I^- 电对，即：

$$2I^- \longrightarrow I_2+2e \tag{5-3}$$

因此，溶液的导电性会突然增大，在设有外加电压的双铂电极之间的电流值突然增大，并且稳定在事先设定的一个阈值上面，即可判断到了滴定终点，机器便会自动停止滴定，从而通过消耗KF试剂的体积计算出样品的含水量。

1. 卡尔·费休试剂

由于此法是测量样品中水分含量的方法，因此需要使用一种非水物质作为溶剂，使样品溶解。通常情况下，甲醇是比较理想的溶剂。此反应是可逆反应，为了使反应向右进行，反应系统中加入了过量的 SO_2，无水甲醇可以溶解大量 SO_2，因此无水甲醇便成了首选的溶剂。

另外，甲醇作溶剂还有防止副反应发生的作用。Karl Fischer 用吡啶来吸收反应生成的 HI 和 H_2SO_4 以确保反应的顺利进行。后来 Smith Bryanz 和 Mitchell 将这个反应描述成两步：

$$I_2+SO_2+H_2O+3C_5H_5N \longrightarrow 2C_5H_5NH^+I^-+C_5H_5N\cdot SO_3 \tag{5-4}$$

$$C_5H_5N\cdot SO_3+CH_3OH \longrightarrow C_5H_5NH^+CH_3SO_4^- \tag{5-5}$$

在第一步反应中，KF试剂和水反应生成不稳定的硫酸酐吡啶（$C_5H_5N\cdot SO_3$），此产物容易分解成吡啶和二氧化硫。作为溶剂的无水甲醇可与其反应生成稳定的甲基硫酸氢吡啶（$C_5H_5NH^+CH_3SO_4^-$）。因此，甲醇不仅作为溶剂，还参与了反应。

这样滴定的总反应式可以写作：

$$I_2+SO_2+3C_5H_5N+CH_3OH+H_2O \longrightarrow 2C_5H_5NH^+I^-+C_5H_5NH^+CH_3SO_4^- \tag{5-6}$$

由此可见，甲醇作溶剂不仅有溶解大量 SO_2 的作用，还有防止副反应发生的作用。

但甲醇在此并不是必需的，在无醇的溶剂中，碘和水反应的方程式如下：

$$I_2+SO_2+H_2O+3C_5H_5N \longrightarrow 2C_5H_5NH^+I^-+C_5H_5N\cdot SO_3\text{(不稳定)} \tag{5-7}$$

$$C_5H_5N\cdot SO_3+H_2O \longrightarrow C_5H_5NH^+HSO_4^-\text{（稳定）} \tag{5-8}$$

可以看出，此时水与碘的化学计量数之比（水与碘的摩尔比）为 2∶1，而有醇存在时水与碘的化学计量数之比为 1∶1。

在卡尔·费休水分测定法中主要的溶剂为甲醇。但是有一些样品不溶于甲醇，要测定这些样品的含水量，就需要选择其他溶剂或配合使用多种溶剂使样品溶解，并将水分释放出来。现在，人们常常应用多元溶剂来溶解以前在甲醇中不易溶解的样品，从而也就扩大了KF法测定水分的应用范围。

对不同溶解性的固体，要依不同样品的极性和溶解性选择溶剂，现在有卡尔·费休试剂专用溶液。某些物质用常规溶剂测定时往往得不到准确结果，如柠檬酸、环氧氯丙烷、醛、酮采用相应的卡氏专用溶液可得到极佳的效果。

经典的容量法卡尔·费休试剂主要成分是碘、二氧化硫、溶剂和有机碱，溶剂主要是醇类，该试剂中含有极难闻恶臭气味和较大的毒性，有损测试者的健康和环境。由于溶液在储存过程中会发生副反应，消耗了试剂中的碘分子，导致滴定度的下降。此外，试剂中含有甲醇，由于甲醇可与含羰基（—C═O）的有机物发生醇醛或醇酮缩合反应而生成水，使测量不准确或终点不明确，因此其应用范围受到限制。为了保证反应的正向进行，试剂中二氧化硫、有机碱和醇类物质都是过量的。

容量法卡尔·费休试剂主要是按组元分为单组元、双组元和混合型、对瓶卡尔·费休试剂，其中每一类卡尔·费休试剂又分为含吡啶型和无吡啶型（用咪唑来取代吡啶）。

现在国内某些生产厂家推出的单组元卡氏试剂包括无吡啶型和含吡啶型。这些试剂用含羟基的其他物质代替甲醇，稳定性大大加强，有较长的保质期。实验表明，在无外界水分进入的情况下，副反应极少，滴定度趋于一常数，可测定醛酮类物质（要与合适溶液匹配），使用范围扩大。无吡啶型试剂用无毒无味的有机碱代替吡啶，保护健康和环境，反应速率快，使用方便、简单，终点明确。无吡啶型有滴定度 $f=5\sim6$、$f=3\sim4$、$f=2\sim3$ 三种。含吡啶型有滴定度 $f=5\sim6$、$f=3\sim4$ 两种。滴定度高的试剂适用于含水量高的物质。含吡啶型试剂保留了吡啶，去掉了甲醇，扩大了应用范围。单组元试剂可直接使用。单组元试剂作为滴定液，溶剂为甲醇、卡氏专用溶液或其他溶剂。

双组元容量法卡尔·费休试剂由滴定液（A 液）和溶液（B 液）组成。溶液用来溶解样品，滴定液用来测量水分含量。滴定液包括含吡啶型和无吡啶型两种。每种类型又包括滴定度 5～6mg/mL 和 3～4mg/mL 两种。

使用卡氏试剂专用溶液与传统溶剂（如甲醇）相比，反应速率更快，终点更加敏锐。接近终点时，溶液的颜色由无色至浅黄色，电流就可产生突变。一些特殊的溶液用来测定特定样品，以确保被测样品在测定过程中介质均一、数据重现性好、准确度高。某些物质用常规的溶剂测定时，往往得不到准确的结果。如测柠檬酸、环氧氯丙烷、醛酮类物质，这时，用相应的卡氏专用溶液可得到极佳的效果。

双组元试剂的滴定液和溶液要分别使用，千万不可混合后使用。卡氏试剂的专用溶液也可以与单组元卡氏试剂配套使用。使用时，滴定液（A 液）作滴定剂使用，溶液（B 液）作溶剂使用。

混合型、对瓶卡尔·费休试剂也属于经典的卡尔·费休试剂，主要成分是碘、二氧化硫、吡啶、甲醇等。混合型的滴定度下降比较快，保存期受到一定限制，但价格便宜，且符合传统使用习惯。购买后要尽快使用，而且使用前要准确标定。对瓶是将试剂制作成甲、乙液分别储存，乙液是二氧化硫、吡啶的甲醇溶液，甲液是碘的甲醇溶液，这样有效地克服了副反应，在使用前可长期保存。

使用时，混合型与单组元试剂使用方法相同，对瓶的使用方法有两种：①等体积的甲液与乙液混匀，放置 24h 后使用，使用前应标定其滴定度；②甲液作滴定液，乙液作溶液来溶解样品。注意：乙液应加入足够量，以确保反应定量进行，满足反应需要。每次使用前应进行准确的标定，混匀后要尽快使用，以免浪费。

卡氏试剂在使用过程中，随着时间的推移，滴定度越来越小，这是因为卡氏试剂受空气中水的影响。相对而言，无吡啶卡氏试剂的滴定度减小得慢一些，也就是说该试剂的稳定性好，使用时间长，而 A、B 剂混合后稳定性会很快丧失，一般两个星期应予以更换。因此，选择使用无吡啶卡氏试剂较为合适。但该试剂在使用的过程中也存在失效的问题。当每次测定的结果很难平行，无法对测定结果作出正确的判断时，需重新更换新的卡氏试剂。

2. 滴定剂的标定

在 KF 法测定水分含量过程中，碘与水以固定的化学计量数 1∶1 进行反应，这就要求我们在进行实验前先确定滴定剂中碘的浓度，也即对滴定剂进行标定，这是本实验定量的基础。只有准确知道我们所使用的 KF 试剂的浓度后，我们才能由消耗滴定剂的体积和称样量求出样品的含水量。

在密封的棕色瓶中滴定剂的浓度一般变化很小。但由于温度的变化对卡氏试剂有较大的影响，并且对滴定剂的储存并不是绝对密封的，所以建议在每次滴定前都要进行标定，并且经过一定的时间后，也应进行重新标定。标定滴定剂的结果受滴定剂和系统两方面的影响。

影响卡尔·费休试剂浓度变化的主要原因有以下几个：滴定剂的化学稳定性很低，其中的碘和二氧化硫都是很活泼的物质，容易和其他物质发生反应；滴定剂一有机会就会吸收空气中的水分而使自己的浓度降低，因为其中的甲醇吸水性极强。因为溶剂中 90%的物质为甲醇或乙醇，所以 KF 试剂中醇的密度对温度的变化很敏感，温度的一点升高将引起试剂浓度的急剧下降，温度升高 1℃，可以使浓度下降 0.1%。即使装试剂的容器密封得非常好，试剂中各组分间仍可能发生以下反应：

$$I_2+SO_2+3C_5H_5N+2CH_3OH \longrightarrow C_5H_5N\cdot CH_3SO_4CH_3+2C_5H_5N\cdot HI \quad (5\text{-}9)$$

(1) 酒石酸钠标定　酒石酸钠（$C_4H_4NaO_6\cdot 2H_2O$）是 KF 试剂滴定的一级标准物，在正常条件下，该物质含有 15.66%的水，很稳定而且不吸水也不失水。该物质在 105℃下加热失重为（15.65±0.02）%，长期暴露于湿度为 20%～70%的空气中，增量为 0.01%～0.09%。但是酒石酸钠在甲醇中只能缓慢溶解且溶解度很小，所以使用前应把它研成很细的粉末，在滴定前混合 2～3min（保证完全溶解），每 40mL 甲醇可溶解 140mg 酒石酸钠（室温）。美国药典则规定：当测定微量水（1%以下）时，用酒石酸钠作为参照物进行标定；当测定常量水（不少于 1%）时，用纯水（去离子水）作为参照物进行标定。具体操作如下：

① 将适量二水合酒石酸钠装入称量舟，放入电子天平中，准确记录样品和称量舟的质量。按“tare”键将天平归零。

② 将样品倒入反应容器中，注意不要将样品撒到电极上或杯壁上。

③ 将称量舟重新放到电子天平上，用减重法确定加入样品的质量，如图 5-1 所示。

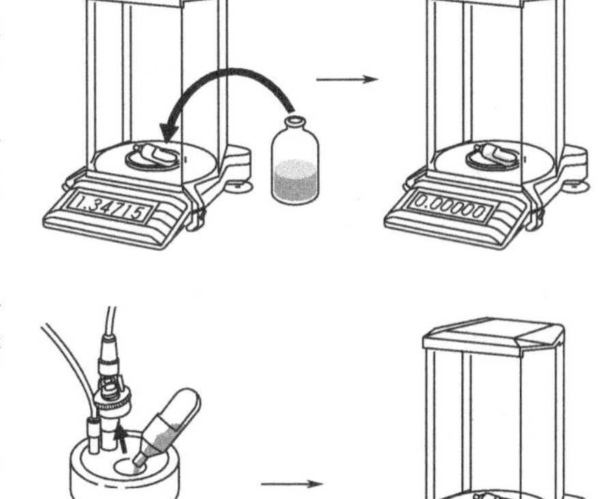

图 5-1　确定样品质量的操作步骤

(2) 标准水溶液标定　精密称取标准水溶液 1.0～1.5g，用反称量法确定其质量，滴定至终点。所用水标准品的量一般以消耗 2～5mL 卡氏试剂较合适。具体操作如下：

① 用注射器吸取一定量的标准水溶液，约相当于 10mg 的水。

② 将注射器置于烧杯中一起放入电子天平中，按“tare”键归零。

③ 将样品注入反应容器中，容器的开口要尽量小，操作要尽量快。

④ 将注射器重新放入天平，用减重法确定加样量的多少，如图 5-2 所示。

(3) 去离子水标定　用去离子水标定滴定剂，需要大量的练习和精确的实验操作，以获得重复性好、精确度高的结果。由于使用去离子水量非常小（10～20μL），偶然误差较大，因此推荐用酒石酸二钠或水标准品来标定滴定剂。

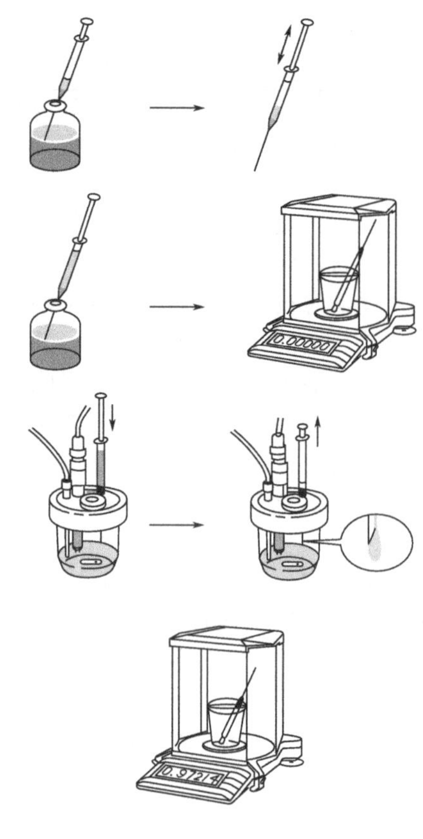

图 5-2 确定加样量的操作步骤

3. 滴定方法

(1) 直接容量滴定法 按取样量的大小可以测量 $1\times10^{-6}\sim100\%$ 范围内的含水量。根据滴定容器大小的不同，可以在其中加入 20～200mL 的甲醇。甲醇是含有水分的，所以我们要先用 KF 试剂进行预滴定，让其达到一个稳定的值，然后再用这种"干燥"了的甲醇作工作介质和溶剂。将样品加入"干燥"了的甲醇中，其滴定方法和预滴定的方法一样。样品的含水量可以通过 KF 试剂的消耗量计算得到。当第一个样品滴定完之后，第二个样品可以直接加进去。反应杯中的溶液可以反复应用。当然，被测的样品相互之间不能发生反应。

计算样品含量的公式为：

$$\frac{V_{KF}(\mathrm{mL})\times \mathrm{Titer}(\mathrm{mg/mL})\times 100}{m_{样品}(\mathrm{mg})}=\%\mathrm{H_2O}$$

式中 V_{KF}——卡氏试剂消耗的体积；

Titer——滴定度；

$m_{样品}$——样品质量。

(2) 间接容量滴定法（返滴定法） 按取样量的大小可以测量 $1\times10^{-6}\sim100\%$ 范围内的含水量。当用直接滴定法反应太慢时，我们用返滴定法。这种方法是在样品中加入过量的 KF 试剂，经过一个比较短的时间后，我们用含水量为 5mg/mL 的甲醇溶液返滴定。但是，这种方法也有其不足之处，它需要更多的设备和更多的试剂，并且每种试剂都需要进行标定。比较此种方法的优缺点，我们可以总结出：除非必须使用，一般不选用它。由于返滴定法可避免供试品直接滴定时可能遇到的如结晶水释放缓慢的困难，因此在国外应用很普遍。

任务实施

操作 33 KF 法测定涂料用溶剂的水分含量

视频扫一扫

M5-1 微量水分滴定仪操作

一、仪器与试剂

卡氏水分测定仪；卡氏试剂，干燥剂，无水甲醇。

二、操作步骤

卡尔·费休容量法滴定使用单组分试剂的基本步骤为：①在滴定管中加入卡尔·费休试剂（卡氏试剂）；②在滴定杯中加入合适的溶剂；③用卡尔·费休试剂进行预滴定及漂移值的测定；④卡尔·费休试剂的标定；⑤在滴定杯中加入样品；⑥用卡尔·费休试剂滴定测水分含量。

1. 卡氏试剂的配制与标定

① 配制。取卡氏试剂 A 瓶、卡氏试剂 B 瓶两者等量混合，摇匀，密封放置 24h 即得。

② 标定。标定前用卡氏试剂将自动滴定仪和针头润洗几遍，用本液分别快速滴下至水和空白溶液由浅黄色变为红棕色，按下式计算出 F 值：

$$F=\frac{W\times 1000}{A-B}\ (\text{mg/mL})$$

式中　F——每毫升卡氏试剂相当于水的质量，mg；

W——称取水的质量，g；

A——滴定水消耗卡氏试剂的体积，mL；

B——滴定空白溶液所消耗卡氏试剂的体积，mL。

2. 滴定剂的配制与标定

将瓶（12mL）与胶塞在烘箱中于 120℃烘约 2h 以上，取出放于干燥处冷却至室温，迅速称取样品和蒸馏水适量，样品一般为 0.15～0.20g（3 份），蒸馏水约 5～10mg（3 瓶），空白 3 瓶，用吸管加无水甲醇 1～2mL 于上述瓶中。

样品水分测定，同样用卡氏试剂滴定样品溶液由浅黄色至红棕色，记录所消耗的体积，按下式计算样品水分含量：

$$\text{样品水分含量}(\%)=\frac{(A-B)F}{W\times 1000}\times 100\%$$

式中　A——样品所消耗卡氏试剂的容积，mL；

B——空白溶液所消耗卡氏试剂的容积，mL；

W——样品质量，g。

在进行实验前要先确定滴定剂中碘的浓度，即应对滴定剂进行标定。一般用酒石酸钠标定、标准水溶液标定、去离子水标定。每次滴定前都要进行标定，并且经过一定的时间后，也应进行重新标定。

3. 直接容量滴定法

根据滴定容器大小的不同，可以在其中加入 20～200mL 的甲醇。KF 试剂进行甲醇水分的预滴定，让其达到一个稳定的值。将样品加入“干燥”了的甲醇中，其滴定方法和预滴定的方法一样。

4. 计算含水量

通过 KF 试剂的消耗量计算得到样品的含水量。

三、结果报告

请自行设计实验结果报告单，实事求是地记录数据并处理。

思考习题

1. 涂料用粉体材料的含水量高对涂料性能有何影响？如何降低其存在的可能性？
2. 如何提高卡尔·费休法测定水分含量的准确度？

任务二　气相色谱仪的气路连接、安装与检漏

任务引导

1. 学会连接、安装色谱气路中各部件；

2. 学习气路的检漏和排漏方法；

3. 学会用皂膜流量计测定载气流量。

1. 毛细管柱安装前的检查

① 检查气瓶压力以确保有足够的载气、尾吹气和燃气。载气的纯度不低于99.995%。

② 清洁进样口，必要时更换进样口密封垫圈、进样口衬管和隔垫。

③ 检查检测器密封垫圈，必要时更换。如有必要，清洗或更换检测器喷嘴。

④ 仔细检查柱子是否有破损或断裂。

2. 毛细管柱的安装

① 从柱架上将色谱柱两端各拉出大约0.5m，以用于进样口和检测器安装，避免色谱柱锐折。

② 在柱两端安装柱接头和石墨密封垫圈，向下套柱接头和密封垫圈，离端口大约5cm。

③ 标记和切割柱子。在柱距两端大约4～5cm处用标记笔标记，拇指和食指尽量靠近切割点抓牢，轻轻地拉并弯曲柱子，柱会很容易折断。如果柱子不容易折断，不要用力强行折，换个在离柱端更远的地方再刻一下，使其折断口处光滑。为确保柱两头切口截面没有聚酰亚胺和玻璃碎片，可用放大镜检查切口。

④ 在进样口安装色谱柱时，先查看仪器说明书找到正确的插入距离，并且用涂改液把这个距离标出来。将色谱柱插入检测器，用手指拧紧柱螺帽直到它固定住色谱柱，然后再拧螺帽1/4～1/2圈，这样当加压时色谱柱不会从接头脱出来。

⑤ 打开载气，确定合适的流速。设定柱头压力、分流比和隔垫吹扫流量至合适的水平。如果使用分流和不分流进样口，检查分流阀是否在ON（开）状态，确认载气流过色谱柱，将色谱柱一端浸入丙酮瓶中检查是否有气泡。

⑥ 将色谱柱安装到检测器上时，查看仪器说明书所提供的正确插入距离。

⑦ 检查有无泄漏。在未仔细检查色谱柱有无泄漏之前不能对柱子加热。

⑧ 清洗系统中的氧气至少数10min，如果色谱柱被打开暴露到空气中很长时间（几天），那么需要更长时间（1～2h）来清洗系统以排除所有的氧气。

⑨ 设定正确的进样器和检测器温度。

⑩ 设定正确的尾吹气和检测器气流。点火、打开检测器至ON状态下。

⑪ 注射非保留物质［甲烷（氢火焰离子检测器，FID）、乙腈（氮磷检测器，NPD）、二氯甲烷（电子俘获检测器，ECD）、空气（热导检测器，TCD）、氩气（质谱）］以检验进样器是否正确安装。如果出现对称峰则安装正确，如果有峰拖尾，重复进样口安装程序。

3. 毛细管柱的老化

① 在比最高分析温度高20℃或最高柱温（温度更低者）的条件下老化柱子2h，如果在高温10min后背景不下降，立即将柱子降温并检查柱子是否有泄漏。

② 如果用Vespel密封垫圈的话，老化完后重新检查密封程度。

③ 注射非保留物质以确定合适的平均线速度。

4. 毛细管柱的保护

在使用毛细管柱过程中，主要是防止固定液流失，因为固定液流失会使柱效能降低。事实上色谱柱固定液流失是自然的，是热力学平衡过程。色谱柱固定液聚硅氧烷通过聚合物本身的取代基形成环状分子。聚合物碎片之间由于取代基作用也可形成一些短键聚合物碎片。当这些碎片从色谱柱流出时，它们会被检测到，从而导致信号的增强。在毛细管柱使用的全过程中这种反应一直发生。因此，所有的色谱柱都有不同程度的固定液流失。

氧是导致柱流失严重的主要因素，在色谱分析时尽量减少色谱仪气路系统氧的含量、使用材料好的部件以及选择正确的操作条件，可降低柱固定液的流失量，延长柱子使用寿命。

有以下几点需要注意：使用高纯度的载气，氧气含量不宜高于 1μg/g；利用净化器可以除去较低级别气体中的氧和烃类杂质，通常杂质含量可减少到 100μg/g 或更少；聚合物材料通常不稳定，因此，调节器主体、阀盘座、密封圈和隔膜应首选金属材料；管线只能使用没有油或其他污染物的铜管或不锈钢管，推荐使用制冷级铜管；O 形圈或其他聚合物垫圈的阀最好用有焊接金属、波纹形密封垫；整个系统必须无泄漏，并且确保样品中不存在非挥发性物质，因为氧和污染物对固定液的分解有催化作用，会导致柱流失增强。

在柱子安装后加热柱箱之前，柱子必须用干净的载气清洗 15min。如果色谱仪是新的，或进样器和仪器管线进行维护或修理过，仪器应当再清洗 15～30min。各种固定液的热稳定性不一样，柱流失对背景信号的影响随固定液种类和所受温度变化而变化。当柱箱温度接近于柱温的上限时柱流失也会增强，所以应当尽量在较低的温度下工作以延长柱子的使用寿命。一旦柱子损坏，由于固定液降解的程度不同，重新老化后有可能改善柱性能。

5. 载气流速的测定

由于气相色谱仪中所用气体的流速较小，一般采用转子流量计和皂膜流量计进行测量。目前更常用刻度阀、压力表或电子气体流量计。但皂膜流量计是目前测量气体流速的标准方法。

皂膜流量计是气相色谱仪测量载气流量的一个简便的测试工具，由一根带有气体入口的量气管和橡胶滴头组成。使用时在橡胶滴头内注入澄清的肥皂水，挤压橡皮滴头就有皂膜进入量气管。当气流进入时，将推动皂膜向上移动。只要用秒表测定皂膜流动一定体积时所需的时间即可算出气体的体积流速，测量精度为 1%。该工具直接读取气体体积，同时计时，操作简单，直接有效，没有电子流量计中传感器和电路的转换过程，因此避免了电路转换误差，比较直观。

压力表可以直观地观察载气流速的大小。在稳压阀后加一个固定气阻，在稳压阀与气阻间加入压力表，此时稳压阀输出气体的流量越大，只要气阻不变，则压力表显示值也越大。

电子气体流量计是在气体流路中接入一个流量传感器，流量传感器将气体流量转化成与之成正比的模拟量，再量化为数字流量，即可在气相色谱仪屏幕上显示出来。

任务实施

操作 34　连接、安装气相色谱仪的气路并检漏

一、仪器与试剂

① 仪器：气相色谱仪、气体钢瓶、减压阀、净化器、色谱柱、聚四氟乙烯管、垫圈、皂膜流量计。

② 试剂：肥皂水。

二、操作步骤

1. 准备工作

① 根据所用气体选择减压阀。使用氢气选用氢气减压阀（氢气减压阀与钢瓶连接的螺母为左螺纹）；使用氮气、空气等气体钢瓶选用氧气减压阀（氧气减压阀与钢瓶连接的螺母为右螺纹）。

② 准备净化器。

③ 准备一定长度的不锈钢管（或尼龙管、聚四氟乙烯管）。

2. 连接气路

① 连接钢瓶与减压阀接口；

② 连接减压阀与净化器；

③ 连接净化器与仪器载气接口；

④ 连接色谱柱（柱一头接汽化室，另一头接检测器）。

3. 气路检漏

① 钢瓶至减压阀之间的检漏。关闭钢瓶减压阀上的气体输出节流阀，打开钢瓶总阀门（此时操作者不能面对压力表，应位于压力表右侧），用皂液（洗涤剂饱和溶液）涂在各接头处（钢瓶总阀门开关、减压阀接头、减压阀本身），如有气泡不断涌出，则说明这些接口处有漏气现象。

② 汽化密封垫的检查。检查汽化密封垫是否完好，如有问题应更换新垫圈。

③ 气源至色谱柱间的检漏（此步骤在连接色谱柱之前进行）。用垫有橡胶垫的螺母封死汽化室出口，打开减压阀、节流阀并调节至输出表压 0.025MPa；打开仪器的载气稳压阀（逆时针方向打开，旋转至压力表呈一定值）；用皂液涂各个管接头处，观察是否漏气，若有漏气，须重新仔细连接。关闭气源，待半小时后，仪器上压力表指示的压力下降小于 0.005MPa，则说明汽化室前的气路不漏气，否则，应该仔细检查找出漏气处，重新连接，再行试漏。

④ 汽化室至检测器出口间的检漏。接好色谱柱，开启载气，输出压力调在 0.2～0.4MPa。将转子流量计的流速调至最大，再堵死仪器主机左侧载气出口处，若浮子能下降至底，表明该段不漏气。否则再用皂液逐点检查各接头，并排除漏气（或关载气稳压阀，待半小时后，仪器上压力表指示的压力下降小于 0.005MPa，说明此段不漏气，反之则漏气）。

4. 皂膜流量计测定载气路流速

① 将皂膜流量计接在仪器的载气排出口（柱出口或检测器出口）。

② 往皂膜流量计胶头中加入适量皂液。

③ 轻捏一下胶头，使皂液上升封住支管，产生一个皂膜。

④ 用秒表测量皂膜上升至一定体积所需要的时间。

⑤ 计算柱后皂膜流量计流量 $F_{皂}$。

5. 结束工作

① 关闭气源。

② 关闭高压钢瓶。关闭钢瓶总阀，待压力表指针回零后，再将减压阀关闭（T 字阀杆逆时针方向旋松）。

③ 关闭主机上载气稳压阀（顺时针旋松）。

④ 填写仪器使用记录，做好实验室整理和清洁工作，并进行安全检查后，方可离开实验室。

三、注意事项

① 高压器气瓶和减压阀螺母一定要匹配，否则可能导致严重事故；

② 安装减压阀时应先将螺纹凹槽擦净，然后用手旋紧螺母，确认入扣后再用扳手扳紧；

③ 安装减压阀时应小心保护好表头，所用工具忌油；

④ 在恒温室或其他近高温处的接管，一般用不锈钢管和紫铜垫圈而不用塑料垫圈；

⑤ 检漏结束应将接头处涂抹的肥皂水擦拭干净，以免管道受损，检漏时氢气尾气应排出室外；

⑥ 用皂膜流量计测流速时每次改变流量计转子高度后，都要等一段时间，约 0.5～1min，然后再测流速。

四、数据处理

根据皂膜上升体积/皂膜上升时间计算柱后皂膜流量计流量 $F_{皂}$，并注明载气种类、柱温、室温及大气压力等参数。

思考习题

1. 为什么要进行气路系统的检漏试验？
2. 如何安全打开气源？如何安全关闭气源？

任务三　气相色谱仪分离丁醇异构体混合物及归一化法定量

任务引导

学会使用归一化法定量测定；进一步熟练 TCD 的使用。

丁醇异构体分子结构存在差异，选择合适的色谱柱固定相，在一定的色谱操作条件下，可分离四种丁醇异构体化合物。

以色谱中所得各种成分的峰面积的总和为 100，按各成分的峰面积总和之比，求出各成分的组成［见式(1)］。当定量只要求测各组分的相对含量时可用此法，但必须每一组分均有信号产生供检测。

$$P_i\%=\frac{m_i}{m}\times100\%=\frac{A_i/S_i'}{A_1/S_1'+A_2/S_2'+\cdots+A_n/S_n'}\times100\% \tag{1}$$

若样品中各组分的校正因子相近，可将校正因子消去，直接用峰面积归一化法进行计算。用不加校正因子的面积归一化法测定样品中各杂质及杂质的总量：

$$C_i\%=\frac{A_i}{A_1+A_2+A_3+\cdots\cdots+A_n}\times100\% \tag{2}$$

由校正与未校正的面积归一化法计算所得的百分含量差别很大。归一化法的优点是简便、准确，定量结果与进样量重复性无关（在色谱柱不超载的范围内），操作条件略有变化时对结果影响较小。缺点是必须所有组分在一个分析周期内都流出色谱柱，而且检测器对它们都产生信号。归一化法不适用于微量杂质的含量测定。

任务实施

操作 35　丁醇异构体混合物的 GC 分离和归一化法定量

一、仪器与试剂

① 仪器：气相色谱仪、气体发生器、色谱柱、TCD 检测器、微量注射器。

② 试剂：异丁醇、仲丁醇、叔丁醇、正丁醇（以上均为分析纯）；丙酮洗针液。

二、操作步骤

1. 配制混合物试样

用一干燥洁净的称量瓶分别称取 0.5g 异丁醇、0.6g 仲丁醇、0.5g 叔丁醇、0.5g 正丁醇（称准至 0.001g），混合均匀，备用。

2. 色谱仪的开机和调试

① 打开气体发生器，流速为 30mL/min，10min 后排水。将载气通入主机气路，检漏，调节载气流速为 30mL/min，通载气 0.5h 将气路中的空气等赶走。

② 打开色谱主机电源，在控制面板上对汽化室、柱箱、检测器进行控温，将温度分别调节为 160℃、75℃、80℃；打开桥流（100mA）；打开色谱数据处理机，输入测量参数。

3. 标准和未知试样的分析测定

① 观察仪器谱图基线是否平直，待仪器电路和气路系统达到平衡，基线平直后，用 1μL 清洗过的微量注射器吸取混合试样 0.6μL 进样，记录分析结果。

② 按上述方法再进样分析测定两次，记录分析结果。

③ 结束工作。实验完成后，清洗进样器。

④ 关桥流。降低柱温，待柱温降至 50℃再停止通载气。

三、注意事项

① 用氮气作载气，TCD 桥流一般为 100mA。

② 柱温的升温速率切忌过快，以保持色谱柱的稳定性。关机时一定要等柱温降下来再关载气。

四、数据处理

① 记录色谱分析实验条件，含仪器型号、载气类型与流速、分流比、色谱柱型号、柱温、进样器温度、检测器温度、进样量等。组分的校正因子见表 5-1。

表 5-1 组分的校正因子

组分	f'_m
叔丁醇	0.98
仲丁醇	0.97
异丁醇	0.98
伯丁醇	1.00

② 将色谱图上测量的各组分的峰面积等填入表 5-2。

表 5-2 测定数据记录

组分	A/mAu·min			
	1	2	3	平均值
叔丁醇				
仲丁醇				
异丁醇				
伯丁醇				

③ 归一化法计算各组分的质量分数。

思考习题

1. 归一化法对进样量的准确性有无严格要求？
2. 实验中分离的几种丁醇出峰顺序如何？为什么？

任务四　气相色谱内标法测定涂料溶剂中的苯和甲苯含量

任务引导

学会熟练使用 FID；学会内标法定量的样品配制与结果计算；学会测定和计算峰高校正因子。

中等极性的色谱在一定的色谱操作条件下可对一些简单的苯系化合物进行完全的分离。选取与样品中待测组分性质相近且样品中不存在的正己烷为内标物，配制加标标样和加标试样，在相同的色谱操作条件下，可用加标标样中各组分对应的峰高或者峰面积计算待测组分的相对校正因子，再用加标试样中各组分对应的峰高或者峰面积计算待测组分的含量。

选择样品中不含有的纯物质作为对照物质加入待测样品溶液中，以待测组分和对照物质的响应信号对比测定待测组分含量的方法称为内标法。在一个分析周期内不是所有组分都能流出色谱柱（如有难汽化组分），或检测器不能对每个组分都产生信号，或只需测定混合物中某几个组分的含量时，可采用内标法。但缺点是样品配制比较麻烦和内标物不易找寻。

所用的内标物质，必须是纯度合乎要求的纯物质，也应是原样品中不含有的物质，否则会使峰重叠而无法准确测量内标物的峰面积；热稳定性要好，不能和样品中的组分反应，内标物的保留时间应与待测组分相近，但彼此能完全分离（$R \geqslant 1.5$）；加入量和待测组分的量需大致相当，采用其峰面积的位置与被测成分的峰的位置尽可能接近并与被测成分以外的峰位置完全分离的稳定的物质。

任务实施

操作 36　内标法测定涂料溶剂中苯和甲苯的含量

一、仪器与试剂

① 仪器：精度万分之一的天平、气相色谱仪、气体发生器、SE-30 色谱柱、FID 检测器、微量注射器、3 支 1mL 通用注射器、5mL 容量瓶。

② 试剂：正己烷、苯、甲苯、丙酮（以上均为分析纯）。

二、操作步骤

1. 配制加标标样溶液

称一干燥洁净的 5mL 容量瓶的质量（称准至 0.0001g），用医用注射器吸取 1mL 甲苯注入容量瓶内，称重，计算出甲苯质量。用另一支注射器取 1mL 苯注入容量瓶，再称重，求出瓶中苯的质量（称准至 0.0001g）。再用另一支注射器取 1mL 正己烷注入容量瓶，再称重，求出瓶中正己烷的质量（称准至 0.0001g），摇匀备用。

2. 配制加标试样溶液

称一干燥洁净的 5mL 容量瓶的质量（称准至 0.0001g），用医用注射器吸取 1mL 试样溶液注入容量瓶内，称重，计算出试样质量。再用另一支注射器取 0.2mL 正己烷注入容量瓶，再称重，求出瓶中正己烷的质量（称准至 0.0001g），摇匀备用。

3. 色谱仪的开机和调试

① 打开气体发生器，流速为 30mL/min，10min 后排水。将载气通入主机气路，检漏，调节载气流速为 30mL/min，通载气 0.5h 将气路中的空气等赶走。

② 打开色谱主机电源，在控制面板上对汽化室、柱箱进行控温，将温度分别调节为 120℃、80℃；打开色谱工作站，输入测量参数，也可在仪器上直接输入测量参数。

③ FID 的点火。打开空气开关，调节流量为 500～600mL/min，设置检测器温度为 110℃。待检测器温度恒定至 110℃，打开氢气开关，将流量调节至 80mL/min 左右，点火，点燃后将氢气流量降至 20～30mL/min。

4. 标准溶液和未知试样的分析测定

① 观察仪器谱图基线是否平直，待仪器电路和气路系统达到平衡，基线平直后，用 1μL 清洗过的微量注射器吸取加标标样溶液 0.2～0.4μL 进样，分析测定。色谱图走完后记录样品名对应的文件名，打印出色谱图及分析测试结果。重复操作三次，记录分析结果。

② 试样的分析。用 1μL 清洗过的微量注射器吸取加标试样溶液 0.2～0.4μL 进样，分析测定。色谱图走完后记录样品名对应的文件名，打印出色谱图及分析测试结果。按上述方法再进样分析测定两次，记录分析结果。

5. 结束工作

① 关机。先关氢气阀，再关空气阀，降低柱温，关色谱工作站，待柱温降至 50℃再停止通载气。

② 实验完成后，清洗进样器，清理实验台面，填写仪器使用记录。

三、数据处理

① 记录实验操作条件。

② 将色谱分析结果中各组分的峰高填入表 5-3。

表 5-3 测试数据记录

试剂及其步骤		H/mAu				m/g
		1	2	3	平均值	
苯	加标标样溶液					
	加标试样溶液					
甲苯	加标标样溶液					
	加标试样溶液					
正己烷	加标标样溶液					
	加标试样溶液					

③ 根据标准溶液分析测定所得到的数据，按下式计算出甲苯、苯的峰高校正因子（以正己烷为标准物）：

$$f'_{甲苯(h)}=\frac{m_{甲苯}h_{正己烷}}{m_{正己烷}h_{甲苯}}$$

$$f'_{苯(h)}=\frac{m_{苯}h_{正己烷}}{m_{正己烷}h_{苯}}$$

④ 根据加标试样溶液分析测定所得到的数据，按下式计算出样品中甲苯、苯的含量（以正己烷为内标物）：

$$w(甲苯)=\frac{m_{正己烷}h_{甲苯}}{m_{样}h_{正己烷}}\times f'_{甲苯(h)}$$

$$w(苯)=\frac{m_{正己烷}h_{苯}}{m_{样}h_{正己烷}}\times f'_{苯(h)}$$

四、注意事项

① 微量注射器使用前应先用丙酮或乙醚抽洗 5～6 次，然后再用所要吸取的试液抽洗 5～6 次。

② 氢气是一种危险气体，使用过程中一定要按要求操作，而且色谱实验室一定要有良好的通风设备。

五、结果报告

请自行设计实验结果报告单，如实记录数据并处理数据，报告最终测定结果。

思考习题

1. 内标法定量有哪些优点？方法的关键是什么？
2. 本次为什么可以采用峰高定量？

任务五　气相色谱法测定涂料中的水分含量

任务引导

掌握涂料试样的处理；进一步熟悉气相色谱仪的操作使用；学习气相色谱方法的建立和色谱数据的处理。

热导检测器（thermal conductivity detector，TCD）是应用比较多的检测器，不论对有机物还是无机气体都有响应。基本原理是每种物质都有导热能力，而且导热能力的大小不同，通过一个热敏电阻来测定与热敏电阻接触的气体组成的变化情况。这种检测方式虽然不是最灵敏的，但是对所有样品都有响应，是通用型的检测器。

热导检测器由热导池池体和热敏元件组成。热敏元件是两根电阻值完全相同的金属丝（钨丝或白金丝），作为两个臂接入惠斯顿电桥中，由恒定的电流加热。

如果热导池只有载气通过，载气从两个热敏元件带走的热量相同，两个热敏元件的温度变化是相同的，其电阻值变化也相同，电桥处于平衡状态。如果样品混在载气中通过测量池，由于样品组分气体和载气的热导率不同，两边带走的热量不相等，热敏元件的温度和阻值也就不同，从而使得电桥失去平衡，记录器上就有信号产生。

被测物质与载气的热导率相差愈大，灵敏度也就愈高。此外，载气流量和热丝温度对灵敏度也有较大的影响。热丝工作电流增加一倍可使灵敏度提高 3～7 倍，但是热丝电流过高会造成基线不稳和缩短热丝的寿命。热导检测器结构简单、稳定性好，对有机物和无机气体都能进行分析，其缺点是灵敏度低。

1. TCD的元部件

一个性能优异的TCD，对热丝的要求主要考虑四点：①电阻率高，以便可在相同长度内得到高阻值；②电阻温度系数大，以便通桥流加热后得到高阻值；③强度好；④耐氧化或腐蚀。①、②是为了获得高灵敏度，同时丝体积小，可缩小池体积，制作微TCD。③、④是为了获得高稳定性。

池体是一个内部加工成池腔和孔道的金属体，近年已为不锈钢形式所取代。通常将内部池腔和孔道的总体积称池体积。早期TCD的池体积多为500～800μL，后减小至100～500μL，仍称通常TCD，它适用于填充柱。近年发展了微TCD，其池体积均在100μL以下，有的达3.5μL，它适用于毛细管柱。通常TCD池按载气对热丝的流动方式可分直通式、扩散式和半扩散式（图5-3），微TCD池已不像通常TCD那样明显，基本上可分成直通式和准直通式两种。

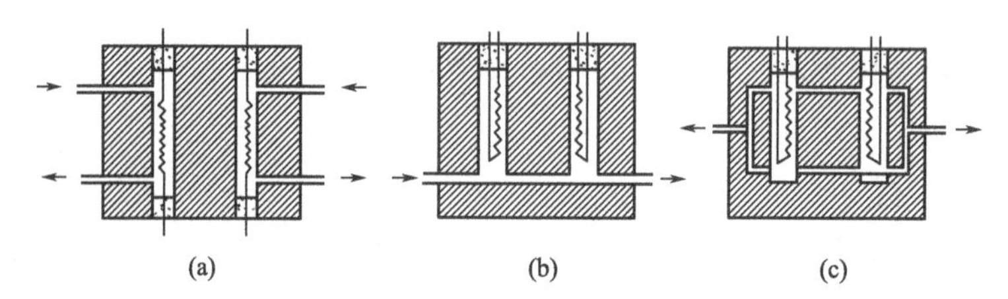

图5-3 通常TCD池的直通式（a）、扩散式（b）和半扩散式（c）

2. TCD检测条件的选择

（1）载气种类、纯度和流速

① 载气种类。TCD通常用He或H_2作载气，因为它们的热导率远远大于其他化合物。用He或H_2作载气的TCD，其灵敏度高，且峰形正常，响应因子稳定，易于定量，线性范围宽。北美地区多用氦作载气，因它安全。其他地区因氦太昂贵，多用氢。氢载气的灵敏度最高，只是操作中要注意安全，另外还要防止样品与氢反应。

N_2或Ar作载气，因其灵敏度低，且易出W峰，响应因子受温度影响，线性范围窄，通常不用。但若分析He或H_2时，则宜用N_2或Ar作载气。避免用He作载气测H_2或用H_2作载气测He。用N_2或Ar载气时需注意，因其热导率小，热丝达到相同温度所需的桥流值比He或H_2载气要小得多。

毛细管柱接TCD时，最好都加尾吹气，即使是池体积为3.5μL的微TCD，HP公司也建议加尾吹气。尾吹气的种类同载气。降低TCD池的压力，不仅可避免加尾吹气，而且可提高TCD的灵敏度。如140μL池体积TCD与50μm内径毛细管柱相连，在约500Pa（4mmHg）低压下操作时，其池体积相当于0.7μL，灵敏度提高近200倍。

② 载气纯度。载气纯度影响TCD的灵敏度。实验表明：在桥流160～200mA范围内，用99.999%的超纯氢气比用99%的普氢灵敏度高6%～13%。载气纯度对峰形亦有影响，用TCD作高纯气中杂质检测时，载气纯度应比被测气体高十倍以上，否则将出倒峰。

③ 载气流速。TCD为浓度型检测器，对流速波动很敏感，TCD的峰面积响应值反比于载气流速。因此，在检测过程中，载气流速必须保持恒定。在柱分离许可的情况下，以低些为妥。流速波动可能导致基线噪声和漂移增大。对微TCD，为了有效地消除柱外峰形扩张，同时保持高灵敏度，通常载气加尾吹的总流速在10～20mL/min。参考池的气体流速通常与测量池相等，但在做程序升温时，可调整参考池的流速至基线波动和漂移最小为佳。

（2）桥电流（桥流） 用增大桥流来提高灵敏度是最通用的方法，但是桥流的提高又受到噪声和使用寿命的限制。若桥流偏大，噪声即由逐渐增加变成急剧增大，其结果是信噪比下降，检测极限变大。另外，桥流越高，热丝越易被氧化，使用寿命越短，过高的桥流甚至使热丝烧断。所以，在满足分析灵敏度要求的前提下，选取桥流以低为好，这时噪声小，热丝使用寿命长。在追求该 TCD 最大灵敏度的情况下，则选信噪比最大时的桥流，这时检测极限最低。但长期在低桥流下工作，可能造成池污染，这时可用溶剂清洗 TCD 池。一般商品 TCD 使用说明书中，均有不同检测器温度时推荐使用的桥流值，通常参考此值设定桥流。

(3) 检测器温度　TCD 的灵敏度与热丝和池体间的温差成正比。显然，增大其温差有两个途径：一是增大桥流，以提高热丝温度；二是降低检测器池体温度，这取决于被分析样品的沸点。检测器池体温度不能低于样品的沸点，以免在检测器内冷凝。因此，对沸点不很低的样品，采用第二种方法提高灵敏度是有限的，而对气体样品，特别是永久性气体，可达较好的效果。

3. 使用注意事项

为了充分发挥 TCD 的性能和避免出现异常，在使用中应注意以下几个方面。

(1) 确保毛细管柱插入池深度合适　柱相对于检测器池的插入位置十分重要，它影响到最佳灵敏度和峰形。毛细管柱端必须在样品池的入口处。若毛细管柱插入池体内，则灵敏度下降，峰形差；若毛细管柱离池入口处太远，峰变宽和拖尾，灵敏度亦低。装柱应按气相色谱仪说明书的要求操作。如果说明书未明确装柱要求，即以得到最大的灵敏度和最好的峰形的位置为最佳位置。

(2) 避免热丝因温度过高而烧断　任何热丝都有一最高承受温度，高于此温度则烧断。热丝温度的高低是由载气种类、桥电流和池体温度决定的。如载气热导率小，桥电流和池体温度高，则热丝温度就高，反之亦然。一般商品色谱仪在出厂时，均附有此三者之间的关系曲线，按此调节桥电流，就能保证热丝温度不会太高。所推荐的最大桥电流值，是指在无氧存在的情况，如果有氧接触，则会急速氧化而烧断。因此，在使用 TCD 时，务必先通载气，检查整个气路的气密性是否完好，调节 TCD 出口处的载气流速至一定值，并稳定 10～15min 后，才能通桥电流。工作过程中，如需要更换色谱柱、进样隔垫或钢瓶，务必先关桥电流，而后换之。虽然近年生产的仪器已有过流保护装置，当载气中断或桥电流过大时，可自动切断桥电流，但操作时不要依赖此装置。操作者应主动避免出现异常。

(3) 避免样品或固定液带来的异常

① 样品损坏热丝。酸类、卤代化合物、氧化性和还原性化合物，能使测量臂热丝的阻值改变，特别是注入量很大时，尤为严重。因此，最好尽量避免用 TCD 对这些样品进行分析，如果一定要用，则在保证能正常定量的前提下，尽量使样品浓度低些，桥流小些。这样工作一段时间后，如果 TCD 不平衡或基线长期缓慢漂移，可使“测量”和“参考”二臂对换，如此交替使用，可缓解此异常。

② 样品或固定液冷凝。高沸点样品或固定液在检测器中或检测器出口连接管中冷凝，将使噪声和漂移变大，以致无法正常工作。在日常工作中注意以下三点，即可避免此异常发生：a. 切勿将色谱柱连至检测器上进行老化；b. 检测器温度一般较柱温高 20～30℃；c. 开机时，先将检测器恒温箱升至工作温度后，再升柱温。

(4) 确保载气净化系统正常　载气中若含氧，将使热丝长期受到氧化，有损其寿命，故通常载气和尾吹气应加净化装置，以除去氧气。载气净化系统使用到一定时间，即因吸附饱和而失效，应立即更换之，以确保正常净化。如未及时更换，此净化系统就成了温度诱导漂移的根源。当室温下降时，净化器不再饱和，它又开始吸附杂质，于是基线向下漂移。当室温升高时，净化器处于气固平衡状态，向气相中解吸杂质增多，于是基线向上漂移。

(5) 注意程序升温时调整基线漂移最小　对双气路气相色谱仪，将参考和测量气路的流量调至相等，通常做恒温分析时很正常，但在做程序升温时可能基线漂移较大。这时，为使基线漂移最小，可做如下调整：①调参考和测量气路流量相等；②做程序升温至最高温度保持一段时间，同时记录基线漂移；③调参考气流量使记录笔返回到程序升温的起始位置，结束本次程序升温的程序；④重复②、③操作，直至理想。

(6) 注意TCD恒温箱的温度控制精度　热丝温度对灵敏度影响最大，温度改变1℃，灵敏度变化可达12400μV。当然，除要求桥流稳定外，检测器温度的波动亦严重影响丝温。所以TCD灵敏度越高，要求检测器的温度控制精度亦越高，一般均应小于±0.01℃。如果出现基线缓慢来回摆动情况，一个周期约几分钟，即可能与温控精度不够有关。

任务实施

操作37　用气相气谱法测定涂料中水分含量

一、仪器与试剂

分析天平、气相色谱仪（配TCD）、不锈钢色谱柱、微量注射器、气体发生器、离心机、10mL具塞玻璃瓶、移液管、洗耳球、盛蒸馏水洗瓶、胶头滴管；无水异丙醇、无水二甲基甲酰胺、涂料试样若干。

二、操作步骤

① 测定水的响应因子R。在同一具塞玻璃瓶中称0.2g左右的蒸馏水和0.2g左右的异丙醇，精确至0.001g，加入2mL的二甲基甲酰胺（DMF），混匀。用微量注射器加1μL的标准混样，记录其色谱图。

按下式计算水的响应因子R：

$$R=\frac{m_i A_{H_2O}}{m_{H_2O} A_i}$$

式中　m_i——异丙醇质量，g；

m_{H_2O}——水的质量，g；

A_{H_2O}——水的峰面积；

A_i——异丙醇峰面积。

② 若异丙醇和二甲基甲酰胺不是无水试剂，则以同样量的异丙醇和二甲基甲酰胺（混合液）但不加水作为空白，记录空白中水的峰面积。

按下式计算水的响应因子R：

$$R=\frac{m_i (A_{H_2O}-B)}{m_{H_2O} A_i}$$

式中　R——响应因子；

m_i——异丙醇质量，g；

m_{H_2O}——水的质量，g；

A_{H_2O}——水的峰面积；

A_i——异丙醇峰面积；

B——空白中水的峰面积。

③ 样品准备。称取搅拌均匀后的涂料试样 0.6g 和 0.2g 的异丙醇，精确至 0.1mg，加入具塞玻璃瓶中，再加入 2mL 的二甲基甲酰胺（DMF），盖上瓶塞，同时准备一份不加涂料的异丙醇和二甲基甲酰胺混合液作为空白样。用力摇动装有试样的小瓶 15min，使其沉淀，也可使用低速离心机使其沉淀。

④ 吸取 1μL 试样瓶中的上清液，注入色谱仪中，并记录色谱图。

⑤ 按下式计算涂料中水的质量分数 w_{H_2O}（%）：

$$w_{H_2O}=\frac{m_i(A_{H_2O}-B)\times 100}{m_p A_i R}$$

式中　R——响应因子；

m_i——异丙醇质量，g；

m_p——涂料的质量，g；

A_{H_2O}——水的峰面积；

A_i——异丙醇峰面积；

B——空白中水的峰面积。

三、结果报告

请自行设计实验结果报告单，如实记录并处理数据，报告最终测定结果。

思考习题

1. 涂料用溶剂中含水量高对涂料性能有何影响？如何降低其存在的可能性？
2. 如何提高原材料中含水性测定的准确度？

任务六　测定固化剂中游离甲苯二异氰酸酯含量

任务引导

查阅标准文献等资料，开展小组讨论，尝试应用气相色谱法测定氨基甲酸酯聚合物和涂料溶液中未反应的甲苯二异氰酸酯单体（TDI）含量。

应用气相色谱法测定氨基甲酸酯聚合物和涂料溶液中未反应的甲苯二异氰酸酯单体（TDI）含量。试样用适当的溶剂稀释后，加入三氯代苯作内标物。将稀释后的试样溶液注入进样装置，并被载气带入色谱柱，在色谱柱内被分离成相应的组分，用氢火焰离子化检测器检测并记录色谱图，用内标法计算试样溶液中甲苯二异氰酸酯的含量。该法适用于测定的游离甲苯二异氰酸酯含量范围为 0.1%～10%。

任务实施

操作 38　固化剂中游离甲苯二异氰酸酯含量的测定

一、仪器与试剂

气相色谱仪（带氢火焰离子化检测器）；进样器，5μL 的微量注射器；色谱柱（内径 3mm，长 1m 或 2m，固定液为甲基乙烯及硅氧烷树脂，涂布于 Chromosorb WHP 80～150μm 的载体上）或自行选用商品色谱柱；分析天平，准确至 0.1mg。

乙酸乙酯：加入1000g 5A分子筛，放置24h后过滤。

甲苯二异氰酸酯：分析纯。

三氯代苯：分析纯。

氮气：纯度大于99.9%，硅胶除水，柱前压为70kPa。

氢气：纯度大于99.9%，硅胶除水，柱前压为65kPa。

空气：硅胶除水，柱前压为55kPa。

二、操作步骤

1. 通载气30min，开机，设置色谱条件

① 柱温：150℃；

② 汽化温度：150℃；

③ 载气及流速：氮气50mL/min；

④ 氢气流速：90mL/min；

⑤ 空气流速：500mL/min；

⑥ 进样量：1μL。

2. 测定

① 内标溶液的制备。称取1.0006g正十四烷于100mL的容量瓶中，用除水乙酸乙酯稀释至刻度，摇匀。

② 相对质量校正因子的测定。称取0.2～0.3g甲苯二异氰酸酯于50mL的容量瓶中，加入5mL内标物，用适量的乙酸乙酯稀释，取1μL进样，测定甲苯二异氰酸酯和正十四烷的色谱峰面积。根据公式计算相对质量校正因子，相对质量校正因子f'的计算公式：

$$f'=\frac{W_iA_s}{W_sA_i}$$

式中 W_i——甲苯二异氰酸酯的质量，g；

W_s——所加内标物的质量，g；

A_s——甲苯二异氰酸酯的峰面积；

A_i——所加内标物的峰面积。

③ 试样溶液的制备及测定。称取2～3g样品于50mL容量瓶中，加入5mL内标物，用适量的乙酸乙酯稀释，取1μL进样，测定试样溶液中甲苯二异氰酸酯和正十四烷的色谱峰面积。

三、数据处理

结果表示：取平行测定两次结果的算术平均值作为试样中游离甲苯二异氰酸酯的测定结果。

试样中游离甲苯二异氰酸酯含量X的计算公式：

$$X=f'\frac{A_iW_s}{A_sW_i}\times1000$$

式中 X——试样中甲苯二异氰酸酯含量，g/kg；

f'——相对质量校正因子；

W_i——待测试样的质量，g；

W_s——所加内标物的质量，g；

A_i——待测试样的峰面积；

A_s——所加内标物的峰面积。

四、结果报告

请如实记录并处理数据（表 5-4），报告最终测定结果。

表 5-4 游离甲苯二异氰酸酯含量测定数据记录

项 目	1	2
对正十四烷的相对质量校正因子 f'		
添加的正十四烷的质量 W_s/g		
待测试样的质量 W_i/g		
正十四烷的峰面积 A_5		
试样中待测物的峰面积 A_i		
游离甲苯二异氰酸酯含量 X/(g/kg)		

思考习题

1. 如何选择内标物？
2. 如何提高内标法测定的准确度？

任务七 气相色谱法测定涂料稀释剂的组分含量

任务引导

请自行查阅资料设计实验方案与结果报告，准备实验用材料，完成某企业某稀释剂的组分测定。

稀释剂在涂料中是一种非永久性的重要组成部分，对涂料的制造、贮存、涂敷、漆膜的形成及其耐久性都有着非常重要的作用，如：溶解和稀释涂料中的成膜物质、降低涂料的黏度，使之便于施工；减少涂料表面结皮，防止成膜物质产生凝胶，增加涂料的贮存稳定性；增加涂料对物体表面的润湿性，使涂料更易渗透到物体表面的空隙中去，增强涂层附着力；改善漆膜流平性，使漆膜厚薄均匀，避免刷痕和起皱现象，使漆膜牢固且平滑光亮。分析测定涂料稀释剂的组分很有意义，不仅可为企业提供技术参考，还可为辨别市场上鱼目混珠的劣质产品。

涂料稀释剂问题大部分是配方问题。通过气相色谱法，对几种出现质量问题的涂料稀释剂成分进行分析，可对比性能有差异的用于同类底材的涂料稀释剂配方组成，为工程师调整配方、解决涂料施工中各种不良问题提供指导，为企业解决了实际技术难题。该方法还可用来鉴定涂料中毒性较大的苯、甲苯等短支链苯系物溶剂，为消费者选择真正的环保绿色油漆溶剂提供有益指导。

任务实施

操作 39 用气相色谱法测定涂料稀释剂的组分含量

一、仪器与试剂

GC9160 型气相色谱仪（上海华爱色谱公司），氢火焰离子检测器（FID）、GX300A-氮、氢、空一体机（北京中兴汇利科技有限公司），1μL 微量注射器。

苯、甲苯、甲醇、异丙醇、异丁醇、正丁醇、丙酮、正丁酮、甲基异丁基甲酮、环己酮、乙醇丁酯、乙二醇丁醚。以上单组分试剂为分析纯，二甲苯、三甲苯、120# 汽油为涂料企业工业生产用溶剂。

化学实验记录本、实验记录笔、实验服（学生自备）；一次性塑料手套、精密电子天平（置于色谱室内备用）、干燥洁净具塞试管 100 根（放于洁净塑料筐中备用）、洁净胶头滴管 50 根、洁净 500mL 烧杯 10 个、试管架 3 个；化工辞典、化学辞典、化学实验室手册备用，学生也可自己提前去学院图书馆借阅溶剂手册。

二、操作步骤

① 了解样品尽量多的信息，包括样品的用途、特点、可能有哪些组分，查阅可能有的组分性质，包括分子结构、分子量、溶解性、沸点、相关化学性质等。

② 针对实验项目查阅相关文献资料，掌握目前有关涂料稀释剂的成分测定进展情况，理解文献期刊上以往测定方法的思路、仪器设备、测定方法、测定条件等，讨论与比较文献上各种测定方法的优劣，思考自己该项目的设计思路。

③ 进行初步实验设计，包括用什么方法、什么条件、什么仪器，可能需要哪些准备工作，用什么实验设计方法等。

④ 熟悉气相色谱操作技能与维护。

a. 熟练掌握气相色谱仪的结构流程，要求能面对仪器，独立讲解气相色谱仪的结构。

例如：一般气相色谱分析常用氮气作载气，若用氢火焰检测器（FID），则从检测器喷嘴喷出的燃烧气体是氢气，助燃气体是空气，三种气体都要求无杂质、水分，最好有气体净化装置对气体进行净化。

b. 要求熟练掌握气相色谱的操作方法（检漏、安装色谱柱、色谱柱更换与维护、测流速、调流速、开机操作、掌握检测器的结构特点、点火操作、测定方法的设定、工作站上进行谱图处理、结果报告的出具、关机维护操作等），并能独立进行所有操作，能独立讲出气相色谱仪的维护方法。

⑤ 开始样品准备。包括样品的制备方法，要用到哪些仪器设备，样品的纯化等步骤的设计与操作。

⑥ 按照初步实验设计的条件，进行预实验。在实验记录本上写下预实验设计条件，在色谱仪器和色谱工作站上建立色谱项目和方法，进行预实验，记录预实验结果，分析预实验情况。

⑦ 根据预实验结果，对色谱分离条件进行优化，得到最佳分离色谱条件。色谱条件的优化，最重要的是选择色谱柱、色谱柱温，其次是流速、流量等，真实记录实验结果，经过多次实验得到分离良好的色谱图。将最好的分离条件设定为最终检测条件。

⑧ 对分离良好的组分进行定性。采用保留时间对比法对分离良好的组分进行定性操作，在色谱工作站的谱图上记录定性结果，进行标志。

⑨ 对样品组分进行定量。选择定量方法，按归一化法、内标法、外标法等不同定量方法要求进行相应的操作，进行目标成分的定量。

⑩ 考查色谱方法的重现性和回收率。进行回收率实验，采用加标回收率测定法或阴性标样测定法。

三、注意事项

① 实验室内要控温，减少人员不必要的走动，尽量降低溶剂挥发程度。

② 仪器操作一定要每个人单独过关。

四、结果报告

请自行设计实验结果报告单，如实记录并处理数据，报告最终测定结果。

思考习题

涂料稀释剂组分沸点一般比较低，为保证色谱分析方法的回收率，样品制备时要注意哪些问题？你采取了哪些措施？效果如何？先独立思考与解决问题，在有一定收获后和你身边的同学探讨上述问题。

任务八　乙酰丙酮分光光度法测定涂料中的甲醛含量

任务引导

掌握甲醛标准溶液的配制；掌握紫外-可见分光光度计的使用；掌握波谱扫描；掌握绘制标准工作曲线；掌握涂料试样的处理；掌握甲醛含量的测定与计算；掌握紫外-可见分光光度计的使用。

取一定量的试样，经过蒸馏，取得的馏分按一定比例稀释后，用乙酰丙酮显色。显色后的溶液用分光光度计比色测定甲醛含量。

任务实施

操作 40　用乙酰丙酮分光光度法测定内墙漆中的甲醛含量

一、仪器与试剂

分光光度计，10mm 吸收池；分析天平，精度 0.001g；水浴锅；全套蒸馏装置（500mL 蒸馏瓶、蛇形冷凝管、馏分接收器皿）；容量瓶（100mL、250mL、1000mL）；移液管（1mL、5mL、10mL、15mL、20mL、25mL）；温度计；滤纸；500mL 烧杯；10mL、15mL、20mL、25mL 定量移液管各 1 支；洗瓶；吸（洗）耳球；胶头滴管；100mL 容量瓶；10mL 具塞试管；一次性塑料杯若干；250mL 烧瓶。蒸馏水；乙酰丙酮溶液；已标定的甲醛标准溶液；涂料若干；冰若干；磷酸；沸石若干。

所用试剂均为分析纯，所用水均符合 GB/T 6682—2008 中三级水的要求。

乙酰丙酮溶液：称取乙酸铵 25g，加 50mL 水溶解，加 3mL 乙酸和 0.5mL 已蒸馏过的乙酰丙酮试剂，移入 100mL 容量瓶中，稀释至刻度。贮存期不超过 14 天。

甲醛：浓度约 37%。

二、操作步骤

① 1mg/mL 甲醛溶液的制备。取 2.8mL 甲醛（浓度约 37%），用水稀释至 1000mL，用碘量法测定甲醛溶液的精确浓度，用于制备标准稀释液。

② 配制甲醛标准稀释溶液。取已标定的甲醛标准溶液 1mL 稀释至 100mL，配制成 10μg/mL 的甲醛标准稀释溶液，贴上标签。

③ 配制甲醛系列标准溶液。分别移取 1mL、5mL、10mL、15mL、20mL、25mL 的 10μg/mL 的甲醛标准稀释溶液，稀释至 100mL，制得一组不同浓度的甲醛标准溶液。

④ 分别取 5mL 上述系列标准溶液，各加 1mL 乙酰丙酮溶液，在 100℃的沸水浴中加

热，保持3min，冷却至室温。

⑤ 扫描紫外-可见光波谱图，找出最大吸收波长处（412nm）。

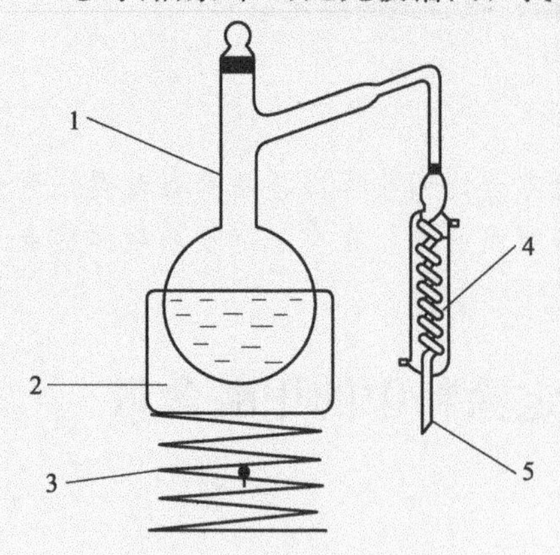

图5-4 蒸馏装置示意图

1—蒸馏瓶；2—加热装置；3—升降台；4—冷凝管；5—连接接收装置

⑥ 比色测定。以水为参比液，分别用比色皿在分光光度计上甲醛的最大吸收波长处测定吸光度。

⑦ 绘制标准曲线。以5mL上述系列标准溶液中甲醛含量为横坐标，以吸光度为纵坐标，绘制标准曲线。计算回归线的斜率，以斜率的倒数作为样品测定的计算因子B_S。

⑧ 称取搅拌均匀后的试样2g置于已预先加入50mL水的蒸馏瓶中，轻轻摇匀，再加200mL水，在馏分接收器皿中预先加入适量的水，浸没馏分出口，馏分接收器皿的外部加冰冷却（蒸馏装置见图5-4）。

加热蒸馏，收集馏分200mL，取下馏分接收器皿，把馏分定容至250mL。蒸馏出的馏分应在6h内测其吸光度。

⑨ 取5mL上述馏分定容后的溶液，加1mL乙酰丙酮溶液，在100℃的沸水浴中加热，保持3min，冷却至室温。用比色皿在分光光度计412nm波长处测定吸光度。

⑩ 空白试验。取5mL水，加1mL乙酰丙酮溶液，在100℃的沸水浴中加热，保持3min，冷却至室温。用比色皿在分光光度计412nm波长处测定吸光度。

三、数据处理

游离甲醛含量按下式计算：

$$W=\frac{0.05\times B_S(A-A_0)}{m}$$

式中 W——游离甲醛含量，g/kg；

A——样品溶液的吸光度；

A_0——空白溶液的吸光度；

B_S——计算因子；

m——样品质量，g；

0.05——换算系数。

四、结果报告

请如实记录并处理数据（表5-5），报告最终测定结果。

表5-5 游离甲醛含量测定数据记录

项　　目		
空白溶液的吸光度A_0		
样品溶液的吸光度A		
计算因子B_S		
样品质量m/g		
试样中游离甲醛含量/(g/kg)		

思考习题

1. 涂料中游离甲醛的来源可能有哪些？如何降低其存在的可能性？
2. 如何提高涂料中游离甲醛成分含量测定的准确度？

任务九 涂料中可溶性重金属含量的测定

任务引导

涂料中的有毒重金属越来越受到人们的重视。学习应用原子吸收光谱仪测定涂料中重金属（可溶性铅、可溶性铬、可溶性镉、可溶性汞）的含量。

1. 涂料中重金属元素对人体的危害

铅、镉、铬、汞是常见的有毒污染物，其可溶物进入人体后有明显危害。涂料中的重金属主要来源于涂料用含重金属元素的颜料和含重金属元素的助剂，在涂料中所含的重金属虽然被成膜物质包裹着，但一经酸性介质浸渍仍会溶出。特别是儿童玩具，常常在儿童玩耍时被含于口中，可溶性重金属对儿童的身体健康危害更大。

涂料生产过程中可能会引入多种有害物质，主要有甲苯、二甲苯、甲苯二异氰酸酯、邻苯二甲酸酯类、乙二醇醚及醚酯类化合物等有机物质，也包括铅（Pb）、汞（Hg）、镉（Cd）、砷（As）、铬（Cr）等有毒有害的重金属元素，这几类元素在体内会蓄积，不易排出体外，超过一定的量将对人与动物产生毒害作用，引起组织器官病变或功能失调等，对人体健康造成无法逆转的巨大损害。

2. 涂料中重金属元素限量标准

现已建立很多标准规定涂料中“可溶性”重金属元素含量的限量以及测定方法，如，随着欧盟 REACH 法规新增对涂料中镉含量的限制要求，规定镉含量≥0.01%的涂料将不得投放至欧盟市场。我国涂料标准中进行“可溶性”重金属含量测试限量的标准主要有：GB 18581—2020《木器涂料中有害物质限量》、GB 18582—2020《建筑用墙面涂料中有害物质限量》、GB 18584—2001《室内装饰装修材料 木家具中有害物质限量》、GB/T 23994—2009《与人体接触的消费产品用涂料中特定有害元素限量》、GB/T 23994—2009《与人体接触的消费产品用涂料中特定有害元素限量》、GB 24409—2020《车辆涂料中有害物质限量》等。“可溶性”重金属的限量值在 EN 71-3 与 ISO 8124-3 中分别为铅≤90mg/kg，镉≤75mg/kg，汞≤60mg/kg，铬≤60mg/kg，砷≤25mg/kg，锑≤60mg/kg，硒≤500mg/kg，钡≤1000mg/kg；总含量的值一般控制为铅≤1000mg/kg（0.1%），镉≤100mg/kg（0.01%），汞≤1000mg/kg（0.1%），六价铬≤1000mg/kg（0.1%）。大多数的涂料产品可以满足这些限量指标要求。我国的 GB 18581 和 GB 18582 中对重金属的规定也都是取自 EN 71-3。

3. 涂料中重金属含量测试标准

涂料中重金属含量测试包括可溶性重金属元素含量测定、涂料中重金属元素总量的测定，测定方法主要有化学容量法、分光光度法、原子吸收光谱法、电感耦合等离子发射光谱法、原子荧光光谱法、极谱法、氢化物发生法、X 荧光光谱法等。目前，原子吸收光谱仪与电感耦合等离子发射光谱法是有害元素含量测量使用的主要仪器。

国内最早的“可溶性”重金属测试标准为 GB 9760—1988《色漆和清漆 液体或粉末状色漆中酸萃取物的制备》，等同采用 ISO 6713—1984，使用 0.07mol/L 的盐酸萃取色漆后离心分离出色漆中的颜填料，和目前使用的“可溶性”重金属含量测试并不完全相同，不适用于干涂膜。现行相关的测试标准有：GB/T 30647—2014《涂料中有害元素总含量的测定》、GB/T 23991—2009《涂料中可溶性有害元素含量的测定》等，此外，GB/T 9758.1—1988 规定了采用原子吸收光谱法测定可溶性铅含量；GB/T 9758.4—1988 规定了采用原子吸收光谱法测定可溶性镉含量；GB/T 9758.6—1988 规定了采用原子吸收光谱法测定可溶性铬含量；GB/T 9758.7—1988 规定了采用原子吸收光谱法测定可溶性汞含量。

4. 原子吸收光谱法原理

原子吸收光谱法是根据蒸气相中被测元素的基态原子对其原子共振辐射的吸收强度来测定试样中被测元素的含量。目前应用原子吸收法可测定的元素超过 70 种。就含量而言，既可测定低含量和主量元素，又可测微量、痕量甚至超痕量元素。

一般情况下原子都是处于基态的。当特征辐射通过原子蒸气时，基态原子从辐射中吸收能量，由基态跃迁到激发态。当特征辐射通过原子蒸气时，基态原子从辐射中吸收能量，最外层电子由基态跃迁到激发态。原子对光的吸收程度取决于光程内基态原子的浓度。在一般情况下，可以近似认为所有的原子都是处于基态。因此，根据光线被吸收后的减弱程度就可以判断样品中待测元素的含量。这就是原子吸收光谱法定量分析的理论基础。

各种元素的原子结构和外层电子排布不同，不同元素的原子从基态激发至第一激发态（或由第一激发态跃迁返回基态）时，吸收（或发射）的能量不同，因而各种元素的共振线不同，各有其特征性，所以这种共振线是元素的特征谱线。

在实际分析过程中，当温度、吸收光程、进样方式等实验条件一定时，样品产生的待测元素相基态原子对该元素的空心阴极灯所辐射的单色光产生吸收，蒸气相中的原子浓度与试样中该元素的含量（浓度）成正比，原子浓度（N）正比于待测元素的浓度。若控制条件是进入火焰的试样保持一个恒定的比例，则吸光度（A）与溶液中待测元素的浓度成正比，因此，在一定浓度范围内：$A=KC$。此式说明，在一定实验条件下，通过测定基态原子（N_0）的吸光度（A），就可求得试样中待测元素的浓度（C），此即为原子吸收分光光度法定量基础。据此，通过测量标准溶液及未知溶液的吸光度，又已知标准溶液浓度，可作标准曲线，求得未知液中待测元素浓度。该法主要适用于样品中微量及痕量组分分析。

5. 原子吸收光谱法测定重金属元素的方法

用 0.07mol/L 稀盐酸处理制成的涂膜，用原子吸收光谱法测定萃取液中重金属元素的含量。测定结果有两种计算方法。

（1）结果计算方法一

重金属的含量用下式计算：

$$X=\frac{c\times 25\times F}{m}$$

式中 X——（可溶性铅、可溶性镉、可溶性铬、可溶性汞）含量，mg/kg；

c——从标准曲线上测得的试验溶液（可溶性铅、可溶性镉、可溶性铬、可溶性汞）的浓度，μg/mL；

F——稀释因子；

25——萃取的盐酸体积，mL；

m——称取的样品量，g。

（2）结果计算方法二

重金属的含量用下式计算：

$$c=(a_1-a_0)\times 25F/m$$

式中 c——（可溶性铅、可溶性镉、可溶性铬、可溶性汞）含量，mg/kg；

a_0——0.07mol或1mol盐酸溶液空白浓度，μg/mL；

a_1——从标准曲线上测得的试验溶液（铅、镉、铬、汞）的浓度，μg/mL；

F——稀释因子；

25——萃取的盐酸体积，mL；

m——称取的样品量，g。

任务实施

操作41　测定涂料中可溶性重金属的含量

一、仪器与试剂

仪器：原子吸收光谱仪；金属筛；容量瓶；移液管；铅空心阴极灯；镉空心阴极灯；铬空心阴极灯；烘箱。

试剂：铅标准储备溶液（1.00mg/mL）；镉标准储备溶液（1.00mg/mL）；铬标准储备溶液（100μg/mL）；1∶1硝酸水溶液；0.07mol/L盐酸溶液。

二、操作步骤

1. 涂膜制备

将样品搅拌均匀后，按涂料产品规定的要求在玻璃板（需经1∶1硝酸水溶液浸泡24h后，干燥）上制备涂膜，待完全干燥后取样（若烘干，则温度不得超过60℃），在室温下将其粉碎，0.5mm金属筛过筛后待处理。如涂膜不易粉碎至0.5mm，可不过筛直接进行样品处理。

2. 样品处理

将粉碎、过筛后的样品称取0.5g（精确至0.0001g），加入25mL0.07mol/L盐酸溶液混合，搅拌1min，测其酸度，如pH＞1.5，逐渐滴加浓度为2mol/L的盐酸溶液并摇匀，使pH值在1.0～1.5之间。在室温下连续搅拌混合液1h，然后静置1h，立刻用滤膜器过滤后避光保存，应在4h内完成测试。若在4h内无法完成测试，则需加入1mol/L的盐酸溶液25mL对样品处理，处理方法同上。

3. 铅、镉、铬标准储备液和标准工作液的配制

（1）铅标准储备液和工作液的配制

① 铅标准储备液（1.00mg/mL）有两种配制方法：

a. 准确称取安瓿瓶标准铅溶液1g移入1000mL容量瓶中，用0.07mol/L盐酸溶液稀释至标线，并充分摇匀。

b. 称取1.598g（准确至1mg）的硝酸铅（先在105℃下干燥2h），放入1000mL容量瓶中，用0.07mol/L盐酸溶液稀释至标线，并充分摇匀。

② 铅标准工作液（100μg/mL）：用移液管移取100mL铅标准储备液于1000mL容量瓶中，用0.07mol/L盐酸溶液稀释至标线，并充分摇匀。此溶液应在当天配制。

（2）镉标准储备液和工作液的配制

① 镉标准储备液（1.00mg/mL）有两种配制方法：

a. 准确称取安瓿瓶标准镉溶液1g移入1000mL容量瓶中，用0.07mol/L盐酸溶液稀释至标线，并充分摇匀。

b. 称取1g（准确至1mg）的规定纯度的水溶性镉盐，放入1000mL容量瓶中，用0.07mol/L盐酸溶液稀释至标线，并充分摇匀。

② 镉标准工作液（10μg/mL）：用移液管移取10mL镉标准储备液于1000mL容量瓶中，用0.07mol/L盐酸溶液稀释至标线，并充分摇匀。此溶液应在当天配制。

（3）铬标准储备液和工作液的配制

① 铬标准储备液（100μg/mL）有两种配制方法：

a. 准确称取安瓿瓶标准铬溶液0.1g移入1000mL容量瓶中，用0.07mol/L盐酸溶液稀释至标线，并充分摇匀。

b. 称取282.9g（准确至0.1mg）干燥的重铬酸钾，放入1000mL容量瓶中，用0.07mol/L盐酸溶液稀释至标线，并充分摇匀。

② 铬标准工作液（10μg/mL）：用移液管移取10mL铬标准储备液于1000mL容量瓶中，用0.07mol/L盐酸溶液稀释至标线，并充分摇匀。此溶液应在当天配制。

4. 可溶性重金属含量的测定

可溶性铅含量的测定按GB/T 9758.1—1988中第3章进行。可溶性镉含量的测定按GB/T 9758.4—1988中第3章进行。可溶性铬含量的测定按GB/T 9758.6—1988进行。可溶性汞含量的测定按GB/T 9758.7—1988进行。

（1）可溶性铅含量的测定

① 标准曲线的绘制

a. 标准系列工作液的配制：用移液管按照表5-6所示的体积数将铅标准工作液分别加入6个100mL的容量瓶中，再分别用0.07mol/L盐酸溶液稀释至标线，并充分摇匀。

表5-6 标准系列工作液的配制

标准系列工作液的编号	铅标准工作液的体积/mL	标准系列工作液中对应的铅的质量浓度/(μg/mL)
0	0.00	0.00
1	2.50	2.50
2	5.00	5.00
3	10.00	10.00
4	20.00	20.00
5	30.00	30.00

b. 光谱测定：将铅的空心阴极灯安装在光谱仪上，使仪器处于最佳条件，将波长调至283.3nm，进行铅的测定。调节空气和乙炔气的流量，并点燃火焰，按照浓度上升的顺序使每个工作液分别进入火焰，记录吸光度的读数值。

c. 标准曲线：以标准系列工作液的铅的质量浓度（以μg/mL计）为横坐标，以相应的吸光度值减去空白试验溶液的吸光度值为纵坐标，绘制曲线。

② 样品溶液的配制：将按照样品处理方法制备好的样品溶液在与测定标准系列工作液相同的条件下进行测定，记录吸光度的读数值。

（2）可溶性镉含量的测定

① 标准曲线的绘制

a. 标准系列工作液的配制：用移液管按照表5-7所示的体积数将镉标准工作液分别加入6个100mL的容量瓶中，再分别用0.07mol/L盐酸溶液稀释至标线，并充分摇匀。

表5-7 标准系列工作液的配制

标准系列工作液的编号	镉标准工作液的体积/mL	标准系列工作液中对应的镉的质量浓度/(μg/mL)
0	0.00	0.00
1	2.50	2.50

续表

标准系列工作液的编号	镉标准工作液的体积/mL	标准系列工作液中对应的镉的质量浓度/(μg/mL)
2	5.00	5.00
3	10.00	10.00
4	20.00	20.00
5	30.00	30.00

b. 光谱测定：将镉的空心阴极灯安装在光谱仪上，使仪器处于最佳条件，将波长调至228.8nm，进行镉的测定。调节空气和乙炔气的流量，并点燃火焰，按照浓度上升的顺序使每个工作液分别进入火焰，记录吸光度的读数值。

c. 标准曲线：以标准系列工作液的镉的质量浓度（以μg/mL计）为横坐标，以相应的吸光度值减去空白试验溶液的吸光度值为纵坐标，绘制曲线。

② 样品溶液的配制：将按照样品处理方法制备好的样品溶液在与测定标准系列工作液相同的条件下进行测定，记录吸光度的读数值。

（3）可溶性铬含量的测定

① 标准曲线的绘制

a. 标准系列工作液的配制：

用移液管按照表5-8所示的体积数将铬标准工作液分别加入6个100mL的容量瓶中，再分别用0.07mol/L盐酸溶液稀释至标线，并充分摇匀。

表5-8　标准系列工作液的配制

标准系列工作液的编号	铬标准工作液的体积/mL	标准系列工作液中对应的铬的质量浓度/(μg/mL)
0	0.00	0.00
1	2.50	2.50
2	5.00	5.00
3	10.00	10.00
4	20.00	20.00
5	30.00	30.00

b. 光谱测定：将铬的空心阴极灯安装在光谱仪上，使仪器处于最佳条件，将波长调至357.9nm，进行铬的测定。调节空气和乙炔气的流量，并点燃火焰，按照浓度上升的顺序使每个工作液分别进入火焰，记录吸光度的读数值。

c. 标准曲线：以标准系列工作液的铬的质量浓度（以μg/mL计）为横坐标，以相应的吸光度值减去空白试验溶液的吸光度值为纵坐标，绘制曲线。

② 样品溶液的配制：将按照样品处理方法制备好的样品溶液在与测定标准系列工作液相同的条件下进行测定，记录吸光度的读数值。

三、结果报告

请如实记录并处理数据（表5-9），报告最终测定结果。

表5-9　重金属含量测定数据记录

项　目	1	2
0.07mol或1mol盐酸溶液的吸光度A_0		
试样中铅的吸光度$A_{铅}$		
试样中镉的吸光度$A_{镉}$		

续表

项　目	1	2
试样中铬的吸光度 $A_{铬}$		
从标准曲线上测得的铅的浓度/(μg/mL)		
从标准曲线上测得的镉的浓度/(μg/mL)		
从标准曲线上测得的铬的浓度/(μg/mL)		
稀释因子 F		
称取的样品质量/g		

思考习题

1. 涂料中可溶性重金属成分的来源可能有哪些？如何降低其存在的可能性？
2. 如何提高涂料中可溶性重金属成分的含量测定的准确度？

任务十　X 射线衍射鉴定掺假钛白粉

任务引导

钛白粉是涂料用重要颜料，其使用中经常发生金红石型钛白粉中掺入锐钛型钛白粉甚至硫酸钡等以次充好的现象。请应用 X 射线衍射仪设计实验方案，对某钛白粉样品进行物相鉴别，做出正确分析；通过项目任务的开展，掌握 X 射线衍射仪的工作原理、基本操作与试验技巧。课前必须预习实验讲义和教材，掌握实验原理等必需知识；根据给定实验样品，设计实验方案，选择样品制备方法、仪器条件参数等；要求实验报告中包括实验原理、实验方案步骤（包括样品制备、实验参数选择、测试、数据处理等）、选择定性分析方法、物相鉴定结果分析等。

根据晶体对 X 射线的衍射特征——衍射线的位置、强度及数量来鉴定结晶物质之物相的方法，就是 X 射线物相分析法。每一种结晶物质都有各自独特的化学组成和晶体结构。没有任何两种物质，它们的晶胞大小、质点种类及其在晶胞中的排列方式是完全一致的。因此，当 X 射线被晶体衍射时，每一种结晶物质都有自己独特的衍射花样，它们的特征可以用各个衍射晶面间距 d 和衍射线的相对强度 I/I_1 来表征。其中晶面间距 d 与晶胞的形状和大小有关，相对强度则与质点的种类及其在晶胞中的位置有关。所以任何一种结晶物质的衍射数据 d 和 I/I_1 是其晶体结构的必然反映，因而可以根据它们来鉴别结晶物质的物相。

一、X 射线衍射仪（XRD）仪器结构

X 射线衍射仪主要由 X 射线发生器（X 射线管）、测角仪、X 射线探测器、计算机控制处理系统等组成。

1. X 射线管

X 射线管主要分密闭式和可拆卸式两种。广泛使用的是密闭式 X 射线管，由阴极灯丝、阳极、聚焦罩等组成，功率大部分在 1～2kW。可拆卸式 X 射线管又称旋转阳极靶，其功率比密闭式大许多倍，一般为 12～60kW。常用的 X 射线靶材有 W、Ag、Mo、Ni、Co、Fe、Cr、Cu 等。X 射线管线焦点为 $1\times10mm^2$，取出角为 3°～6°。

2. 测角仪

测角仪是粉末 X 射线衍射仪的核心部件，主要由索拉光阑、发散狭缝、接收狭缝、防

散射狭缝、样品座及闪烁探测器等组成。

① 衍射仪一般利用线焦点作为X射线源S。如果采用焦斑尺寸为$1\times10mm^2$的常规X射线管，出射角6°时，实际有效焦宽为0.1mm，成为$0.1\times10mm^2$的线状X射线源。

② 从S发射的X射线，其水平方向的发散角被第一个狭缝限制之后，照射试样。这个狭缝称为发散狭缝（DS）（图5-5）。生产厂供给1/6°、1/2°、1°、2°、4°的发散狭缝和测角仪调整用0.05mm宽的狭缝。

③ 从试样上衍射的X射线束，在F处聚焦，放在这个位置的第二个狭缝，称为接收狭缝（RS）。生产厂供给0.15mm、0.3mm、0.6mm宽的接收狭缝。

④ 第三个狭缝防止空气散射等非试样散射X射线进入计数管，称为防散射狭缝（SS）。SS和DS配对，生产厂供给与发散狭缝的发射角相同的防散射狭缝。

⑤ S1、S2称为梭拉狭缝，由一组等间距相互平行的薄金属片组成，它限制入射X射线和衍射线的垂直方向发散。索拉狭缝装在叫作索拉狭缝盒的框架里。这个框架兼作其他狭缝插座用，即插入DS，RS和SS。

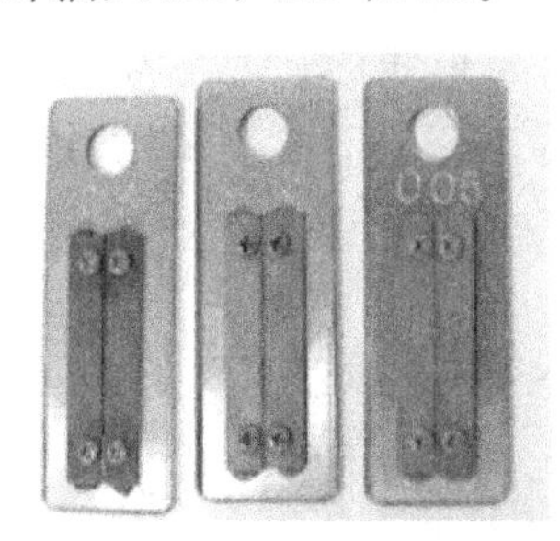
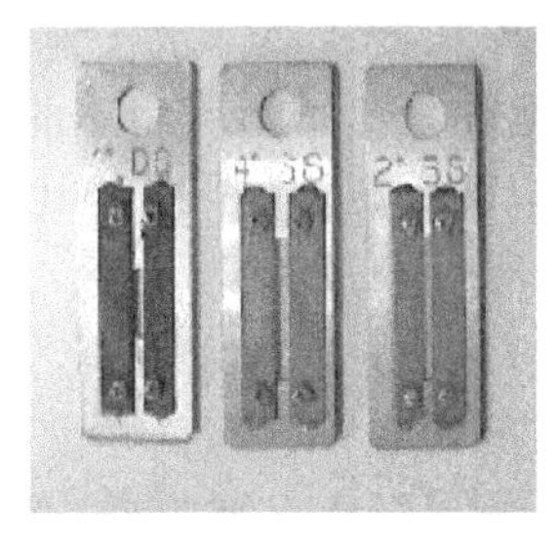

图5-5 RS、DS、SS、滤波片

3. X射线探测器

衍射仪中常用的探测器是闪烁计数器（SC），它是利用X射线能在某些固体物质（磷光体）中产生波长在可见光范围内的荧光，这种荧光再转换为能够测量的电流。由于输出的电流和计数器吸收的X光子能量成正比，因此可以用来测量衍射线的强度。

闪烁计数管的发光体一般是用微量铊活化的碘化钠（NaI）单晶体。这种晶体经X射线激发后发出蓝紫色的光。将这种微弱的光用光电倍增管来放大，发光体的蓝紫色光激发光电倍增管的光电面（光阴极）而发出光电子（一次电子）。光电倍增管电极由10个左右的联极构成，由于一次电子在联极表面上激发二次电子，经联极放大后电子数目按几何级数剧增（约10^6倍），最后输出几毫伏的脉冲。

4. 计算机控制处理系统

D/max-2200衍射仪的主要操作都由计算机控制自动完成，扫描操作完成后，衍射原始数据自动存入计算机硬盘中供数据分析处理。数据分析处理包括平滑点的选择、背底扣除、自动寻峰、*d*值计算、衍射峰强度计算等。

二、测定参数选择方法

1. 阳极靶的选择

选择阳极靶的基本要求：尽可能避免靶材产生的特征X射线激发样品的荧光辐射，以降低衍射花样的背底，使图样清晰。

必须根据试样所含元素的种类来选择最适宜的特征X射线波长（靶）。当X射线的波长稍短于试样成分元素的吸收限时，试样强烈地吸收X射线，并激发产生成分元素的荧光X射线，背底增高。其结果是峰背比（信噪比）P/B低（P为峰强度，B为背底强度），衍射图谱难以分清。

X射线衍射所能测定的 d 值范围，取决于所使用的特征X射线的波长。X射线衍射所需测定的 d 值范围大都在0.1～1nm之间。为了使这一范围内的衍射峰易于分离而被检测，需要选择合适波长的特征X射线。一般测试使用铜靶，但因X射线的波长与试样的吸收有关，可根据试样物质的种类分别选用Co、Fe或Cr靶。此外还可选用钼靶，这是由于钼靶的特征X射线波长较短，穿透能力强，如果希望在低角度处得到高指数晶面衍射峰，或为了减少吸收的影响等，均可选用钼靶。

2. 管电压和管电流的选择

工作电压设定为3～5倍的靶材临界激发电压。选择管电流时功率不能超过X射线管额定功率，较低的管电流可以延长X射线管的寿命。

X射线管经常使用的负荷（管压和管流的乘积）选为最大允许负荷的80%左右。但是，当管压超过激发电压5倍以上时，强度的增加率将下降。所以，在相同负荷下产生X射线时，在管压约为激发电压5倍以内时要优先考虑管压，在更高的管压下其负荷可用管流来调节。靶元素的原子序数越大，激发电压就越高。由于连续X射线的强度与管压的平方成正比，特征X射线与连续X射线的强度之比，随着管压的增加接近一个常数，当管压超过激发电压的4～5倍时反而变小，所以，管压过高，信噪比 P/B 将降低，这是不可取的。

3. 发散狭缝（DS）的选择

发散狭缝（DS）决定了X射线水平方向的发散角，限制试样被X射线照射的面积。如果使用较宽的发散狭缝，X射线强度增加，但在低角度处入射X射线超出试样范围，照射到边上的试样架，出现试样架物质的衍射峰或漫散峰，对定量相分析带来不利的影响。因此有必要按测定目的选择合适的发散狭缝宽度。

生产厂家提供1/6°、1/2°、1°、2°、4°的发散狭缝，通常定性物相分析选用1°发散狭缝，当低角度衍射特别重要时，可以选用1/2°（或1/6°）发散狭缝。

4. 防散射狭缝（SS）的选择

防散射狭缝用来防止空气等物质引起的散射X射线进入探测器，选用SS与DS角度相同。

5. 接收狭缝（RS）的选择

生产厂家提供0.15mm、0.3mm、0.6mm的接收狭缝，接收狭缝的大小影响衍射线的分辨率。接收狭缝越小，分辨率越高，衍射强度越低。通常物相定性分析时使用0.3mm的接收狭缝，精确测定可使用0.15mm的接收狭缝。

6. 滤波片的选择

$Z_{滤} < Z_{靶} - (1\sim2)$

$Z_{靶} < 40$，$Z_{滤} = Z_{靶} - 1$

$Z_{靶} > 40$，$Z_{滤} = Z_{靶} - 2$

7. 扫描范围的确定

不同的测定目的，其扫描范围也不同。当选用Cu靶进行无机化合物的相分析时，扫描范围一般为2°～90°（2θ）；对于高分子，有机化合物的相分析，其扫描范围一般为2°～60°；在定量分析、点阵参数测定时，一般只对欲测衍射峰扫描几度。

8. 扫描速度的确定

常规物相定性分析常采用每分钟2°或4°的扫描速度，在进行点阵参数测定、微量分析或物相定量分析时，常采用每分钟1/2°或1/4°的扫描速度。

三、样品制备方法

1. 粉末样品的制备

粉末样品应有一定的粒度要求，所以，通常将试样研细后使用，可用玛瑙研钵研细。定性分析时粒度应小于 44μm（350 目），定量分析时应将试样研细至 10μm 左右。较方便地确定 10μm 粒度的方法是，用拇指和中指捏住少量粉末，并碾动，两手指间没有颗粒感觉的粒度大致为 10μm。根据粉末的数量，可压在玻璃制的通框或浅框中。压制时一般不加黏结剂，所加压力以使粉末样品粘牢为限，压力过大可能导致颗粒的择优取向。当粉末数量很少时，可在玻璃片上抹上一层凡士林，再将粉末均匀撒上。

常用的粉末样品架为玻璃试样架，在玻璃板上蚀刻出试样填充区（$20\times18mm^2$）。玻璃试样架主要用于粉末试样较少时（约少于 $500m^3$）。充填时，将试样粉末一点一点地放进试样填充区，重复这种操作，使粉末试样在试样架里均匀分布并用玻璃板压平实，要求试样面与玻璃表面齐平。如果试样的量少到不能充分填满试样填充区，可在玻璃试样架凹槽里先滴一薄层用乙酸戊酯稀释的火棉胶溶液，然后将粉末试样撒在上面，待干燥后测试。

2. 块状样品的制备

先将块状样品表面研磨抛光，大小不超过 $20\times18m^2$，然后用橡皮泥将样品粘在铝样品支架上，要求样品表面与铝样品支架表面齐平。

3. 微量样品的制备

取微量样品放入玛瑙研钵中将其研细，然后将研细的样品放在单晶硅样品支架上（切割单晶硅样品支架时使其表面不满足衍射条件），滴数滴无水乙醇使微量样品在单晶硅片上分散均匀，待乙醇完全挥发后即可测试。

4. 薄膜样品的制备

将薄膜样品剪成合适大小，用胶带纸粘在玻璃样品支架上即可。

四、物相定性分析方法

X 射线衍射物相定性分析方法有以下两种：

1. 三强线法

① 从前反射区 $2\theta<90°$ 中选取强度最大的三根线，并使其 d 值按强度递减的次序排列。

② 在数字索引中找到对应的 d_1（最强线的面间距）组。

③ 按次强线的面间距 d_2 找到接近的几列。

④ 检查这几列数据中的第三个 d 值是否与待测样的数据对应，再查看第四至第八强线数据并进行对照，最后从中找出最可能的物相及其卡片号。

⑤ 找出可能的标准卡片，将实验所得 d 及 I/I_1 跟卡片上的数据详细对照，如果完全符合，物相鉴定即告完成。

如果待测样的数据与标准数据不符，则须重新排列组合并重复②～⑤的检索手续。如为多相物质，当找出第一物相之后，可将其线条剔出，并将留下线条的强度重新归一化，再按过程①～⑤进行检索，直到得出正确答案。

2. 特征峰法

对于经常使用的样品，应该充分了解掌握其衍射谱图，可根据其谱图特征进行初步判断。

任务实施

操作 42 X 射线衍射鉴定掺假钛白粉

一、仪器与试剂

X 射线衍射仪；钛白粉样品。

二、操作步骤

1. 开机前的准备和检查

将制备好的试样插入衍射仪样品台，盖上顶盖关闭防护罩；开启水龙头，使冷却水流通；X 光管窗口应关闭，管电流管电压表指示应在最小位置；接通总电源，接通稳压电源。

2. 开机操作

开启衍射仪总电源，启动循环水泵；待数十分钟后，接通 X 光管电源。分步缓慢升高管电压、管电流至需要值。打开 X 射线衍射仪应用软件，设置合适的衍射条件及参数，开始样品测试。

3. 停机操作

测量完毕，缓慢降低管电流、管电压至最小值，关闭 X 光管电源；取出试样；15min 后关闭循环水泵，关闭水源；关闭衍射仪总电源、稳压电源及线路总电源。

4. 数据处理

测试完毕后，可将样品测试数据存入磁盘供随时调出处理。原始数据需经过曲线平滑、K_{a2} 扣除、谱峰寻找等数据处理步骤，最后打印出待分析试样衍射曲线和 d 值、2θ、强度、衍射峰宽等数据供分析鉴定。

三、结果报告

请如实记录数据并处理数据，报告最终测定结果。

思考习题

1. 化学分析是否能鉴别金红石型钛白粉与锐钛型钛白粉？
2. XRD 能不能鉴定物质的元素组成？

任务十一 Zeta 电位仪测定乳液的粒径

任务引导

了解 Zeta 电位仪的结构；掌握 Zeta 电位仪的工作原理；给定实验样品，设计实验方案，做出正确分析。

一、测定原理

通过电化学原理将 Zeta 电位的测量转化成带电粒子淌度的测量，而粒子淌度则是通过动态光散射，运用多普勒效应测得的。

1. Zeta 电位与双电层

粒子表面存在的净电荷影响粒子界面周围区域的离子分布，导致接近表面的抗衡离子

（与粒子电荷相反的离子）浓度增加。于是，每个粒子周围均存在双电层。围绕粒子的液体层存在两部分：一个是内层区，称为 Stern 层，其中离子与粒子紧紧地结合在一起；另一个是外层分散区，其中离子不那么紧密地与粒子相吸附，为扩散层。在扩散层内，有一个抽象边界，在边界内的离子和粒子形成稳定实体。当粒子运动时（如由于重力），在此边界内的离子随着粒子运动，但此边界外的离子不随着粒子运动。这个边界称为流体力学剪切层或滑动面（slippingplane）。在这个边界上存在的电位即称为 Zeta 电位。

2. Zeta 电位与胶体的稳定性（DLVO 理论）

在 1940 年，Derjaguin、Landau、Verway 与 Overbeek 提出了描述胶体稳定性的理论，认为胶体体系的稳定性是当颗粒相互接近时它们之间的双电层互斥力与范德华引力的净结果。此理论提出当颗粒接近时颗粒之间的能量障碍来自互斥力，当颗粒有足够的能量克服此障碍时，引力将使颗粒进一步接近并不可逆地粘在一起。

Zeta 电位可用来作为胶体体系稳定性的指示。如果颗粒带有很多负的或正的电荷，也就是说很高的 Zeta 电位，它们会相互排斥，从而达到整个体系的稳定性；如果颗粒带有很少负的或正的电荷，也就是说它的 Zeta 电位很低，它们会相互吸引，从而达到整个体系的不稳定性。一般来说，Zeta 电位愈高，颗粒的分散体系愈稳定。水相中颗粒分散稳定性的分界线一般认为在＋30mV 或－30mV，如果所有颗粒都带有高于＋30mV 或低于－30mV 的 Zeta 电位，则该分散体系应该比较稳定。

3. 影响 Zeta 电位的因素

分散体系的 Zeta 电位可因下列因素而变化：pH 的变化、溶液电导率的变化、某种特殊添加剂的浓度（如表面活性剂、高分子）。测量一个颗粒的 Zeta 势能根据上述变量的变化可了解产品的稳定性，反过来也可决定生成絮凝的最佳条件。

（1）Zeta 电位与 pH　影响 Zeta 电位最重要的因素是 pH，当谈论 Zeta 电位时，不指明 pH 根本一点意义都没有。假定在悬浮液中有一个带负电的颗粒，假如往这一悬浮液中加入碱性物质，颗粒会得到更多的负电荷；假如往这一悬浮液中加入酸性物质，在一定程度时，颗粒的电荷将会被中和。Zeta 电位对 pH 值作图在低 pH 值处将是正的，在高 pH 值处将是负的，这中间一定有一点会通过零 Zeta 电位，这一点称为等电点，是相当重要的一点，通常在这一点胶体是最不稳定的。

（2）Zeta 电位与电导率　双电层的厚度与溶液中的离子浓度有关，可根据介质的离子强度进行计算，离子强度越高，双电层越压缩。离子的化合价也会影响双电层的厚度，三价离子（Al^{3+}）会比单价离子（Na^{+}）更多地压缩双电层。

无机离子可有两种方法与带电表面相作用：非选择性吸附，对于等电点没有影响；选择性吸附，会改变等电点，即使很低浓度的选择性吸附离子，也会对 Zeta 电位有很大的影响，有时选择性吸附离子甚至会造成颗粒从带负电变成带正电，从带正电变成带负电。

（3）Zeta 电位与添加剂浓度　研究样品中的添加剂浓度对产品 Zeta 电位的影响可为研发稳定配方的产品提供有用的信息，样品中已知杂质对 Zeta 电位的影响可作为研制抗絮凝的产品的有力工具。

4. 带电粒子的动电学效应

表面电荷的存在使得颗粒在一外加电场中呈现某些特殊效应，这些效应总称为动电学效应。根据引入运动的方式，有四种不同的动电学效应：电泳，是指在外加电场中带电颗粒相对于静止悬浮液体的运动；电渗，是指在外加电场中相对于静止带电表面的液体运动；流动电势，是当液体流过静止表面时所产生的电场；沉降电势，是当带电颗粒在静止液体中流动时所产生的电场。

5. Zeta 电位测量理论

在一平行电场中，带电颗粒向相反极性的电极运动，颗粒的运动速度与下列因素有关：电场强度，介质的介电常数，介质的黏度（均为已知参数），Zeta 电位（未知参数）。Zeta 电位与电泳淌度之间由 Henry 方程相连。由 Henry 方程可以看出，只要测得粒子的淌度，查到介质的黏度、介电常数等参数，就可以求得 Zeta 电位。

$$U_E = \frac{2\varepsilon z f(K_a)}{3\eta}$$

式中 z——Zeta 电位；

U_E——电泳淌度；

ε——介电常数；

η——黏度；

$f(K_a)$——Henry 函数。

6. 淌度测量方法

（1）直接观测法 在早期，测量粒子淌度时，是在分散体系两端加上电压，用显微装置观测。

（2）多普勒效应测量法 当测量一个速度为 C、频率为 n_0 的波时，假如波源与探测器之间有一相对运动（速度 v），所测到的波频率将会有一多普勒位移。

在电场作用下运动的粒子，当激光打到粒子上时，散射光频率会有变化。散射光与参考光叠加后频率变化表现得更为直观，更容易观测。将光信号的频率变化与粒子运动速度联系起来，即可测得粒子的淌度。

二、测定方法

1. 实验参数选择

实验前先查知样品介质的黏度、介电常数、折射率等，在测试时输入或选择。

2. 样品制备

样品浓度：每个类型的样品材料，有最佳的样品浓度测量范围。如果样品浓度太低，可能会没有足够的散射光进行测量（除极端情况外，对该仪器来说一般不会发生）。如果样品太浓，那么一个粒子的散射光也会被其他粒子所散射（这称为多重散射）。浓度的上限也要考虑到：在某一浓度以上，由于粒子间相互作用，粒子不再进行自由扩散。

过滤：用于稀释样品的所有液体（分散剂和溶剂），应于使用前过滤，避免污染样品。过滤器的粒径应由样品的估算粒径决定。如果样品是 10nm，那么 50nm 灰尘将是分散剂中的重要污染物。水相分散剂可被 0.2μm 孔径膜过滤，而非极性分散剂可被 10nm 或 20nm 孔径膜过滤。尽可能不过滤样品。过滤膜能通过吸附以及物理过滤消耗样品。只有在溶液中有较大粒径粒子如聚集物时，且它们不是所关心的成分，或可能引起结果改变，才过滤样品。

运用超声波：可使用超声处理除去气泡或破坏聚集物，但是必须谨慎应用，以避免损坏样品中的原有粒子。使用超声的强度和施加时间取决于样品。矿物质如二氧化钛，是通过超声探头进行分散的一个理想的例子，但是某些矿物质，如炭黑的粒径，可能取决于所应用的功率和超声处理时间。超声甚至可使某些矿物质粒子聚集。乳状液和脂质体不得采用超声处理。

任务实施

操作 43　Zeta 电位仪测定乳液的粒径

一、仪器与试剂

Malvern Zetasizer NanoZS90；卷纸、多个注射器（5mL）、多个离心管（用于稀释样品）；乳液样品、超纯水。

二、操作步骤

1. 接通电源插座的电源

将 Zeta 电位仪后面板上的电源开关打开，开启仪器，等待 30min 让激光稳定。

2. 启动 Zetasizer 软件

首先开启仪器，然后启动软件；双击图标 DTS (Nano) 启动软件。

3. 新建 SOP 文件

File→New→SOP...→弹出 New SOP 窗口→点击 Measurement type：选择 Zeta potentiol→填写 sample name→保存→关闭 New SOP 窗口→SOP 文件建立成功。

4. 填充样品池（图 5-6）

用注射器取至少 1mL 样品；将注射器与样品池一端连接；将样品缓慢注射入样品池 1，检查是否除去所有气泡；如果在样品池端口下形成一个气泡，将注射器活塞拉回，使气泡吸回注射器体，再重新注射；一旦样品开始从第二个样品端口冒出，插入塞子；移去注射器，插入第二个塞子 3；在样品池的透明毛细区域，不应看到任何气泡。必要时，轻拍样品池以驱逐气泡。检查样品池电极是否仍然完全被样品淹没。

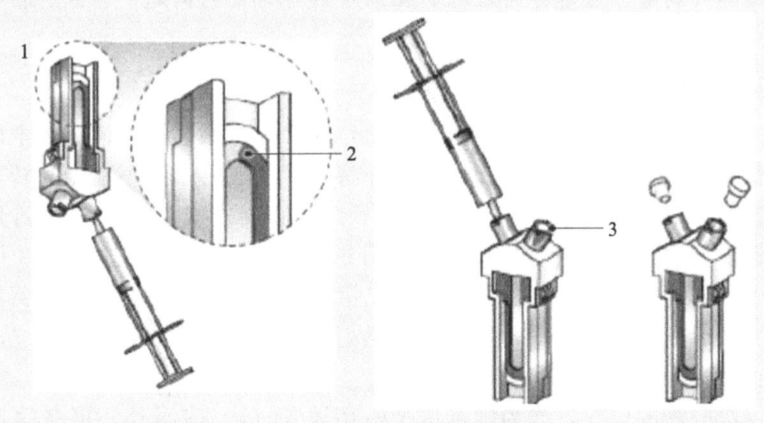

图 5-6　填充样品池示意图

5. 插入样品池

按下样品池盖子前面的按钮，打开样品池区盖子。持样品池顶部并远离下部测量区，将样品池推入样品槽至其停止。关闭样品池区盖子。

6. 测试 Zeta 电位或粒径

进行 Zeta 电位或粒径的测试。

三、注意事项

测量粒径前，需查知样品分散剂的黏度、折射率；用卷纸轻轻点拭样品池外侧水滴，切勿用力擦拭，以防将样品池划伤，如发现样品池有划纹，需更换；手尽量避免触摸样品池下端，否则会影响光路；一定要去除样品池内的气泡；实验室提供的样品池，测量温度不可高于50℃；使用滤纸过滤时，舍去过滤后的第一滴样品，以防滤纸上杂质进入样品池。

测量Zeta电位前，需查知样品分散剂的黏度、折射率、介电常数；用卷纸轻轻点拭样品池外侧水滴，尤其是两个塞子外侧；一定要去除样品池内的气泡，尤其是电极上的气泡；如发现电极变黑，需更换；实验室提供的样品池测量温度不可高于70℃；使用滤纸过滤时，舍去过滤后的第一滴样品，以防滤纸上杂质进入样品池。

四、结果报告

请如实记录数据并处理数据，报告最终测定结果。

思考习题

1. 如何用Zeta电位判断乳液的贮存稳定性？
2. 如何根据测定质量报告确定乳液的最佳测定浓度以及测定试验参数？

任务十二　红外光谱法测定涂料用树脂

任务引导

了解红外光谱在涂料研发中的作用、特点，能理解红外光谱分析原理，向同组成员讲解红外光谱分析的样品制备方法与分析流程，记录讲解中讨论的问题，尝试解答并记录提交课程网站。

一、红外光谱分析基本原理

样品受到一束具有连续波长（频率连续变化）的红外光照射时，该样品中的分子就要吸收其中一定波长（一些频率）的红外光辐射，并将其转变成分子的振动能和转动能，从而引起分子振动或转动，引起偶极矩的净变化，使分子的振-转能级从基态跃迁到激发态，相应于这些区域的透射光强减弱。通过仪器记录百分透过率 T 对波数或波长的变化曲线，即得到该样品中分子的红外吸收光谱图。红外吸收光谱常用坐标曲线表示法，得到物质对红外光的吸收程度与波数或波长的关系图，多用百分透射率与波数 T-σ 曲线（图5-7）或百分透射率与波长 T-λ 曲线来表示。

横坐标表示吸收峰的位置，作为度量单位除用波长（λ）表示外，更多的是用波数（σ）来表示。波数（σ）代表每厘米长光波中波的数目，用 cm^{-1} 表示。波数从左到右逐渐下降，波长则相反，从左到右逐渐增大。纵坐标表示吸收峰的强弱，用百分透射率（T）或吸光度（A）作为度量单位，因而吸收峰向下，向上则为谷。吸收峰的强弱一般可定性分为很强（vs）、强（s）、中等（m）、弱（w）、很弱（vw）等程度。波数（σ）与波长（λ）的关系为：$\sigma\ (cm^{-1}) = 10^4/\lambda\ (\mu m)$。由于 T-σ 曲线表示法采用波数为横坐标，与能量（$E = h\upsilon = hc\sigma$）有正比关系，所以目前用得最多的是波数单位。

红外光谱图可以用峰位、峰数、峰形、峰强来描述，可提供吸收峰的数目、吸收峰的位置（σ）、吸收峰强度（透光率）等三方面的信息。要注意的是，在对照光谱图时要看清楚红外谱图到底是 T-σ 曲线还是 T-λ 曲线，因为同一种物质的 T-σ 曲线或 T-λ 曲线光谱图外貌不尽相同，很容易误认为是不同化合物的光谱图。

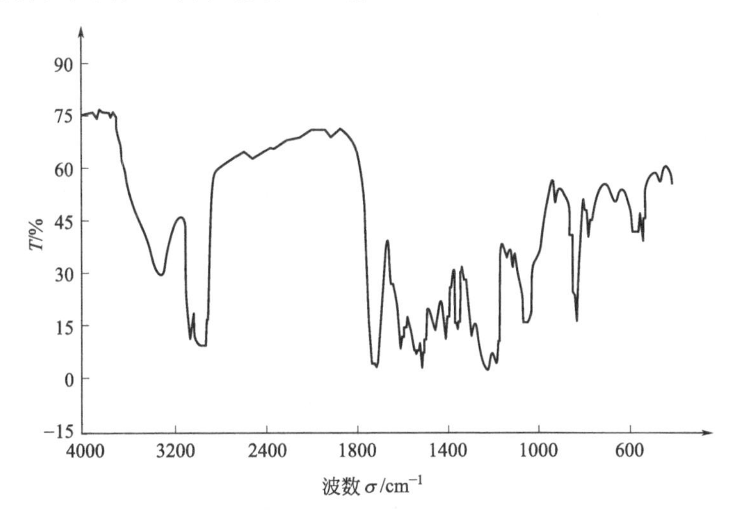

图 5-7 聚醚型水性聚氨酯的红外谱图 T-σ 曲线

二、红外光谱分析的优缺点

红外光谱法不受样品相态的限制、不破坏样品、操作简便、测定快速、样品用量少。无论样品是固体、液体还是气体，是纯物质还是混合物，是有机物、无机物，还是金属有机化合物组合物，都可以直接进行红外分析测定，甚至对一些表面涂层和不溶或不熔融的弹性体也可直接获得其光谱进行鉴定。制样简单，样品可以回收。分析时间短，一般来说，包括制样时间在内，一般十来分钟就可以完成红外光谱测试工作，解析谱图时还可以进行计算机检索谱图，谱图匹配时间短，工作效率高。样品用量少，仅需几微克至几毫克，如果采用红外显微镜等附件，只需几十微克就可进行检测。

红外光谱定量分析的误差较大，分析灵敏度较低，难度也较大，所以实际应用不多。同时，有些物质不能产生红外吸收峰，旋光异构体以及不同分子量的同一种高聚物等均不能用红外光谱法进行鉴别。此外，红外吸收光谱图上有一些吸收峰不能做出理论解释，可能干扰分析测定。

三、分子结构与红外光谱的关系

1. 特征峰与相关峰

多原子分子的红外光谱与其结构的关系，一般通过实验手段获得。通过比较大量已知化合物的红外光谱，从中总结出各种基团的吸收规律。人们从大量化合物的红外光谱研究中发现：不同的化合物分子中的同种基团，如 O—H、N—H、C—H、C ═C、C ═O 和 C ≡ C 等，都有自己特定的红外吸收区域，都在一定的波长范围内显示其特征吸收，吸收位置受分子其余部分的影响较小。通常把这种出现在一定位置，能代表某种基团的存在，并具有较高强度的吸收谱带称为基团的特征吸收带，吸收系数最大值所对应的波数称为基团频率或特征吸收频率，其所在的位置一般又称为特征吸收峰。

红外光谱的最大特点是有特征性，这种特征性与化合物的化学键即基团结构有关，吸收峰的位置、强度取决于分子中各基团的振动形式和所处的化学环境（分子其余部分）。不同的化学键，强度不同，即便是振动形式相同，吸收频率也不同，同一基团基本上是相对稳定地在某一特定范围内出现吸收。因此，只要掌握了各种基团的振动频率及其位移规律，就可以应用化合物的红外光谱特征吸收峰来检定化合物中存在的基团及其在分子中的相对位置。

同一个官能团除了有特征峰外，还有许多其他各种振动形式的吸收峰，这些相互依存佐证的吸收峰称为相关峰。

2. 官能团区与指纹区

并不是所有的振动都能在红外光谱中产生吸收带，但分子量较高的化合物的红外光谱通常包括几十个吸收带，所以红外光谱往往较为复杂。大量的有机化合物的红外光谱表明，同一种化学键的基团在不同的化合物中的红外光谱吸收峰的位置大致相同。这一性质给人们提供了鉴定各种官能团是否存在的判断依据，成为红外光谱定性分析的基础。各类有机化合物的红外特征吸收峰均有专门的手册可供查阅。为便于光谱解析，红外吸收光谱通常被划为官能团区（4000～1300cm^{-1}）和指纹区（1300～650cm^{-1}）。

官能团区是各基团的特征吸收带，又称为特征区或特征吸收区，常用来鉴定官能团。官能团区常分为以下四个波段：X—H 伸缩振动区（4000～2500cm^{-1}）、三键及累积双键区（2500～2000cm^{-1}）、双键伸缩振动区（2000～1500cm^{-1}）、X－H 弯曲振动区（1500～1300cm^{-1}）。指纹区（1300～650cm^{-1}）吸收峰大多由 C—C、C—O、C—X 单键的伸缩振动以及分子骨架中多数基团的弯曲振动所引起，此类吸收变动较大，特征性较差，但它受分子结构影响十分敏感，任何细微的差别都会引起光谱明显的改变，如同人的指纹一样，所以，指纹区常用来分析基团的环境和鉴定同分异构体。

3. 常见官能团的特征吸收频率

4000～2500cm^{-1}是 X—H（X＝C，N，O，S 等）的伸缩振动区。羟基的吸收出现在3600～2500cm^{-1}。游离氢键的羟基在3600cm^{-1}附近，为中等强度的尖峰。形成氢键后键力常数减小，移向低波数，因此产生宽而强的吸收。一般羧酸羟基的吸收频率低于醇和酚，可从3600cm^{-1}移至2500cm^{-1}，并为宽而强的吸收。需注意的是，水分子在3300cm^{-1}附近有吸收。样品或用于压片的溴化钾晶体含有微量水分时会在该处出峰。C—H 吸收出现在3000cm^{-1}附近。不饱和 C—H 在＞3000cm^{-1}处出峰，饱和 C—H（三元环除外）出现在＜3000cm^{-1}处。CH_3 有两个明显的吸收带，出现在2962cm^{-1}和2872cm^{-1}处。前者对应于反对称伸缩振动，后者对应于对称伸缩振动。分子中甲基数目多时，上述位置呈现强吸收峰。CH_2 的反对称伸缩和对称伸缩振动分别出现在2926cm^{-1}和2853cm^{-1}处。脂肪族以及无扭曲的脂环族化合物的这两个吸收带的位置变化在10cm^{-1}以内。一部分扭曲的脂环族化合物其 CH_2 吸收频率增大。N—H 吸收出现在3500～3300cm^{-1}，为中等强度的尖峰。伯胺基因有两个 N—H 键，具有对称和反对称伸缩振动，因此有两个吸收峰。仲胺基团有一个吸收峰，叔胺基团无 N—H 吸收。

2500～2000cm^{-1}是三键和累积双键的伸缩振动区，此区间包含 C≡C、C≡N 以及 C═C═C 等的吸收。CO_2 的吸收在2300cm^{-1}左右。除此之外，此区间的任何小的吸收峰都提供了结构信息。

2000～1500cm^{-1}一般为双键伸缩振动区，是红外光谱中很重要的区域。羰基的吸收一般为最强峰或次强峰，出现在1760～1690cm^{-1}内，受与羰基相连的基团影响，会移向高波数或低波数。芳香族化合物环内碳原子间伸缩振动引起的环的骨架振动有特征吸收峰，分别出现在1600～1585cm^{-1}及1500～1400cm^{-1}。因环上取代基的不同吸收峰有所差异，一般出现两个吸收峰。杂芳环和芳香单环、多环化合物的骨架振动相似。烯烃类化合物的 C═C 振动出现在1667～1640cm^{-1}，为中等强度或弱的吸收峰。

1500～1300cm^{-1}区主要提供了 C—H 弯曲振动的信息。CH_3 在1375cm^{-1}和1450cm^{-1}附近同时有吸收，分别对应于 CH_3 的对称弯曲振动和反对称弯曲振动。前者当甲基与其他碳原子相连时吸收峰位几乎不变，吸收强度大于 $1450cm^{-1}$ 的反对称弯曲振动和 CH_2 的剪式弯曲振动。$1450cm^{-1}$ 的吸收峰一般与 CH_2 的剪式弯曲振动峰重合。但戊酮-3 的两组峰区分得很好，这是由于 CH_2 与羰基相连，其剪式弯曲吸收带移向 $1439\sim1399cm^{-1}$ 的低波数并且强度增大。CH_2 的剪式弯曲振动出现在 $1465cm^{-1}$，吸收峰位几乎不变。

两个甲基连在同一碳原子上的偕二甲基有特征吸收峰。如异丙基 $(CH_3)_2CH$—在 $1385\sim1380cm^{-1}$ 和 $1370\sim1365cm^{-1}$ 有两个同样强度的吸收峰（即原 $1375cm^{-1}$ 的吸收峰分叉）。叔丁基［$(CH_3)_3C$—］$1375cm^{-1}$ 的吸收峰也分叉（$1395\sim1385cm^{-1}$ 和 $1370cm^{-1}$ 附近），但低波数的吸收峰强度大于高波数的吸收峰。分叉的原因在于两个甲基同时连在同一碳原子上，因此有同位相和反位相的对称弯曲振动的相互耦合。

$1300\sim910cm^{-1}$ 为单键伸缩振动区。C—O 单键振动在 $1300\sim1050cm^{-1}$，如醇、酚、醚、羧酸、酯等，为强吸收峰。醇在 $1100\sim1050cm^{-1}$ 有强吸收，酚在 $1250\sim1100cm^{-1}$ 有强吸收；酯在此区间有两组吸收峰，为 $1240\sim1160cm^{-1}$（反对称）和 $1160\sim1050cm^{-1}$（对称）。C—C、C—X（卤素）等也在此区间出峰。将此区域的吸收峰与其他区间的吸收峰一起对照，在谱图解析时很有用。

$910cm^{-1}$ 以下为苯环面外弯曲振动、环弯曲振动出现的区域。如果在此区间内无强吸收峰，一般表示无芳香族化合物。此区域的吸收峰常常与环的取代位置有关。需注意的是，特征吸收峰中苯环的取代位置对于烷基取代苯比较准确。但对于极性基团取代苯，如硝基苯、芳香羧酸的酯或酰胺等会有较大变化，解析时应注意。

四、红外光谱分析在涂料分析中的应用

红外光谱最重要的应用是中红外区有机化合物的结构鉴定。通过与标准谱图比较，可以确定化合物的结构；对于未知样品，通过官能团、顺反异构、取代基位置、氢键结合以及络合物的形成等结构信息可以推测结构。在实际工作中接触到的各种各样漆膜、色漆、树脂、助剂和添加剂的官能团分析、未知物的结构测定、化学反应监视、物质纯度检查、未知物剖析中，红外光谱法发挥着重要的作用，广泛用于鉴定化合物的化学结构、定量分析混合物中各组分的含量。

涂料用原料用红外法进行定性鉴定很可靠，因为任何物质的红外吸收光谱图不因仪器和实验室不同而改变，所以常用作定性分析。如钛白粉、碳酸钙和碳酸镁粉料等涂料原材料都可以用它们的红外吸收谱图进行纯度鉴定。同时，红外法在开发新产品时，可跟踪官能团的变化，来指导工艺配方和合成条件，为选择最佳配方、确定最佳工艺路线提供可靠的依据，如可用红外光谱法跟踪分析聚氨酯、环氧、丙烯酸等涂料的固化机理，由 NCO—和 OH—基团的变化来判断聚氨酯涂料的固化条件和固化时间，由 OH—基团的变化可推断出环氧树脂的固化历程。此外，红外光谱法还可以研究聚合物结构，测定聚合物结晶度、立构规整度、取向，研究聚合物力学性能。

此外，红外吸收光谱法广泛应用于高分子材料、矿物、食品、环境、纤维、染料、黏合剂、油漆、毒物、药物、皮革、造纸、医学、硅酸盐、食品发酵、生物代谢、石油化工等领域，已成为现代结构化学、分析化学最常用的不可缺少的工具，是鉴定化合物及其结构的重要方法之一，在未知化合物剖析方面具有独到之处。

任务实施

操作 44　红外光谱法测定涂料用树脂

一、仪器与试剂

傅里叶变换红外光谱仪；压片机；红外灯；玛瑙研钵；光谱纯溴化钾；涂料用树脂。

二、操作步骤

1. 制备样品

红外光谱能测定固、液、气态样品。红外光谱技术分析样品的主要步骤为样品处理、仪器操作、谱图解析。三者相互依存，互相关联。其中样品处理技术是前提，它的好坏影响到谱图的质量及解析的正确性。样品处理技术又可分为薄膜法、压片法、溶液法、切片法和热解法。对不同的样品固体、液体、气体或纯物质和混合物，其前处理的方法均不同，应视样品的具体情况而定。

(1) 液体样品处理技术　对于沸点较高的试样，可直接滴在两块盐片之间形成液膜(液膜法)；对于沸点较低，挥发性较大的试样，可注入封闭液体池中，液层厚度一般为0.01～1mm。液体池的透光面通常也是由NaCl或KBr等晶体制成的。常用的液体池有两种，即厚度一定的固体池和可以自由改变厚度的可拆池。液体样品可滴在可拆池两窗之间形成薄的液膜进行测定。在制备液体样品时，要求溶剂在一定范围内无红外吸收，常用的溶剂有CS_2、CCl_4、$CHCl_3$等。测定时需注意不要让气泡混入，螺钉不应拧得过紧以免窗板破裂。使用以后要立即拆除，用脱脂棉沾氯仿、丙酮擦净。

(2) 固定样品压片法　通常将300mg光谱纯的KBr粉末与0.5～3mg固体样品在玛瑙研钵中共同研磨均匀，再加入100～200mg磨细干燥的KBr或KCl粉末，混合均匀后，加入压模内，在压力机中边抽气边加压，制成一定直径约1mm厚的透明薄片，然后将此薄片放在仪器光路中进行测定。由于KBr在400～4000cm^{-1}光区内无吸收，故可得到全波段的红外光谱图。当然，固体样品也可以用适当的溶剂溶解后注入固定池中进行测定。

红外压片法制样时要注意，要将粉末充分研磨到2μm以下，这是用溴化钾压片法做精确的定量分析的基本要求，即要求粉末颗粒尺寸要小于使用的辐射波长，以消除克里斯蒂滤光效应。颗粒大小与红外波长相当时，散射很厉害。因为中红外光波长从2.5μm开始，2μm相当于5000cm^{-1}，只影响近红外区。

红外压片质量不正常时，如果透过片子看远距离物体透光性差，有光散射或有不规则疙瘩斑，则可能是由KBr粉末引起的，可能是因为KBr中混有其他碱金属卤化物或KBr受潮或结块。此时，应选用纯的KBr，并进行干燥。如果片子出现许多白色斑点，其余部分清晰透明；不规则疙瘩或全部呈云雾状浑浊，呈半透明或云雾状浑浊等现象，则可能是由于研磨不均，有少量粗粒或样品受潮甚至样品本身性质之故。此时应重新研磨，使干燥或抽真空时间长些或选用其他制样方法。如果整个片子不透明或刚压好片子很透明，但几分钟后出现不规则云雾状浑浊或片子中心出现云雾状，这是由压片技术引起的。主要原因是压力不够，加上分散不好，抽真空不够，砧空或压舌面不平整等。此时应重新研磨，检查真空度，延长抽真空时间，调换新的或重抛砧空或压舌面。

2. 测定分析

打开主机电源，打开电脑，双击FT-IR软件，进行联机，联机成功后，检查与设置光学台参数，打开红外光源，将试样插入样品架，按指定次数对样品、背景依次进行扫描，保存谱图。测试完成后，首先应关闭红外光源，退出FT-IR软件，关闭电脑，最后关闭主机电源。

红外光谱法的特点是能显示化合物官能团的吸收，特别适用于纯化合物。而色漆，由于其组成复杂，一直是鉴定工作中的难点。因此，对色漆采用的分离方法十分重要，需结合样品的性状、用途和其他初步试验方法，综合运用，这样才比较有效。

水性乳胶漆，由于其中的水分对盐片有潮解作用，不能采用直接涂片法测定，一般是先除去水分。常用流延法处理样品，即把样品放在载玻片上流延烘干成膜进行测定。例如乙酸乙烯酯、丙烯酸酯以及它们的共聚物，用此法鉴定样品既方便又快速。对用流延法不能成膜的样品，可取其主体，用裂解法、热熔法涂片，或用压片等方法处理后，再行测定。

例如，有一日本进口的异氰酸酯样品，谱图检索结果为HDI三聚体，但在862cm^{-1}、771cm^{-1}和729cm^{-1}处的峰与HDI三聚体标准谱图比较，吸收要强些。三聚体是属于脂肪族的，而这些峰却是苯环上取代峰的特征吸收，说明有芳香族结构存在。据介绍，为提高产品的工艺性能，国外用一种HDI三聚体与TDI嵌段共聚物来代替纯的HDI三聚体。因此，出现的芳香族吸收峰属于TDI的特征吸收。所以，对结构的微小差别也要加以重视，仔细研究，这样可以提供更详细的信息。

一种船舶防腐漆，是单组分的绿色色漆，发射光谱显示其中含有锡等，需了解该色漆的大致组成。将样品直接涂片扫描，显示含有硅酸铝、碳酸钙等填料和丙烯酸酯类树脂，但峰形互相重叠，干扰判断。溶剂萃取分离后，得到的谱图证明有上述成分。在得到的基料谱图中，多出的吸收峰1646cm^{-1}、786cm^{-1}、750cm^{-1}、698cm^{-1}无法解释其归属。1646cm^{-1}，是有机锡单元的自身配位，786cm^{-1}、750cm^{-1}、698cm^{-1}为三苯基结构，该防腐剂可能有甲基丙烯酸三苯基锡酯。

几种常用涂料树脂的红外光谱特征见表5-10。

表5-10　几种常用涂料树脂的红外光谱特征

名称	红外特征吸收/cm^{-1}
醇酸树脂涂料	1740,1651,1580(w),1450(w),1380,1260,1140,1071
硝基涂料	1730,1650,1460,1380,1275,1130,1070,830,740
氨基树脂涂料	1740,1550,1460,1380,1280～1260,1130,1080,812
丙烯酸涂料	1730,1550,1380,1170,720,1495～1453
聚氨酯涂料	3300,1730,1540～1530,1226,1070
环氧树脂涂料	1510,1245～1530,1226,1070
有机硅涂料	1260,1140～1130(vs),1090～1020,800
不饱和聚酯涂料	3500～2850(w),1650～1600,1465,900～740

涂料中常见无机填料和颜料的红外光谱特征见表5-11。

表5-11　涂料中常见无机填料和颜料的红外光谱特征

名称	红外特征吸收/cm^{-1}	名称	红外特征吸收/cm^{-1}
氧化铁绿	1479～1420,907,875,800	氧化铁红	3120,900,790,600
浅铬绿	2080,850,620,590,490	铁蓝	2080,1414,605,498
钛白粉	700～500	锌钡白	1185～1134,1070,985,635,610
碳酸钙	1520～1410,878,714	滑石粉	1100～1000,672～600,450
碳酸镁	3500～3440,1515,1480,1423	石膏粉	3000,1620,1160～1100,1010,752,600
硫酸镁	1480～1420,580	胶质钙	1500～1410,876,713
硫酸钡	1190～1070,985,635,610	偏硼酸钡	3500～3000,1085～965,720(557)
氧化锌	1180,1077,500	氧化镁	1515,1480,1424
磷酸锌	3400～3100,1640,1107,1021,953,639		

三、注意事项

① 保持室内环境相对湿度在50%以下。KBr窗片和分束器很容易吸潮，为防止潮解，务必保持室内干燥。同时操作的人员不宜太多，以防人呼出的水汽和CO_2影响仪器的工作。

② 维持室内温度相对稳定。温差变化太大，也容易造成水汽在窗片上凝结。

③ 如果条件允许，建议定期对仪器用N_2进行吹扫。尽量不要搬动仪器，防止精密仪器的剧烈振动。

四、结果报告

请将某指定类型涂料树脂的红外分析结果提交微知库课程网站。

思考习题

1. 用红外光谱分析涂料产品时为什么要选择合适的样品制备方法？
2. 如何避免环境中水分对测定结果的干扰？

项目六
未知涂料样品剖析

项目引导

请和你的项目组成员一起讨论未知涂料样品剖析的作用、特点，能理解样品剖析的思路与程序，掌握未知物样品剖析的方法步骤，能从每一步分析试验结果得到有用的信息。能设计某指定类型涂料的剖析程序，记录实践中发现的问题，尝试小组讨论、分析解答并记录提交课程网站。

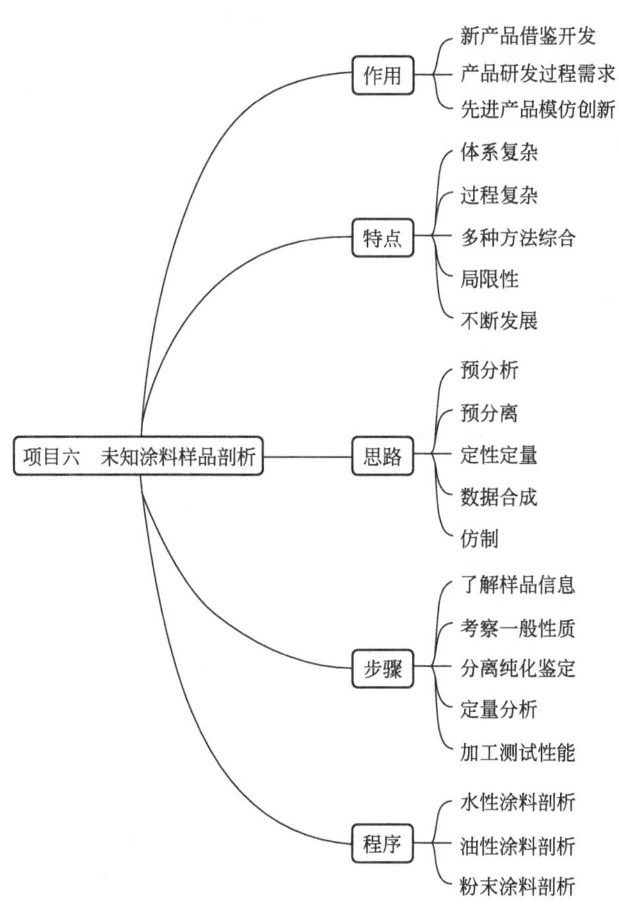

任务一 了解未知物样品剖析

任务引导

了解未知物样品剖析的作用、特点，能理解样品剖析的思路与程序，向同组成员讲解涂料的一般剖析程序，记录讲解中讨论的问题，尝试解答并记录提交课程网站。

未知物样品剖析（analyses methods of unknown sample）又叫作综合分析，它是从未知物的剖析需求出发，综合考虑并采取不同的分离、提纯的物理、化学的技术和方法，将未知物样品中的各个组分分离开并进行纯化，再采用不同的分析仪器设备，通过多种化学或物理分析测试手段的综合运用，对未知物质的化学成分进行分析、鉴定，并最终对未知样品中组分定量和定性的分析工作，它是与合成、加工及应用研究密切相关的一门交叉学科，是与科学和生产实践关系紧密的一种分析技术。

未知物样品剖析这项工作需要完备的分析测试设备与手段，包括核磁共振波谱仪、红外光谱仪、红外光谱-气相色谱联用仪、气相色谱-质谱联用仪、液相色谱-质谱联用仪等高精尖设备，并且需要分析技术人员有丰富的理论知识和实践经验。对于复杂的多元体系的化学品，要对其中的成分和结构进行综合分析，实际上已超出了经典分析化学定性和定量分析的范围，它已成为分析科学中的一个分支。它不但要求剖析工作者具备深厚的化学基础、分离技术、化学分析技术，更重要的是要具备多种现代仪器分析（NMR、MS、IR、UV、GC、GC-MS、HPLC、HPLC-MS、X-Ray 等）技术以及对这些技术的灵活运用和综合分析的能力。丰富的剖析经验往往是使剖析工作顺利准确进行的重要条件之一。训练有素的化学剖析专家，对不同性状和不同来源的化学品有各自独特的样品处理方法和分析步骤，在很多情况下也可以不经过细致分离就可以进行剖析，这得益于其对混合物多种波谱的综合分析能力，这往往起到事半功倍的效果。许多年来，国内外的一些专家、学者在化学工业中的精细化工类产品的开发研究中发表了许多相关的研究报告，如，对引进的高温涂料及高分子材料进行组分分析和结构鉴定，提供与创新研究相结合的相关资料和数据。

一、样品剖析的应用

1. 与产品开发相关的剖析

① 新产品研发。剖析工作与新产品的开发密切相关，是发展新品种和新材料的好途径。不少研究者进行新产品研发过程中要查阅很多中外文献，这当然是必要的，但专利文献所公开的内容和其最新产品往往存在一定的差距，通常其技术秘密在文献中也有所保留，但他们的产品是其技术先进性的集中表现，直接剖析产品，进行借鉴，加上自己的创造，避开知识产权，不失为一种新产品研发的捷径。在新产品的开发与国产化研究过程中，根据剖析给出的结构和组成信息，再通过自己的合成与加工工艺研究，一项新产品就可能产生了。

② 在产品开发过程中进行样品剖析，可以了解产品开发过程中出现的各种问题。通过合成、加工以及试制品的应用性能评价，又可进一步检验剖析研究提供的信息是否准确，剖析结果是否有错误和遗漏，必要时还需对样品进行再一次剖析。如我国的一些染料新品种就是在剖析基础上研制成功的。

③ 了解国内外同类产品的最新进展，跟进国内外的先进技术。现代市场竞争日趋激烈，企业需要通过各种途径获取市场信息。当自己企业的产品和国内外同行业产品同类时，密切注视同行业的产品的技术动向是一件重要的工作，知己知彼，百战百胜，道理自在其中。剖

析工作以最快的方式获得先进技术的第一手信息，可为决策者提供依据，是企业掌握产品信息、开发新产品的一条捷径。在一些大的公司内，常用剖析技术密切注视市场最新产品的结构和成分信息，了解同行的研究动向、最新技术成就，以确定自己的研究方向。

④ 产品的直接仿制。根据市场情况，直接取市场上流通的优质产品及竞争产品等进行剖析，是直接仿制化学产品的捷径，它使仿制的投入少、周期短、见效快，这已成为不争的事实。如日本的科技进步主要靠的就是剖析世界同行业最优质产品，以获得先进技术。当然仿制要注意知识产权问题，如何规避，也有一些技术创新的问题。

剖析者在分析前对样品的来龙去脉和目的意义弄清楚后，就可积极主动地设计一些实验方法，来捕捉和考证某些特别信息，一些最重要的结论可能就会把握在剖析者的手中，再通过合成、加工和应用性能测试研究，就可能产生新产品，从而使剖析者成为新产品开发积极的参与者和成果拥有者。

2. 在商品质量检验中的剖析

流通领域中的假冒伪劣商品一直困扰着人们，借助于剖析技术可识别各种货物的品质与真伪。可以说，剖析是鉴别假冒伪劣商品的有效途径之一。如对外来原料的分析可知其质量的高低，对库存原料的分析可知其贮存情况等；通过剖析可发现用工业酒精勾兑的白酒、掺了敌敌畏的“茅台酒”等，发现掺了回收废旧塑料的聚乙烯，造成加工材料的强度下降等；通过剖析还可及时发现自己的专利是否受到他人的侵权，并可为知识产权的纠纷提供最可靠的法律证据。如在打假过程中，有些制假贩假者，企图将假货当作不合格正品退还给厂商，从中牟利。通过样品剖析，可以发现假货与正品在关键成分上的重大差别，从而有力地回击了制假贩假者，避免了经济损失。

3. 在环境污染物鉴定中的剖析

在环境污染物的鉴定与治理中，利用剖析技术对污染物的种类进行定性鉴别，一方面可以了解环境的污染程度，另一方面还可以追溯污染物的来源，从而做到从污染源头上进行治理与控制。

二、样品剖析的特点

1. 样品体系、剖析过程复杂

随用途不同，样品成分的多样性和化学结构的复杂性决定着剖析工作的复杂程度。样品剖析的对象是复杂体系，是现代分析科学中最困难的分析。

剖析的样品涉及材料科学、环境科学、生命科学、能源科学等很多领域，样品组分多，有无机化合物和有机化合物，又有高分子、大分子与小分子共存，甚至生命物质与非生命物质共存于一体。组分的多寡往往是剖析难易的关键，单就对多成分样品进行分离来说就是一个复杂的工作，再加上定性、定量和结构鉴定，说它是一个系统工程并不过分。

样品中各组分的含量相差悬殊，有的常量，有的微量，有的痕量。在很多情况下，人们通常对样品中的微量组分和痕量组分比较感兴趣，剖析的目的组分不是含量最高的成分，而是少量和微量的物质，显然这种剖析工作的难度要大一些。有些样品本身容易发生变化，增加了样品剖析的难度。

剖析工作通常包含样品中各组分的分离纯化过程、各组分的定性定量及结构鉴定过程，还包括对推测的结构进行合成、加工及性能评价过程，因此，整个剖析过程既是把分离分析、结构分析与成分分析相结合的一门综合分析技术，又是把分析信息与合成加工及应用技术紧密结合的一项系统工程。

2. 分析方法多种综合

要提供复杂体系的样品全面准确的结构表征与成分表征信息，采用简单的分析方法和操作过程是解决不了问题的，几乎要用到全部的现代分析方法才能较为圆满地完成一个复杂体系样品的全分析。

现代分析科学领域中的许多分析方法，如元素分析、结构分析、成分分析、无机分析、有机分析、生化分析等方法和仪器，都可能被剖析工作所利用。熟悉和采用最新的分析仪器和方法，提供更丰富、更准确的结构与成分信息，是提高剖析工作效率和准确性的重要措施。完善的仪器设备和综合分析能力是做好剖析工作的重要基础。

3. 有局限性

样品剖析的作用不言而喻，但剖析也并非万能的，不是什么东西都能剖析，也不是任何样品都可准确剖析，剖析也会遇到解决不了的复杂体系分离和复杂结构鉴定的难题。在实践中发现，人工合成或复配的产品容易剖析，而天然产品的剖析难度就很大。在剖析研究中也没有常胜将军，任何高明的剖析专家也会遇到解决不了的复杂体系分离和复杂结构鉴定的难题。即使剖析结果很完整、很成功，也可能无法制成预期性能的产品。这可能是因为：

第一，剖析的样品中某些关键组分由于在合成、加工或贮存过程中发生了变化或完全消失，已很难从产品中获得准确信息。

第二，由于剖析技术与水平所限，某些微量组分可能在分离中丢失或得到的纯品纯度不够，提供信息不够准确，导致结论有误，或是采用仪器方法的灵敏度、精确度不够高，给出的结果不够全面。

第三，许多产品的性能还受其合成、加工工艺的限制，如聚合物的结构规整度、支化度、分子量分布、结晶状态以及加入助剂在整体中的分布等对材料的性质均有很大影响。而这些结构信息很难通过剖析研究全部弄清。所以，在一些新材料研制中仅靠剖析技术是不够的，还必须发挥多学科的综合作用。

在实际剖析过程中，往往是根据现有的仪器设备条件，结合多种分离鉴定方法，首先考虑的是样品的可能成分，然后选择适当的方法分离、提纯和鉴定，有仪器的尽量使用仪器，因为仪器分析一般较化学分析要快速，并可减少很多人为误差，即使这样，也常需要化学方法进行辅助鉴定。

三、样品剖析的发展

进行剖析越来越凭借先进的仪器设备，现在已出现了具有测量、计算、分析相统一，同时可提供参考工艺、配方等的多功能仪器设备。今后的剖析将充分借助于人类文明的优秀成果，分离、提纯、制备、鉴定、产品开发相结合，朝高速、高效、智能化发展。

任务实施

操作 45 了解未知样品剖析

一、仪器与试剂

TLC，GC，LC，UV，IR，NMR，MS，SEM，AES，XPS，XRD，IC，GC-MS，HPLC，HPLC-MS，X-Ray 等等。

二、操作步骤

1. 了解样品剖析基本思路

首先对未知样品进行初步分析鉴定（目测、试验等），然后根据需要，利用未知样品组分化学和物理性质上的差异进行分类，结合化学、物理的分离技术，不同分析仪器以及计算机软件系统，然后进行预分离、分离、纯化，将未知样品的各个组成逐一分离开，再用各种分析方法和精密大型分析仪器进行定性、定量分析，最后根据分析得到的各种数据进行合成、仿制或创新。

2. 制定样品剖析程序

在剖析工作开始前设计未知样品剖析程序可以大大改善未知样品分离、鉴定过程的选择性、通用性，可缩短剖析时间，减少盲目性，提高分析鉴定的准确性和可靠性。图 6-1 是样品剖析的一般程序。

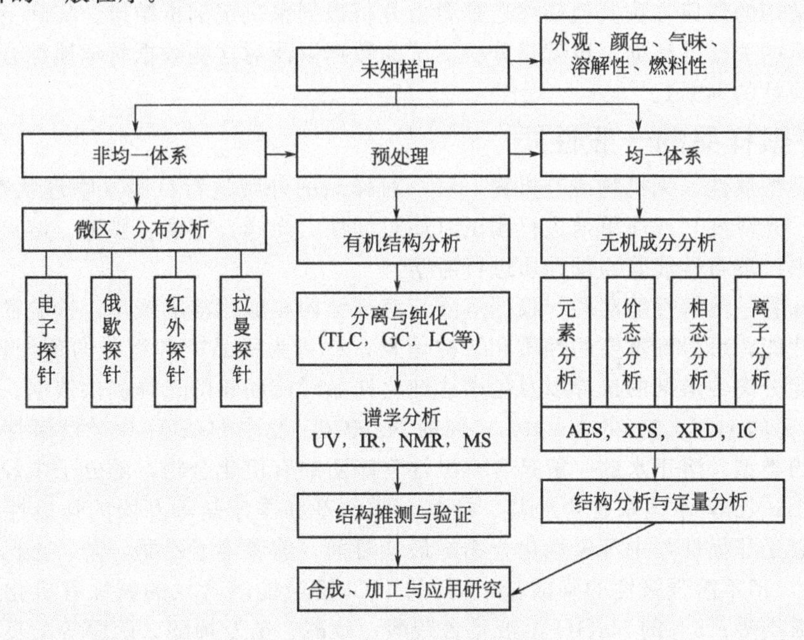

图 6-1　样品剖析一般程序

三、结果报告

向同组成员讲解涂料的一般剖析程序，记录讲解中讨论的问题，尝试解答并记录提交课程网站。

思考习题

1. 样品剖析在涂料研发中有哪些应用？
2. 未知涂料样品剖析有何局限性？

任务二　设计某未知物样品剖析步骤

任务引导

掌握未知物样品剖析的方法步骤，能从每一步分析试验结果中得到有用的信息，能设计某指定类型涂料的剖析程序。

一、了解样品尽可能多的信息

样品剖析前，首先要对样品的来源、用途、外观、固有特性、使用范围及可能的组分等有关信息进行了解和调查，取样要注意厂家、商标、批号、包装、贮存条件等信息，确保样品来源的可靠性和代表性。样品的使用环境和施工工艺对于剖析具有重要的参考价值，对样品的用途、应用性能的了解，可得到一些重要的结构成分信息，这些信息可从有关图书、期刊、科技报告、会议资料、学位论文、专利、技术标准以及产品说明书等中获得。

样品的用途和背景可为剖析提供思考问题的方向，比如溶剂型黏合剂、水乳型黏合剂、表面活性剂、增塑剂等是有思路可循的，一个正确的思路可以把样品的成分类型集中在某一大类化合物，尽管这类化合物种类很多。根据用途背景还可以查阅文献资料，为剖析提供参考，这也是常用的经典方法。但最终还是要由分析数据来决定剖析结果。实际上样品背景只是参考，剖析的关键是证据，也就是分析测试的数据以及对这些数据科学地综合分析（不能含主观的经验性的判断）。

二、考察样品的一般性质

确定样品的属性（无机物或有机物）后，对样品的外观进行目测（物理状态、透明度、颜色、气味、光泽度）或简单地进行测试（如对韧性、光泽、密度、黏度、熔点、沸点、折射率、电导率、溶解性能等物理性质进行考察）。

（1）未知物的溶解性能实验　根据溶质与溶剂结构相似相溶的规律，检验样品在不同溶剂中的溶解性能，可得到重要的性质和结构信息，并可为样品中各组分的预处理，如萃取、重结晶、沉淀分离中溶剂的选择以及色谱法纯化样品时流动相的选择提供依据。根据样品在水、乙醚、5%的 HCl、5%的 NaOH、5%的 $NaHCO_3$ 及浓 H_2SO_4 中的溶解性能实验大致推测化合物的类型。溶于水的一般是含有极性官能团的有机化合物，随分子中烃基部分的增大溶解度减小；乙醇-水体系是含羟基、羧基、磺酸基和季铵盐等基团的强极性化合物的最好溶剂；乙醚是非极性与中等极性化合物的最佳溶剂（前者溶于乙醚、苯、正己烷；后者溶于乙醚、醇），但不溶强极性的磺酸盐；5%的 HCl 溶液能溶含氮的碱性有机化合物，如胺类、肼类和胍类等；5%的 NaOH 溶液是含羧酸、磺酸、酚及烯醇、硫醇等的良好溶剂，在5%的 NaOH 和 5%的 $NaHCO_3$ 这两种溶液里都能溶解的是酸性较强的化合物，如磺酸类，只能溶于 5%的 NaOH 溶液的是酸性较弱的化合物，如酚类、烯醇等；不饱和烃和易磺化的芳香烃可溶于浓 H_2SO_4。上述性能判断时，要注意加入的酸碱的破坏作用，如酯水解。

（2）未知物的燃烧实验　当样品量充分时，燃烧实验（火焰颜色、气味、残余物状态等）可给出一些有用的结构信息：①利用有机物在火焰上直接燃烧时的特征进行初步鉴定。如：以碳氢为主的聚丙烯、聚苯乙烯等，易点燃，而且离火后，仍能燃烧；含不饱和双键的（如双烯类橡胶）、含苯环的物质在燃烧时冒黑烟；含硝基的硝酸纤维素等一遇火就瞬时猛烈燃烧干净；含卤素的有机物，如聚氯乙烯、氯化聚乙烯等则不易点燃。有的硅化合物在火焰中不易燃烧，但会冒很大特征的烟。②利用有机物燃烧时所释放的气体进行分辨，初步确定属哪一类有机物。如聚乙烯、聚丙烯在燃烧时释放的石蜡气味；聚氯乙烯的 HCl 气味；聚硫释放出的非常难闻的臭鸡蛋味。③样品点火灼烧烧净有机物后有残渣存在，说明原样含有金属离子的无机盐或是金属有机化合物。未知物的燃烧实验常由于涂料中填料的存在而有局限性。

三、样品的分离、纯化和纯度鉴定

样品预处理：不同的样品，不同的仪器和方法，对样品的预处理有不同的要求。如有些样品需要经过灰化、溶解处理，有些样品需要富集和提取等。

样品的分离、纯化与制备：分离、纯化与制备样品是剖析工作过程中遇到的大难题之一。纯化分离最常用的方法是色谱法，如气相色谱法、液相色谱法、离子交换色谱法以及硅胶柱色谱分离、逆相分配柱色谱分离法等，溶剂萃取法是常用的提纯分离法之一。另一常用的分离、纯化与制备方法是对样品中的化合物进行分组，然后进行鉴定。常用的方法是溶解度分组，即根据有机化合物在某些极性的或非极性的以及酸性的或碱性的溶剂中的溶解行为来分组。通过溶解度分组试验，可将未知物归为某一组后，然后就在这一组中进行探索，这样大大缩小探索范围，以便迅速获得鉴定结果，如可以根据化合物在水、乙醚、5%盐酸、5%氢氧化钠溶液、5%碳酸氢钠溶液以及浓硫酸六种溶剂中的溶解行为，将它们分组。

通过物质的光谱性质、电化学性质以及生物活性等，运用电子技术对未知成分、结构进行分析。对于有机物的结构分析，常用的有紫外-可见光谱、红外-拉曼光谱、核磁共振-碳谱和有机质谱等。采用波谱技术可剖析涂料中的高聚物、交联剂、流平剂等的化学结构，以及成分间的相对比例。其中的无机填料分离以后可以采用 IR 和 X-Ray 法剖析。以剖析结果为基础，可大大加快研发速度。

在涂料样品的分析过程中，红外光谱仪主要应用于树脂、填料、某些助剂的定性分析，还可应用于涂料固化剂机理、老化机理的研究。显微红外还可以对涂膜进行微区分析，是涂料样品分析中应用最多、最广泛的一种方法。随着科学技术的进步，现在已经有多种成熟的联用技术，常采用的有气相色谱-质谱联用、液相色谱-质谱联用、气相色谱-红外光谱联用以及串联质谱等联用技术。这些谱学方法及联用技术都有各自的原理、特点，也有各自的解析方法。要达到自如地综合运用各种谱学结构信息，不仅要有娴熟的谱学理论知识，还要有丰富的实践经验。如气相色谱-质谱联用技术具备气相色谱和质谱两者的长处，气相色谱能对很多有机物进行很好的分离，质谱能提供化合物丰富的特征碎片，并有大量的标准谱库对照，是部分有机化合物分离、定性的极好工具。

应该看到各种方法都有各自的应用范围及局限性。另外，化学方法定性鉴定也是常用的方法。例如有醇、酚、醚、醛、酮、酸、酯、胺等化合物，各种类型的化合物其所含有的官能团是不同的，因此可以利用官能团的不同来进行官能团的特有反应，从而达到检验该化合物的目的。如果需要，还要进行原子状态的分析，如原子在分子中的价态、相态及彼此的结合形式等的分析。

四、定量分析

根据测出成分的性质，选用合适的方法进行定量，可用容量法、分光光度法、色谱法、电化学分析方法等。

五、合成、加工和应用性能测试研究

对前四步获得的信息加以概括和总结，取出需要的特别信息并加以创造性地利用。对于以新产品开发为目的的剖析开发与分析的完好结合，分析者应与开发者一起利用所获信息，积极探索、反复试验，为新产品的开发献计献策，成为新产品开发的积极参与者。

任务实施

操作 46　未知样品剖析

一、仪器与试剂

TLC，GC，LC，UV，IR，NMR，MS，SEM，AES，XPS，XRD，IC，GC-MS，HPLC，HPLC-MS，X-Ray 等。

二、操作步骤

1. 了解未知涂料样品信息

涂料的用途、结构、成分之间有着密切的关系，用途不同，组成的区别很大。因此，

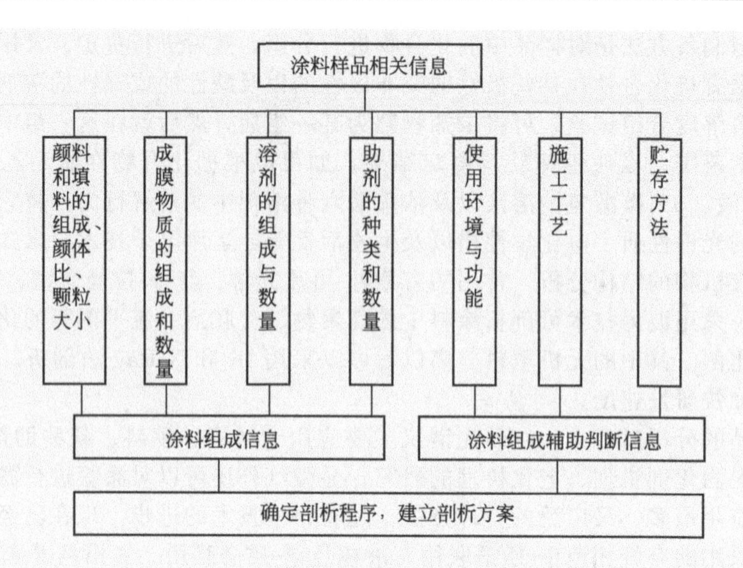

图 6-2 涂料剖析需要了解的样品信息

在做涂料剖析前需要对涂料的用途有一个基本的了解，根据获得的信息判断该涂料属于哪种涂料（水性涂料、粉末涂料、有机溶剂类涂料），再结合该涂料的功能大致地判断可能有的物质。图 6-2 是关于涂料剖析需要了解的样品信息。

例如：不粘涂料可以根据使用功能判断是有机硅还是含氟类涂料，如果工艺为高温烧结，就可能为含氟涂料。涂料使用环境、涂料贮藏应该注意的事项、涂料的施工方法等可以辅助判断涂料的组成范围和制定剖析方案。

例如：防腐涂料施工时是否多层施工，每层施工是否用同一种涂料（是否分为底漆、中间漆、面漆），如果每层涂料都不一样就需要分别剖析；在施工中所使用的涂料是否为双组分，可以粗略地判断是否是热固涂料，由此判断涂料的大致类别；根据使用在防腐环境，可判断所使用的颜料具有防腐作用，由此可以判断填料为玻璃鳞片、不锈钢片或锌粉以及铅系、铬系或陶瓷填料等；还可以通过使用环境判断涂料的树脂，如在需要高耐候性的环境中使用，面漆一般选择氟树脂，底漆选择环氧树脂，而不需要直接在大气中使用的内用的管线涂料，面漆和底漆往往都采用同样的树脂。

为达到对涂料体系剖析的目的，需要了解涂料的组成。涂料是一个混合物的复杂体系，没有一种仪器能够在如此复杂的体系中获得所需要的信息（成分含量，颗粒大小，颜体比）。为此，需要针对一定的体系，从复杂的混合物中分离出能够满足分析要求的物质，才能对成分和组成进行分析。

2. 设计剖析流程

为得到满足分析要求的试样，并防止涂料中低含量的组分流失，需要在分析过程中设计一定的流程，逐步分离出每种需要分析的物质，然后根据分离出物质的特点，采用相应的仪器设备进行分析，此过程叫涂料剖析程序和步骤。

但要注意的是，由于剖析的涂料体系不同，目的及侧重点不同，剖析工作的程序差异性和每个过程所涉及的仪器也有所差异，套用一种模式不可能完成所有样品的剖析研究。不同的涂料体系要采用不同的分析程序和步骤。在设计涂料剖析的分析程序时，要充分考虑涂料剖析体系的特点，结合所收集的信息有针对性地设计剖析程序。

(1) 水性涂料剖析程序　水性涂料分为水溶性和水乳化性涂料，由于类型不同，剖析的程序也略有差异。图 6-3 是水性涂料剖析程序。乳液高分子涂料剖析前先要破乳，才能开始图 6-3 所示的剖析程序。

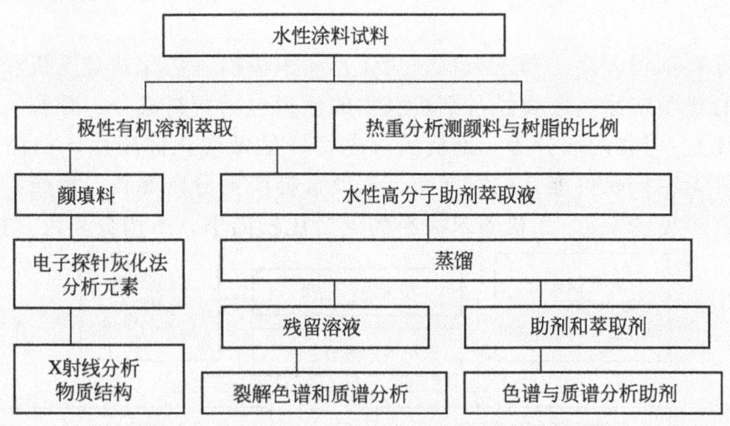

图 6-3　水性涂料剖析程序

(2) 有机溶剂涂料剖析程序　有机溶剂涂料是由树脂、颜料、有机溶剂、助剂组成的混合体系，它的剖析是涂料剖析中经常遇到的体系。总体上有机溶剂涂料剖析程序可以概括为图 6-4，但每种涂料都有自身的特点，剖析流程会有一定的差异。

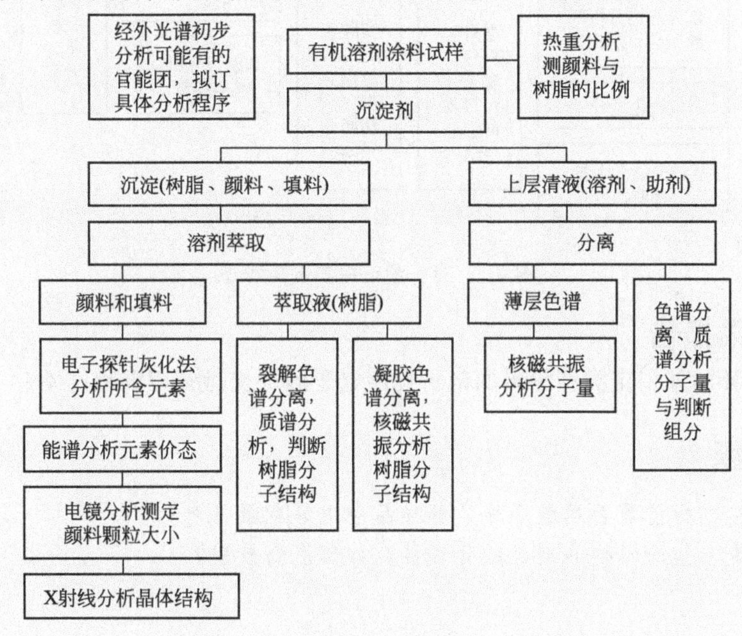

图 6-4　有机溶剂涂料剖析程序

红外谱图分析在剖析程序的制定中起重要作用，它的结果直接影响分析的难易程度，因此，样品剖析前可先用涂膜法做一个总的红外光谱，为颜料和树脂的分离、树脂萃取溶剂的选择以及树脂、溶剂和助剂的分离提供重要依据，对于只含有一种树脂的样品，可以大致分析出可能含有的树脂或者无机填料，对于由多种树脂组成的混合物可以大致分析出含有哪类物质。

在涂料剖析程序设计过程要充分考虑设计的合理性，要预测到每个步骤可能带来的分析对象的流失。有机溶剂涂料中的树脂、溶剂、颜料、助剂都有可能是多种成分的组合，尤其是有些微量组分往往是决定涂料性能的关键。因此，分析这样复杂的体系，要防止物质成分在实验过程中流失，试验过程中要始终监视物质的流向，最好采用红外光谱进行跟踪。

（3）粉末涂料剖析程序　粉末涂料分为无机粉末涂料（如建筑类无机粉末涂料）和有机粉末涂料。有机粉末涂料需要经过剖析获得的信息包括颜料成分、颗粒大小、颜料和树脂比例（重量比）、树脂的成分等，剖析前可先将样品做溴化钾压片，扫描一个总的红外光谱，根据红外谱图推断可能有的官能团，据此选择溶剂分离颜料、树脂以及助剂。有机粉末涂料剖析程序见图 6-5。无机粉末涂料的剖析比较简单，不用分离可直接进行分析。

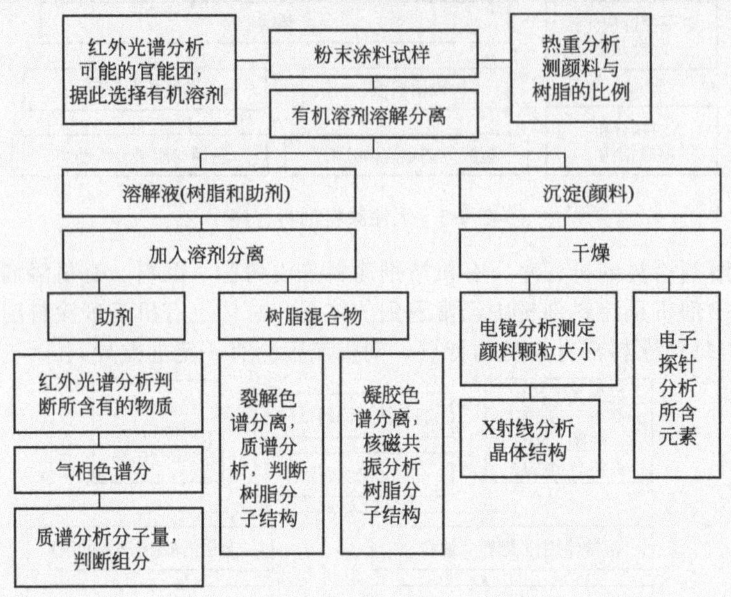

图 6-5　有机粉末涂料剖析程序

三、结果报告

请将所设计的某指定类型涂料的剖析程序电子版提交微知库课程网站。

思考习题

1. 为什么在剖析前需要尽量多地了解样品应用等背景信息？
2. 如何减少未知涂料样品剖析的盲目性？如何提高效率？

参 考 文 献

[1] 陈燕舞. 涂料分析与检测. 北京：化学工业出版社，2009.
[2] 刘安华. 涂料技术导论. 北京：化学工业出版社，2005.
[3] 虞莹莹. 涂料工业用检验方法与仪器大全. 北京：化学工业出版社，2007.
[4] 董慧茹，柯以侃，王志华. 复杂物质剖析技术. 北京：化学工业出版社，2004.
[5] 朱潍武. 有机分子结构波谱解析. 北京：化学工业出版社，2005.
[6] 全国涂料与颜料标准化技术委员会. 涂料与颜料标准汇编：涂料产品·专用涂料卷（2016）. 北京：中国标准出版社，2016.
[7] 杜克生. 颜料染料涂料检验技术. 北京：化学工业出版社，2005.
[8] 全国标准信息公共服务平台. http：//www. std. samr. gov. cn.
[9] 全国涂料与颜料标准化技术委员会. 涂料与颜料标准汇编：涂料试验方法通用卷（2016）. 北京：中国标准出版社，2016.
[10] 高延敏，李为立，王凤平. 涂料配方设计与剖析. 北京：化学工业出版社，2008.
[11] 汪正范. 色谱定性与定量. 北京：化学工业出版社，2000.
[12] 吴烈钧. 气相色谱检测技术. 北京：化学工业出版社，2000.
[13] 吴方迪. 色谱仪器维护与故障排除. 北京：化学工业出版社，2001.
[14] 王立，汪正范，牟世芳，丁晓静. 色谱分析样品处理. 北京：化学工业出版社，2001.
[15] 李浩春. 分析化学手册第五分册. 北京：化学工业出版社，1999.
[16] 朱明华. 仪器分析. 北京：高等教育出版社，1993.
[17] 陈培荣，邓勃. 现代仪器分析实验与技术. 北京：清华大学出版社，1999.
[18] 董慧茹. 仪器分析. 北京：化学工业出版社，2000.
[19] 黄一石. 仪器分析. 北京：化学工业出版社，2002.
[20] 季兴宏. 氟碳树脂在新型建筑涂料中的应用. 涂层与防护，2018，39（12）：39-42，48.
[21] 林宣益. 改革开放 40 年的中国建筑涂料. 中国涂料，2018，33（12）：8-17.
[22] 肖保谦. 涂料分析检验工. 北京：化学工业出版社，2006.
[23] 倪玉德. 涂料制造技术. 北京：化学工业出版社，2003.
[24] Damir Gagro. 全球涂料行业. 中国涂料，2018，33（12）：58-62.
[25] 中华人民共和国国家发展和改革委员会发布. 室内用水性木器涂料. 北京：化学工业出版社，2007.
[26] 王连盛，马宁，梁扬等. JG/T 24—2018《合成树脂乳液砂壁状建筑涂料》标准解读. 中国涂料，2018，33（11）：13-18.
[27] 高美平，邵霞，聂磊等. 中国建筑涂料使用 VOCs 排放因子及排放清单的建立. 环境科学，2019（3）：1-21 [2019-03-03]. https：//doi. org/10. 13227/j. hjkx. 201806203.
[28] 崔春妮，郝瑗. 建筑涂料质量情况剖析. 现代涂料与涂装，2018，21（9）：24-26.
[29] 特种功能性涂料生产配方设计与生产实例及质量检测实用手册编委会. 特种功能性涂料生产配方设计与生产实例及质量检测实用手册. 北京：北方工业出版社，2007.
[30] 王东南，杨静. 建筑涂料用乳液钙离子稳定性快速测试方法分析. 涂料技术与文摘，2012，33（4）：25-26.
[31] 童刚，陈丽君，冷健. 旋转式粘度计综述. 自动化博览，2007（1）.
[32] 虞莹莹. 涂料粘度的测定流出杯法. 化工标准·计量·质量，2005（2）.
[33] 虞莹莹. 涂料粘度测定蔡恩粘度计法. 涂料工业，1999（7）.
[34] 何卫芳，黄洪，陈焕钦等. 气相色谱测定聚氨酯固化剂中游离 TDI 方法的改进. 广西轻工业，2007（4）.
[35] 何卫芳，黄洪，陈焕钦. 聚氨酯固化剂中游离 TDI 测定方法的研究. 化学与生物工程，2007（7）.
[36] 张小娟，陈秀芳. 浅谈涂料黏度测定原理和检测方法. 涂料技术与文摘，2004（4）.
[37] 李民赞. 光谱分析技术及其应用. 北京：科学出版社，2006.
[38] 曾祥燕，丁佐宏. 分析技术与操作（Ⅲ）-电化学与光谱分析及操作. 北京：化学工业出版社，2007.
[39] 梁钰. X 射线荧光光谱分析基础. 北京：科学出版社，2007.
[40] 邓勃，何华焜. 原子吸收光谱分析. 北京：化学工业出版社，2004.
[41] 刘红，黄军裘，司君华. 溶剂型木器涂料中苯、甲苯、二甲苯含量的测定. 中国涂料，2006（9）.
[42] 汪雄鹰，郑慧，蔡建平. 用原子吸收光谱法测定粉末涂料中的铅. 宁波化工，2001（1）.
[43] 张卫群. 气相色谱法测定溶剂型涂料中苯、甲苯、二甲苯的含量. 上海涂料，2002（1）.

[44]　江山. 涂料中化学成分的检测与分析. 现代科学仪器，2002 (3).
[45]　王崇武，周文沛，刘琳. 建筑涂料耐洗刷性测试方法探讨与建议. 涂料工业，2018，48 (7)：41-47，65.
[46]　贾南宁，石宝萍，杨彩霞. 浅析建筑乳胶漆的检测. 现代涂料与涂装，2018，21 (5)：22-24.
[47]　林宣益. 2017 年建筑涂料分析和 2018 年展望——高质量发展. 中国涂料，2018，33 (3)：40-46.
[48]　林宣益. 十八大以来我国建筑涂料在转型中发展. 中国涂料，2017，32 (10)：8-14，33.
[49]　国际建筑涂料三大发展方向. 重庆建筑，2017，16 (1)：57.
[50]　林宣益. “十三五” 建筑涂料技术创新分析. 中国涂料，2016，31 (12)：16-18，27.
[51]　我国建筑水性涂料应用现状及发展趋势. 乙醛醋酸化工，2016 (7)：42.
[52]　周湘玲，陈刚. 化工行业标准《建筑涂料用弹性乳液》标准制定概况. 涂料技术与文摘，2015，36 (4)：38-41.
[53]　孙永泰. 建筑涂料的质量管理和质量控制. 上海建材，2014 (6)：26-28.
[54]　韩永奇. 我国涂料行业 2014 年市场分析. 新材料产业，2014 (10)：52-54.
[55]　庄静华，唐蕾，胡晓珍. 建筑涂料涂层耐沾污性试验用灰标准样品特性值的不确定度评定. 粉煤灰，2014，26 (1)：15-17.
[56]　董军波，裘瑾英. 砂壁状建筑涂料的质量控制措施研究. 商品混凝土，2013 (4)：102-103.
[57]　段秋敏. 建筑涂料的性能及其施工工艺. 现代装饰（理论），2013 (2)：70.
[58]　全国团体标准信息平台. http：//www. ttbz. org. cn.